住宅 Apartment

别墅 Villa

样板间售楼处 Show Flat And Sales Office

目录
CONTENTS

休闲 Leisure

娱乐 Entertainment

Residential
住宅空间

当代艺术宅 Contemporary Art Residential

赋.采 POETRY. COLORS

轴心 Axis

吴月雅境 Bamboo House

Deep In Nature

温莎堡·器宇 magnanimity

双生蜕变 METAMORPHOSIS

LOFT 27

掬一把天光 Light House

一扇窗·漫一室 Tung's House, Taipei

当代艺术宅

CONTEMPORARY ART RESIDENTIAL

项目名称 _ 当代艺术宅 / **主案设计** _ 郭侠邑 / **参与设计** _ 陈燕萍、杨桂菁 / **项目地点** _ 台湾省桃园市 / **项目面积** _178 平方米 / **投资金额** _60 万元 / **主要材料** _KD 地板

A 项目定位 Design Proposition

一个白色就能将世界上所有华丽的色彩都包含其中，延续近三分之一广度，自主地享受放大的空间漫步。白净通透宛如美术馆 ，使得空间的本质、生活的本身及大大小小的艺术品都尽兴地展演自己。艺术才是生活中的主角，艺术即生活；生活即艺术。

通透白洁平整格局，再映照着充裕天光，彷佛重现人与环境关系的美术馆，从容自在。通透的格局，可以是艺廊也可以开派对，家具的陈设多以活动式为主，可以随不同需求进行调整，达到空间使用的最大效益。

B 环境风格 Creativity & Aesthetics

白净通透宛如美术馆 ，使得空间的本质、生活的本身及大大小小的艺术品都尽兴地展演自己。艺术才是生活中的主角，艺术即生活；生活即艺术。通透白洁平整格局，再映照着充裕天光，彷佛重现人与环境关系的美术馆，从容自在。

C 空间布局 Space Planning

为了营造空间情境，灯光设计上有间接光源及 LED 灯投射光，可随不同需求调整明暗，让空间使用共多元化。通透的格局，可以是艺廊也可以开派对，家具的陈设多以活动式为主，可以随不同需求进行调整。达到空间使用的最大效益。波浪形的景观露台，特别订制系统式的自家菜园，有机种植的阳台，俨然成为都市中的小绿洲。

D 设计选材 Materials & Cost Effectiveness

全部以白色的材料统合在一个空间，染白梧桐木的壁地板，不做天花板，节省建材的使用，加上玻璃反射扩展空间。

E 使用效果 Fidelity to Client

纯白干净的空间宛如美术馆、艺廊般的住宅，大家为之惊艳～

LOVE

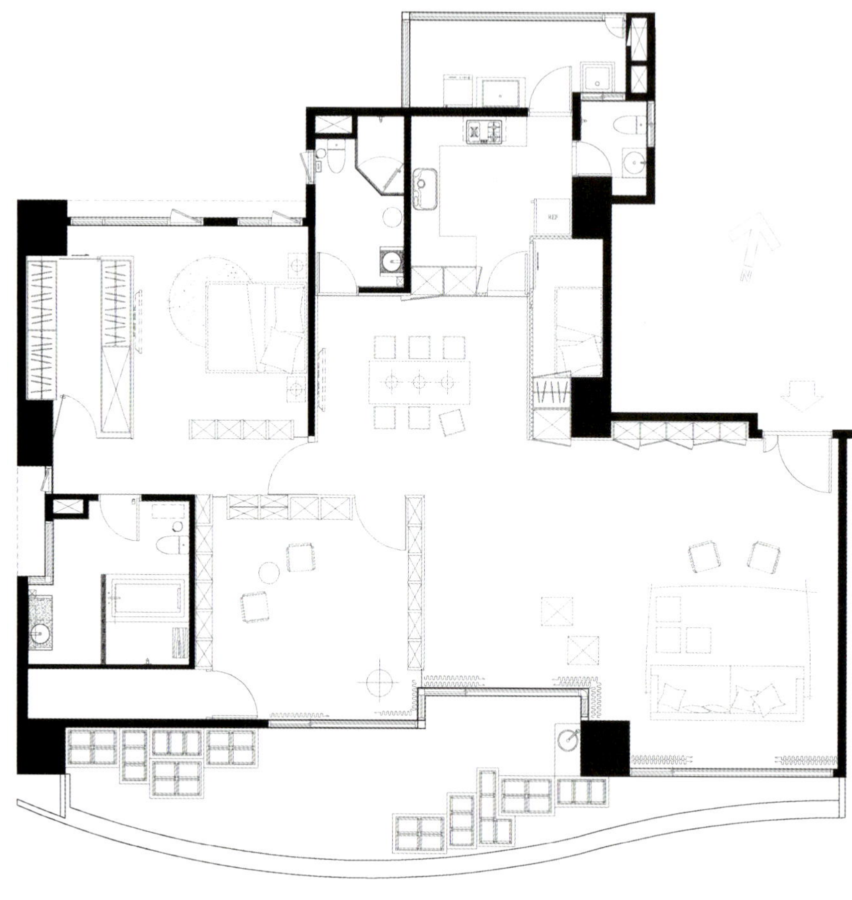

一层平面图

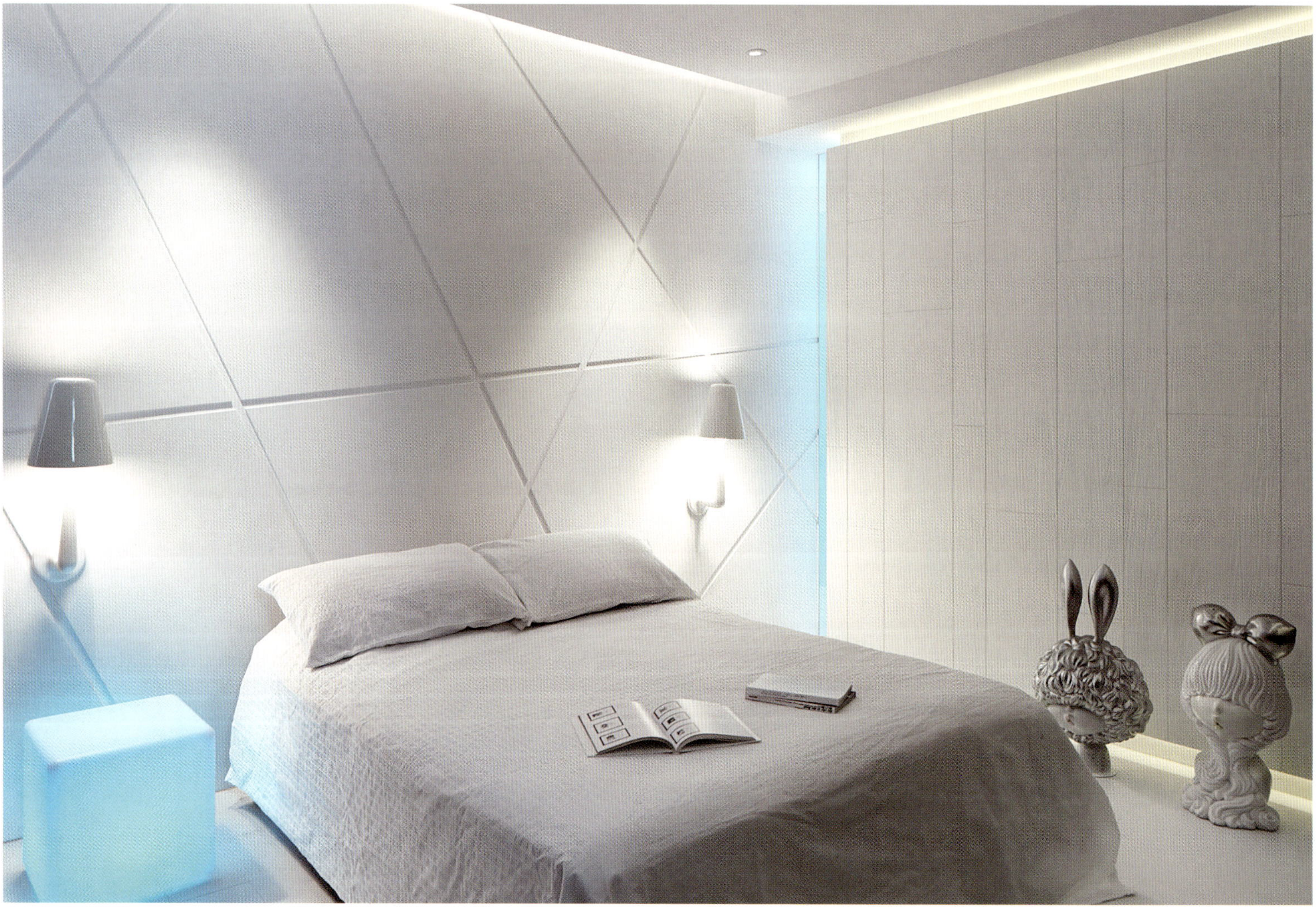

赋.采

POETRY.COLORS

项目名称_赋. 采 / **主案设计**_杨焕生 / **参与设计**_郭士豪 / **项目地点**_台湾省台中市 / **项目面积**_331 平方米 / **投资金额**_300 万元 / **主要材料**_鸟眼枫木木皮钢烤、镀钛铁件、木皮、订制画、大理石、布料

A 项目定位 Design Proposition

此空间将艺术融合在生活之中，14幅连续且韵律感的晕染画作，模拟大山云雾的虚无缥渺，镶嵌于垂直面域上，落实视角的想象，让连续性的延伸感蔓延全室，改变检视艺术的视角角度，实践内心期望的生活方式，一开一阖之间创造出静态韵律与动态界面屏风。

B 环境风格 Creativity & Aesthetics

这案件位于市中心高楼的顶楼，坐拥眺望交错起落城市光景，公共空间大面L型的落地窗环绕，提供了最佳视野，想把这无尽无边的辽阔感延伸至室内来，从玄关、客餐厅至厨房、长型的建筑空间，达到完全开放的尺度，只让连续性的画作串连空间，去除那份属于都市中，或繁忙或冷漠的，让去芜存菁的空间能回应居住者的初衷与内涵，同时也拥有属于家的放松与温度。

C 空间布局 Space Planning

以实用机能、丰富采光、通风对流、动线流畅作为主要的设计原则，藉由视角延续的开阔、公共空间彼此交叠，为空间引导渐进式的层次律动，由空间结构、节点的延伸，叠合出独特而丰饶的居住体验。

D 设计选材 Materials & Cost Effectiveness

镀钛铁件用流线的弧形线条展现刚的流动，而订制画，大量的布料柔软穿梭于空间，物件与材质配合的工法，是刚柔并济的展现。公共空间沉稳深色的家具搭配相较于轻盈的灰白大理石使其平衡；私人空间利用中性色调的木皮展现放松与温和的质感；而卫浴亮色大理石、用轻透的金属使人焕然一新，每一空间，每一面视野都有自己的诗篇在流露，创造优雅又舒适美好生活。

E 使用效果 Fidelity to Client

《赋. 采》让画作与色彩巧妙融入生活，结合创作艺术与精致工艺。给予这空间，看似"非诗非文"的定义，同时也是"有诗有文"的内涵：及，比"文"还赋有风采，比"诗"还更多韵律，重新给予它像新生命绽放般的色彩。体现人文与艺术的和谐，创造空间另一独特风貌。

轴心
AXIS

项目名称 _ 轴心 / **主案设计** _ 王俊宏 / **参与设计** _ 林俪、曹士卿、陈睿达、黄运祥、林庭逸、陈霈洁、张维君、赖信成、黎荣亮 / **项目地点** _ 台湾台北市 / **项目面积** _300 平方米 / **投资金额** _220 万元 / **主要材料** _BOLON、PANDOMO

A 项目定位 Design Proposition

以高端订制作为设计主轴，从格局动线安排到材质表现、运用，包括实用机能的配合，均跳脱制式规格与限制，采独一无二的客制化订做。

B 环境风格 Creativity & Aesthetics

面山的好景，在顶楼专属空间一览无遗，利用自然素材与户外家具，与环境呼应，建构私人聚会的家宴场域。

C 空间布局 Space Planning

以餐厨空间作为家的重心，所有设计都从此区延伸，原本遮蔽光线的梯，改以利落的钢构，轻盈的线条，凸显现代感，不仅保留基地原有采光，也创造视觉焦点。

D 设计选材 Materials & Cost Effectiveness

从厨具面板延伸至玄关的黑色薄片拓采岩让设计风格贯彻一致，为黑白对比的色彩计画定调。餐厅桌面颠覆传统思维，大胆搭配皮革材质，显现豪宅大器风华。

E 使用效果 Fidelity to Client

把凝聚情感的餐厨空间变成生活重心，让散居四海的家人，得以共享天伦。开放的公共空间，圆融祥和的隔间区划与静谧的私领域气氛营造，让回家，成为毕生的想望。

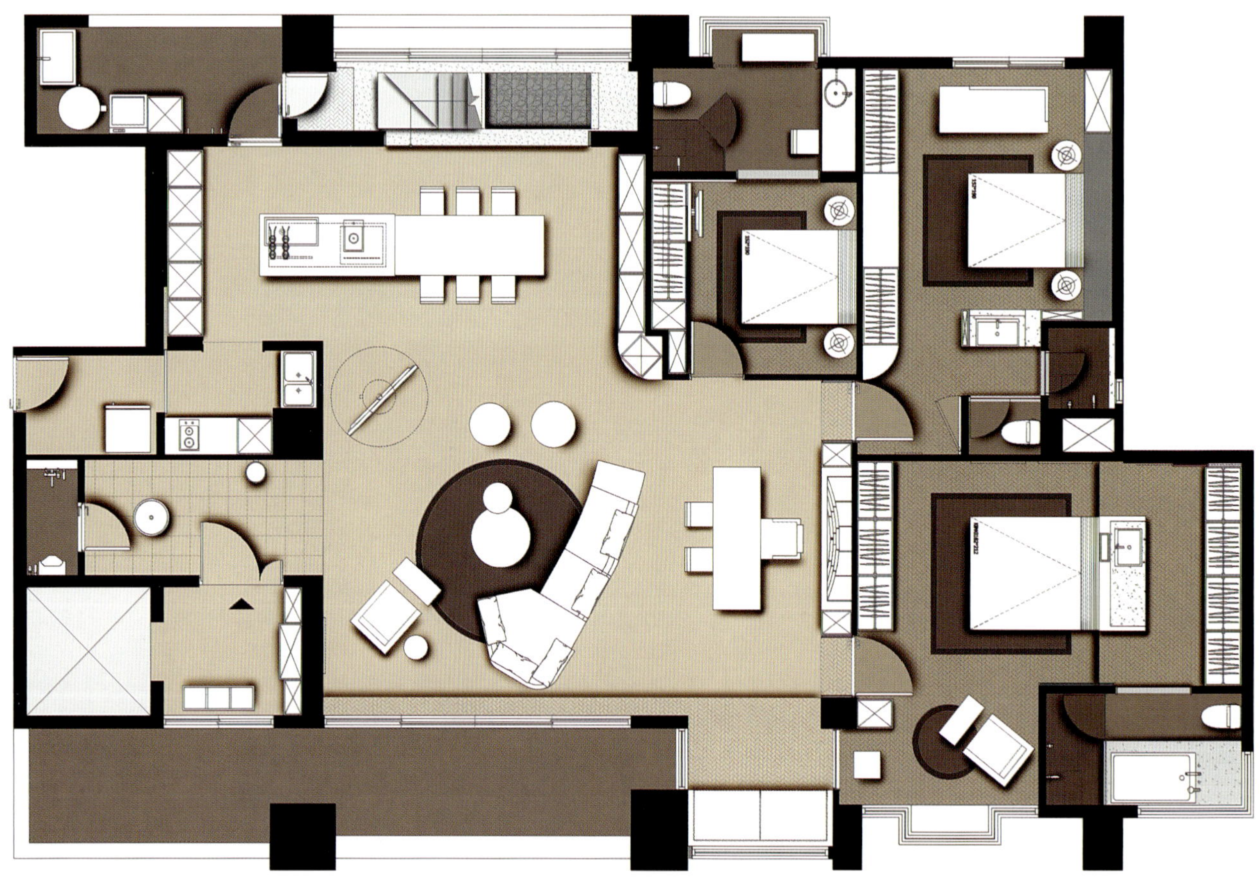

一层平面图

吴月雅境

BAMBOO HOUSE

项目名称 _吴月雅境 / **主案设计** _何宗宪 / **参与设计** _林锦玲、陈小艳 / **项目地点** _江苏 无锡市 / **项目面积** _757 平方米 / **投资金额** _555 万元 / **主要材料** _Essenza Interiors Ltd.

A 项目定位 Design Proposition

作品在于脱现现实城市生活中的繁嚣，带有一种避开世俗繁琐的感觉。 让业主能逃离城市中生活上的压力。作品把居住空间的本质还原到生活，舍弃浮华外表，使居住者感受生活。

B 环境风格 Creativity & Aesthetics

竹林常给予人一种避开世俗繁琐的感觉，同时生机处处或方正或圆带出恬静、安逸的特质，设计师利用这一种优雅境像，植入生活的空间。 避俗是当代人极力追寻的事物，当下生活常使人活感到困惑与疲惫，作为压力缓充的居所，因此设计师以呈现竹林意境的手法，营造出恬静闲息的氛围。

C 空间布局 Space Planning

首层利用简单的动线，厨房、早餐区、室内用餐与室内用餐区，各个区域以直线连接起来，条理分明。 首层与地下层起居室分别担当著静与动态的一面。而首层是静态一面的起居室，整个氛围会比其部空间较为沉淀，没有添置多余装饰。楼底悬挂著如宛生于屋内的一组竹子，而地面的地毯有如置身在自然的沙面上，使空间更为广阔。

D 设计选材 Materials & Cost Effectiveness

作品选材创新，方案以”竹“点题，但采用物料上，却并不是采用竹，而是以一种由竹加工处理的材料。饭厅内看似竹竿拼砌而成的灯造型，与带半屏风作用的竹节，其实是由一种竹作原材料的特制品，成品令整体铺排干净利落。

E 使用效果 Fidelity to Client

业主把一些生活的习惯，随空间的影响令生活变得更为诗意，因空间采取更多安静的空间，释放出生活原来上的压力，感受到”慢活“。

Deep In Nature

DEEP IN NATURE

项目名称 _Deep In Nature / 主案设计 _ 廖奕权 / 参与设计 _Wesley Liu / 项目地点 _ 澳门 / 项目面积 _245 平方米 / 投资金额 _350 万元 / 主要材料 _Catellani & Smith, Ligne Roset

A 项目定位 Design Proposition

In the past as of the future, trees will support our earth. Coming home to it below your feet brings peace, human nature and oneness with life. The tree-inspired design motifs within this space are aplenty, and aim to make residents feel at peace with nature and be human-oriented。

B 环境风格 Creativity & Aesthetics

Its design allows residents to enjoy their personal space and feel truly free in one' s own home。

C 空间布局 Space Planning

The balcony is purposely widened to become even more spacious。

D 设计选材 Materials & Cost Effectiveness

Looking around, you' d find that the apartment is founded on a number of wood-inspired motifs with other raw materials。

E 使用效果 Fidelity to Client

Abstract tree branches in the living area are accentuated by the pendant lamps from 'Catellani & Smith' which immediately gives the place an air of mystery. Earthy tones and choice of natural elements enhances the natural feeling within the space。

LIFE'S
a JOURNEY.
ENJOY
RIDE.

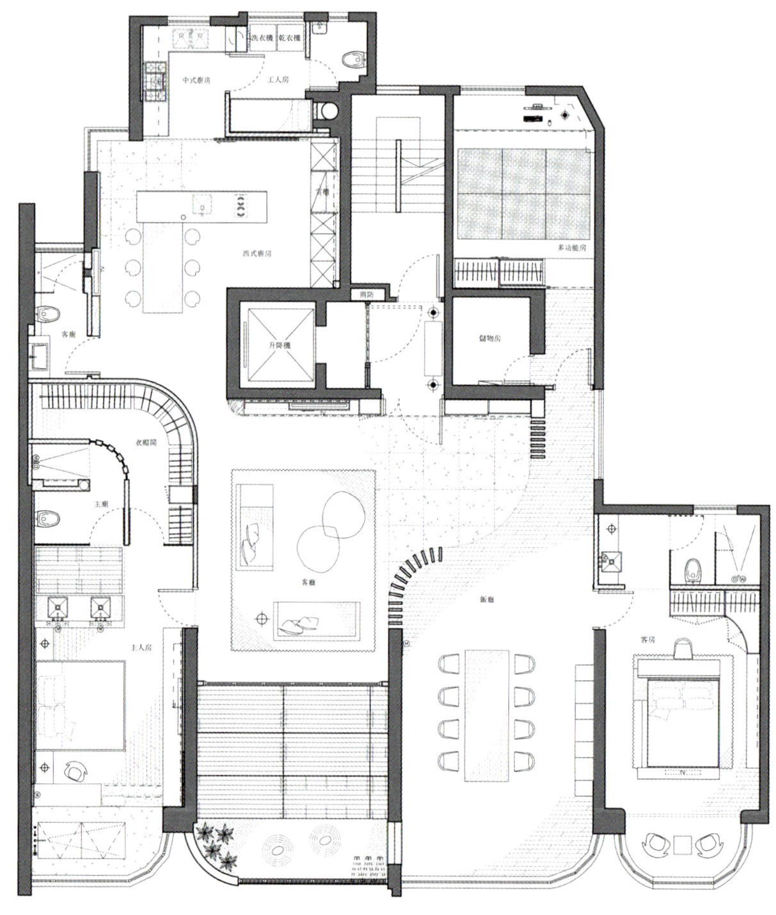

一层平面图

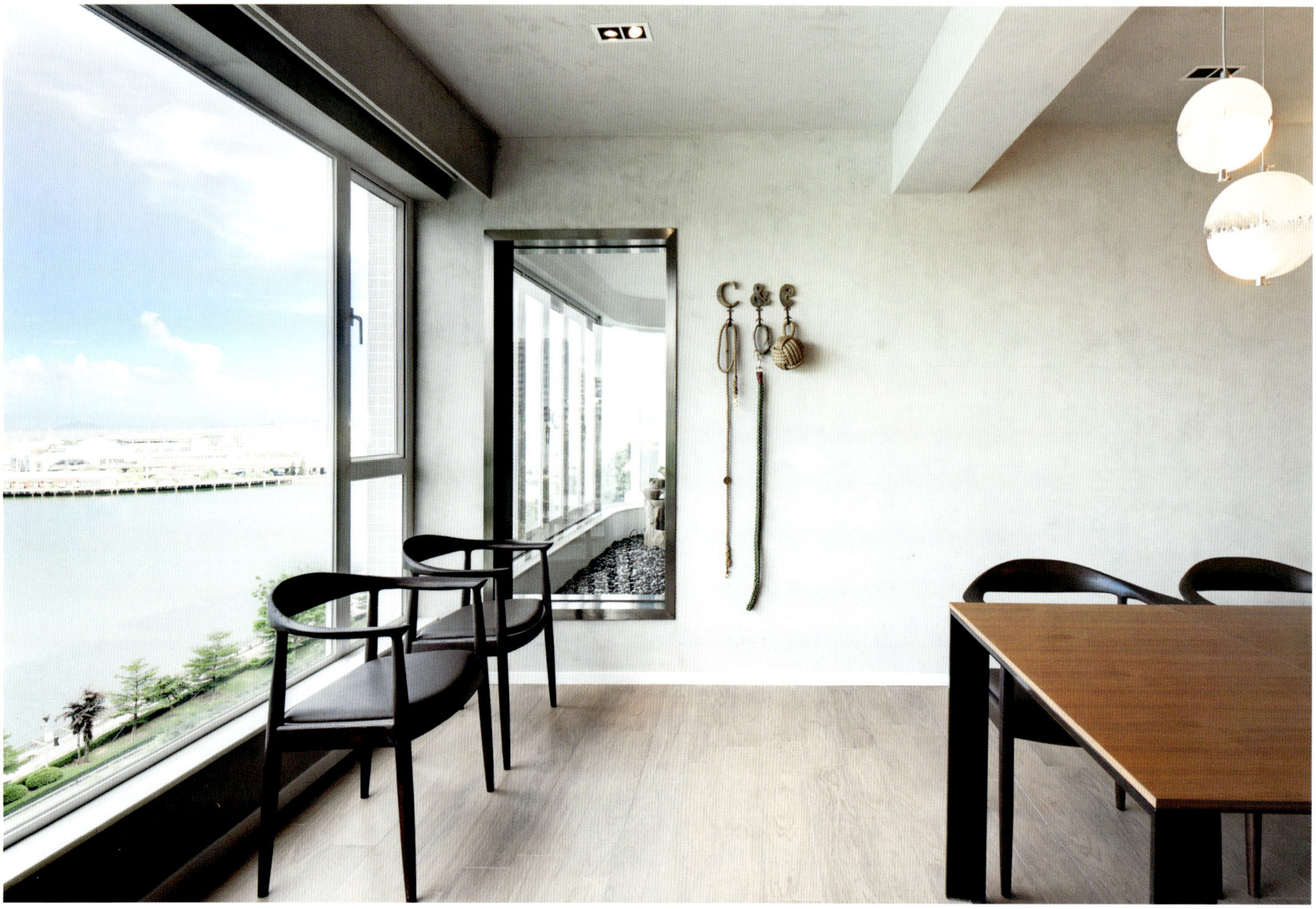
C&e

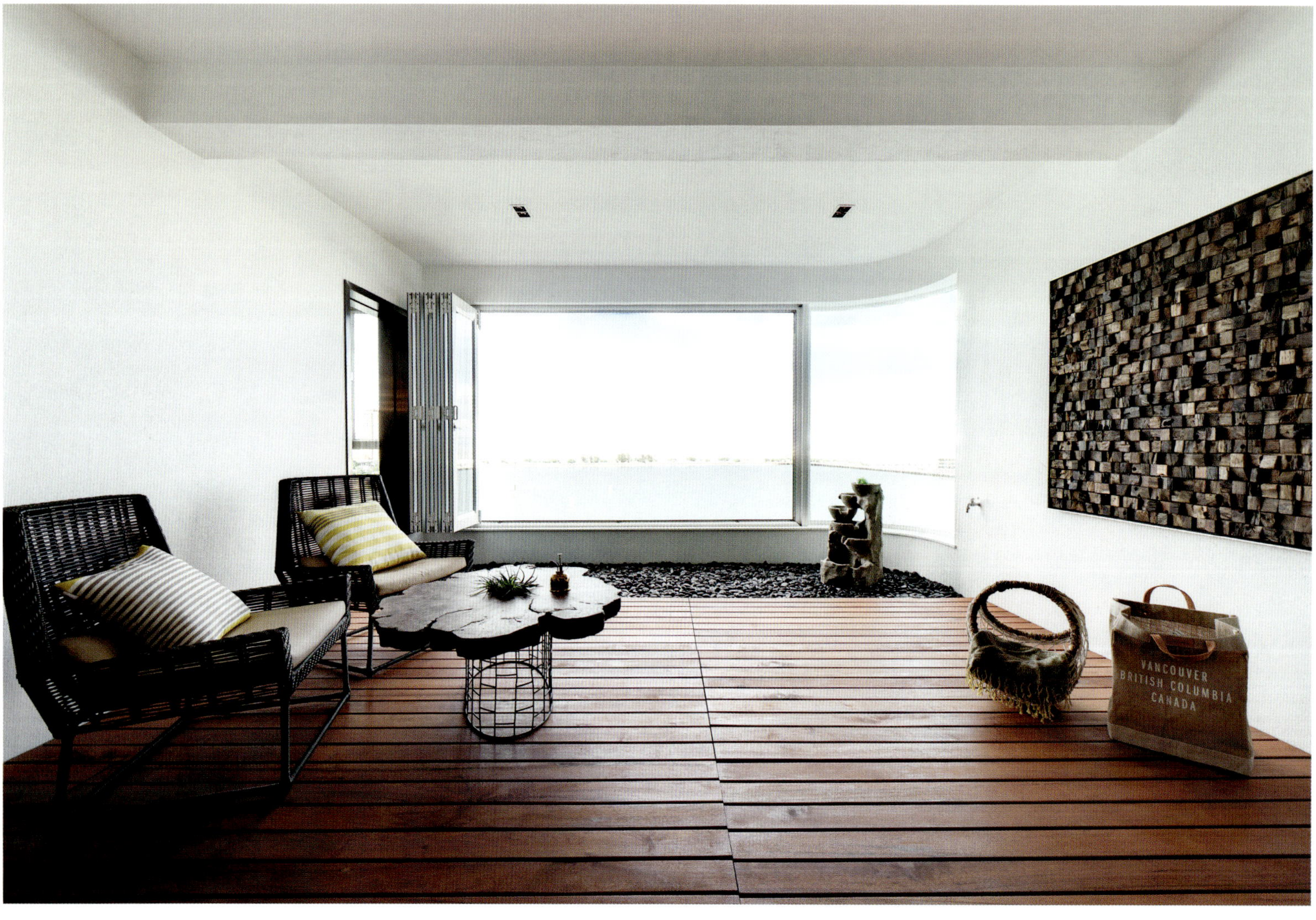
VANCOUVER
BRITISH COLUMBIA
CANADA

HOME
is not a
PLACE
it's a
feeling

温莎堡·器宇
MAGNANIMITY

项目名称_温莎堡·器宇 / **主案设计**_俞佳宏 / **项目地点**_台湾省高雄市 / **项目面积**_231 平方米 / **投资金额**_200 万元 / **主要材料**_盘多魔、板岩、石英砖、木格栅

A 项目定位 Design Proposition

现代减压的空间对忙碌的都市生活提供一个自在的避风港。

B 环境风格 Creativity & Aesthetics

以大地的色系与异材质的混搭，创作新的空间价值。

C 空间布局 Space Planning

双十轴线将整体空间串连。

D 设计选材 Materials & Cost Effectiveness

空心砖与不锈钢的搭配，看似冷冽但配以木头却使整体空间平衡了粗旷休闲现代感。

E 使用效果 Fidelity to Client

创造现代人文的新空间，发表后造成惊人的询问度。

双生蜕变
METAMORPHOSIS

项目名称_双生蜕变 / **主案设计**_江欣宜 / **参与设计**_吴信池、卢佳琪 / **项目地点**_台湾台北市 / **项目面积**_198 平方米 / **投资金额**_145 万元 / **主要材料**_铁件、爱马仕壁纸、施华洛士奇水晶壁灯、灰网石、橄榄啡石、安格拉珍珠石、实木地板、柚木地板、雕刻白、意大利磁砖

A 项目定位 Design Proposition

以巴黎 30 年代的装饰风格，营造出低调却奢华的生活质感。置入 Hermes 设计师 Jean Michel Frank 强调的简约处理态度，美好的比例，丰富的装饰性，涵盖多元材质的搭配组合，颠覆传统的美学表现，却又明显看出历史经典的关连性。

B 环境风格 Creativity & Aesthetics

在中山北路上富有巴黎气息的香榭道路上，缤纷设计团队串连街景融合法国二零年代工艺文化精神打造兼具人文与感性的浪漫生活空间。

C 空间布局 Space Planning

在空间配置的中心位置，摆设开放式中岛吧台，结合长型方型餐桌具环绕动线的设计，让居住的上下两代能有紧密的互动也能惬意的生活；考虑家庭成员的自主性，所以在卧房规划上均设定全套的套房配备，让社会新鲜人的新新女性有着独立思索的发想空间。在不到 200 平方米的空间内，藉由专业的平面整合、动线规划、缤纷设计团队设计出气派优雅的客、餐厅以及设备完善的三间套房、机能实用的开放式中岛，到陈设艺术精神的置入，为屋主打造能够透过岁月洗练的生活空间。

D 设计选材 Materials & Cost Effectiveness

客厅背墙已 Hermes 经典布艺裱框为视觉焦点，沙发抱枕、卧房床头壁纸同样置入 Hermes 布艺元素，彰显业主对经典工艺崇高致意，是另一种艺术品的展现，也犹如家徽、家训时时提醒着家庭成员，展现另一重传承的手法。画作美好的比例，丰富的装饰性，空间中则涵盖多元材质的搭配组合，颠覆传统的美学表现，却又明显看出历史经典的关连性，与 Hermes 设计师 Jean Michel Frank 设计理念不谋而合。

E 使用效果 Fidelity to Client

此案成功融入经典工艺品牌 Herhems 布艺之美，广受高端客户喜爱，让时尚品牌 Hermès 爱马仕钦点缤纷运用顶级布艺品牌 DEDAR 的设计，收入布艺与壁纸全球精选范例里，这是唯一亚太区获选的住宅项目。

UBH261
主浴
BATHROOM
陽台
BALCONY
佛龕
陽台
BALCONY
雨遮
雨遮
次浴-A
BATHROOM
更衣間
WALK IN CLOSET
臥房-A
BEDROOM A
臥房-B
BEDROOM B
雨遮
雨遮
UBH298
UBH272
UBH295
更衣間
WALK IN CLOSET
餐廳
DINING ROOM
次浴B
BATHROOM
陽台
BALCONY
雨遮
廚房
KITCHEN
UBH272
UBH272
雨遮
客廳
LIVING ROOM
玄關
VESTYBULE
UBH298
客浴
BATHROOM
UBH301
客房
陽台
BALCONY
UBH264

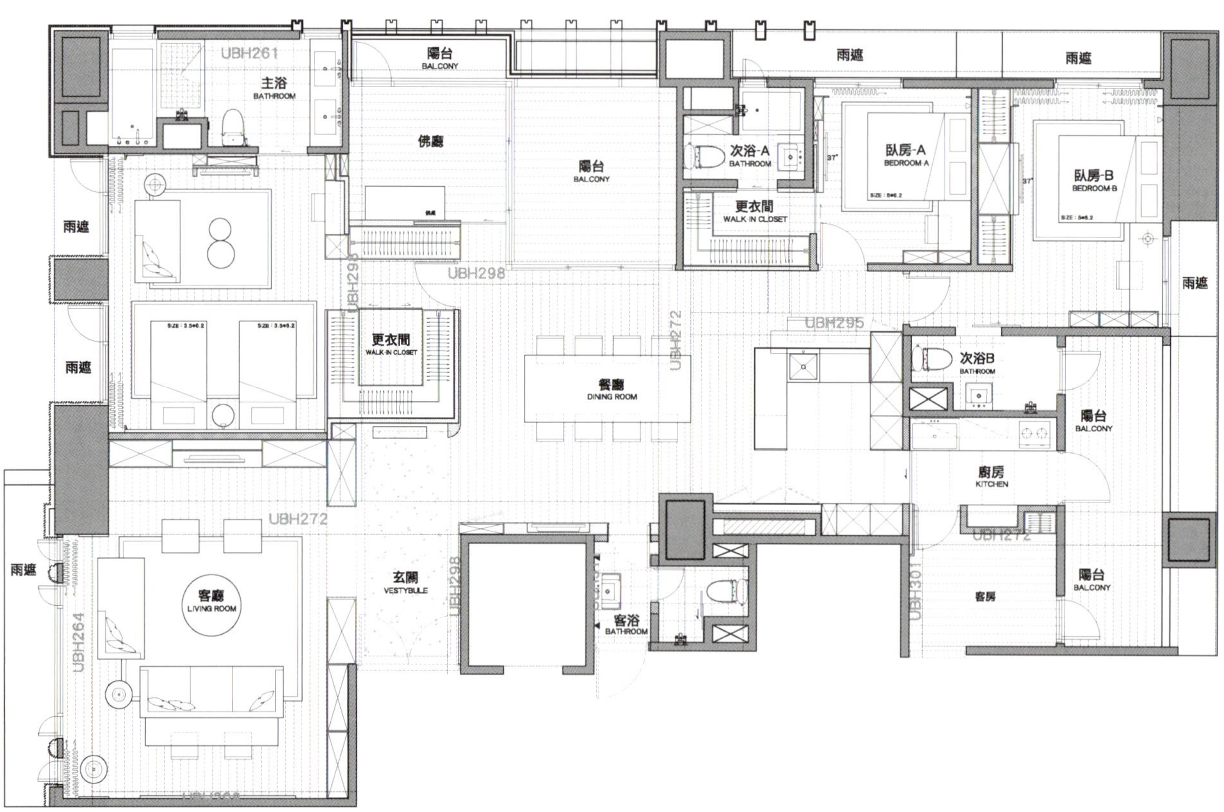

一层平面图

LOFT 27

LOFT 27

项目名称 _LOFT 27 / 主案设计 _ 张凯 / 参与设计 _ 吕仲雯 / 项目地点 _ 台湾省台北市 / 项目面积 _89 平方米 / 投资金额 _70 万元 / 主要材料 _ICI TOTO

A 项目定位 Design Proposition

作为现在少有的纯白色系，搭配抢眼的橘色沙发，让沙发成为画龙点睛的色系主角，并且衬托出整体空间的白净优雅。白净的简洁空间，营造出一种新型态的 LOFT 风格。

B 环境风格 Creativity & Aesthetics

白色简约时尚空间的极致呈现，有如建筑语汇般的造型白色玄关隔屏，轻盈清透的书房玻璃隔墙，与白色铁件屏风相辅相成，营造出一种极度时尚前卫的 LOFT 宅空间。在电视区则是与白色调空间相对称的黑色金属与原木质感电视墙，为整体白色调空间增添一分趣味性。

C 空间布局 Space Planning

优点格局方正、原本客厅书房稍微壅挤，经过改正成玻璃式隔间后，整体空间放大并且营造相当宽敞舒适而且活用的第三间房间。

D 设计选材 Materials & Cost Effectiveness

电视墙采用隐藏式门片设定，平常是可以用大型拉门将电视收纳在柜体内部，并且让整体空间更具整体感与优雅感。

E 使用效果 Fidelity to Client

跳脱出行型态的 LOFT 简洁风格，同时完整的整合空间收纳机能。

75.0
160*195
主臥房
隱藏式下掀床組
120*190
次臥房
造型書桌
電視造型牆＋櫃
收納側櫃
更衣室
客廳收納櫃
多功能吧台
書桌
造型隔屏
展示酒櫃
120*190
次臥房
電器櫃
玄關收納鞋櫃
A C
A C

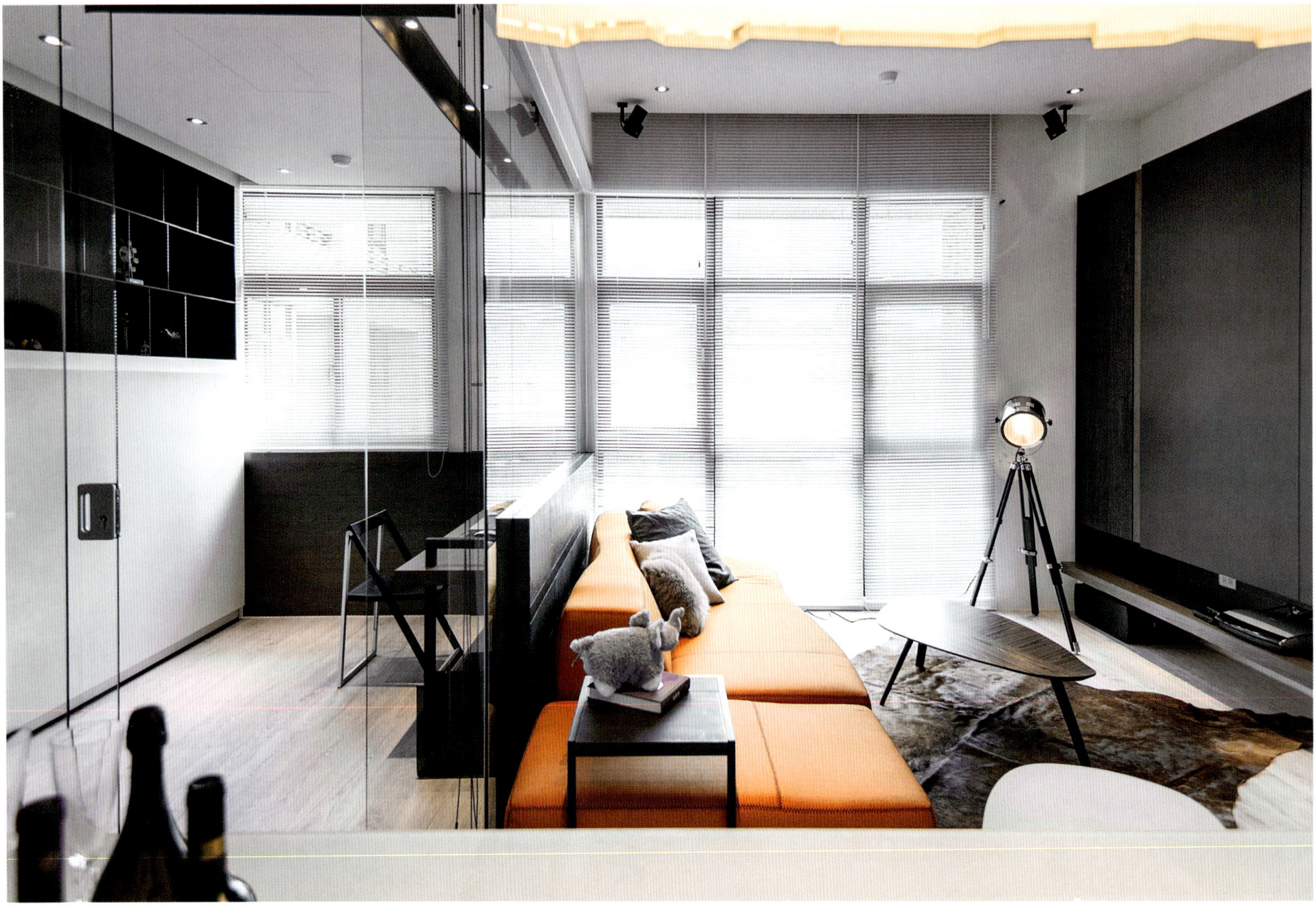

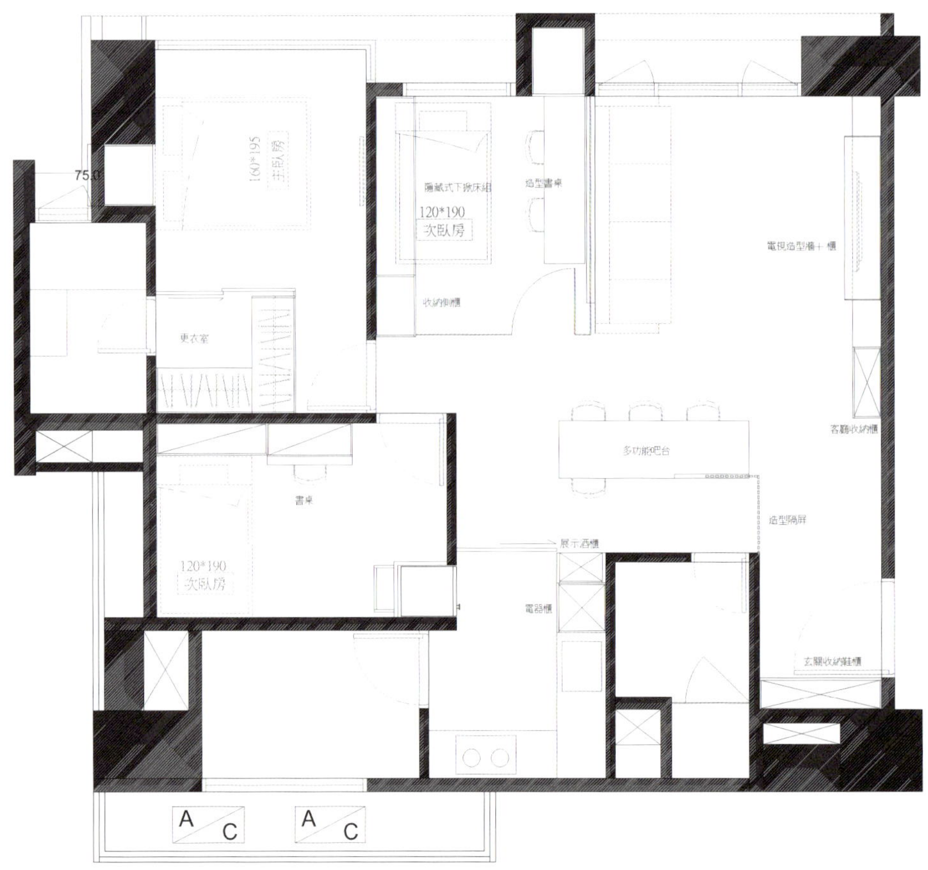

一层平面图

搁一把天光

LIGHT HOUSE

项目名称 _ 搁一把天光 / **主案设计** _ 林宇崴 / **参与设计** _ 白金里居空间设计团队 / **项目地点** _ 台湾省台北市 / **项目面积** _198 平方米 / **投资金额** _100 万元 / **主要材料** _Minotti

A 项目定位 Design Proposition

空间、绿荫和采光，对台北的居民来说，是奢侈的！透过空间配置的巧思，以及如何为业主创造全新的家庭生活，进而将绿景纳入为生活的风景，将采光收藏为家中的自然资源，让居住在尘嚣中的台北市，竟也有大自然的洗礼和享受。

B 环境风格 Creativity & Aesthetics

将不规则的五边形空间转换成每一个惊叹！除了依着空间的本质去发想设计概念，引光入室是一大重点，重新排列每一个格局，让自然的采光在空间中演绎发挥。

C 空间布局 Space Planning

将公私领域画分在两个楼层，上层为起居室和书房，下层为客厅、餐厅、厨房、主卧、儿童房以及休闲吧台。 空间配置上以光线为首要考虑之一，让每个空间都有对外窗，赋予白天和夜晚不同的自然面貌。

D 设计选材 Materials & Cost Effectiveness

穿透式的设计手法搭配铁件、石材、色彩等元素，随着时序和光影的移动，让光影重迭恣意添加丰富表情。

E 使用效果 Fidelity to Client

好客的业主在新居落成后，邀请了超过百位朋友齐聚一堂，不论空间配置、生活机能、动线与设计巧思，都受到朋友们的赞美和喜爱。 宾主尽欢！

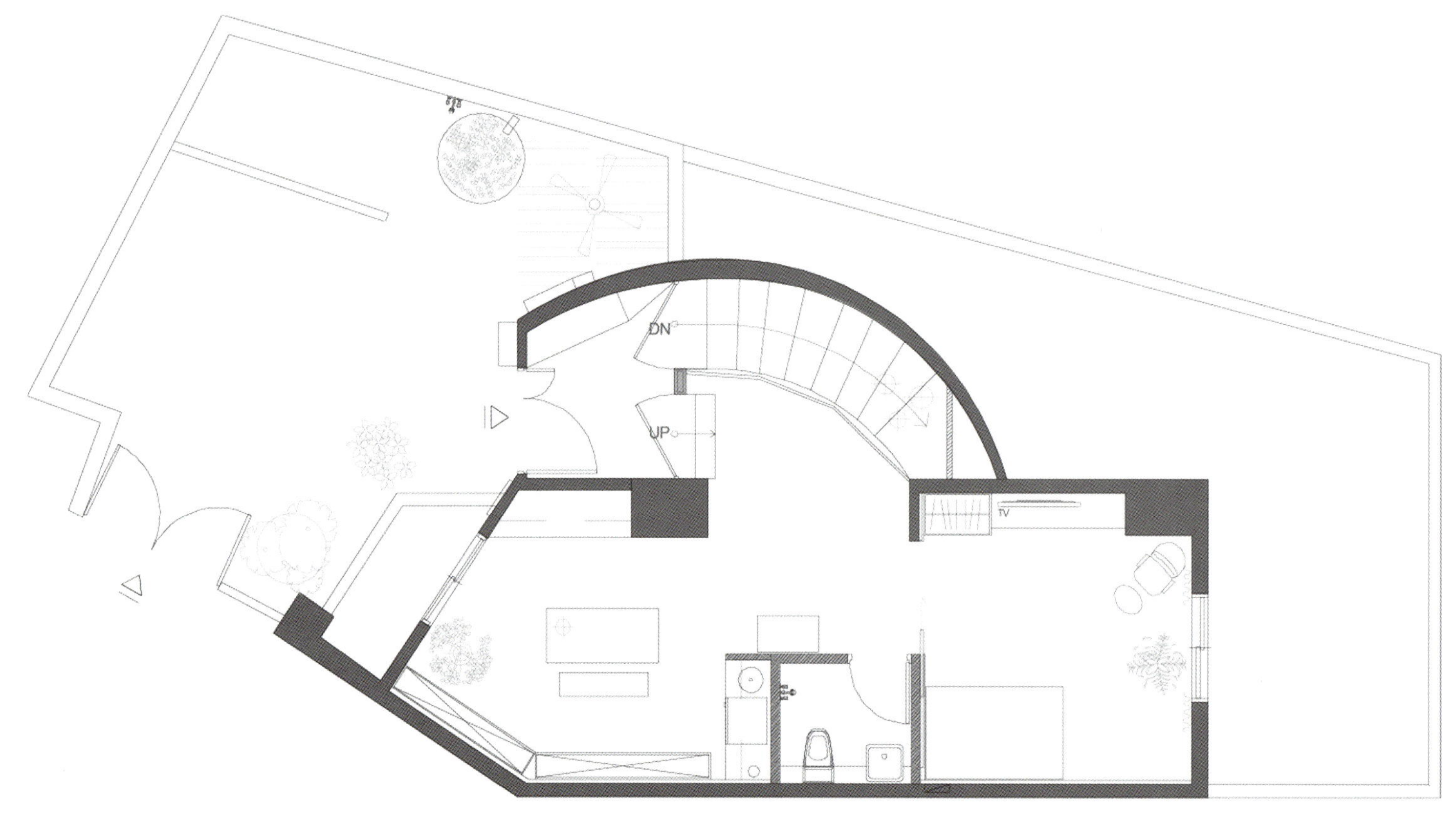

一层平面图

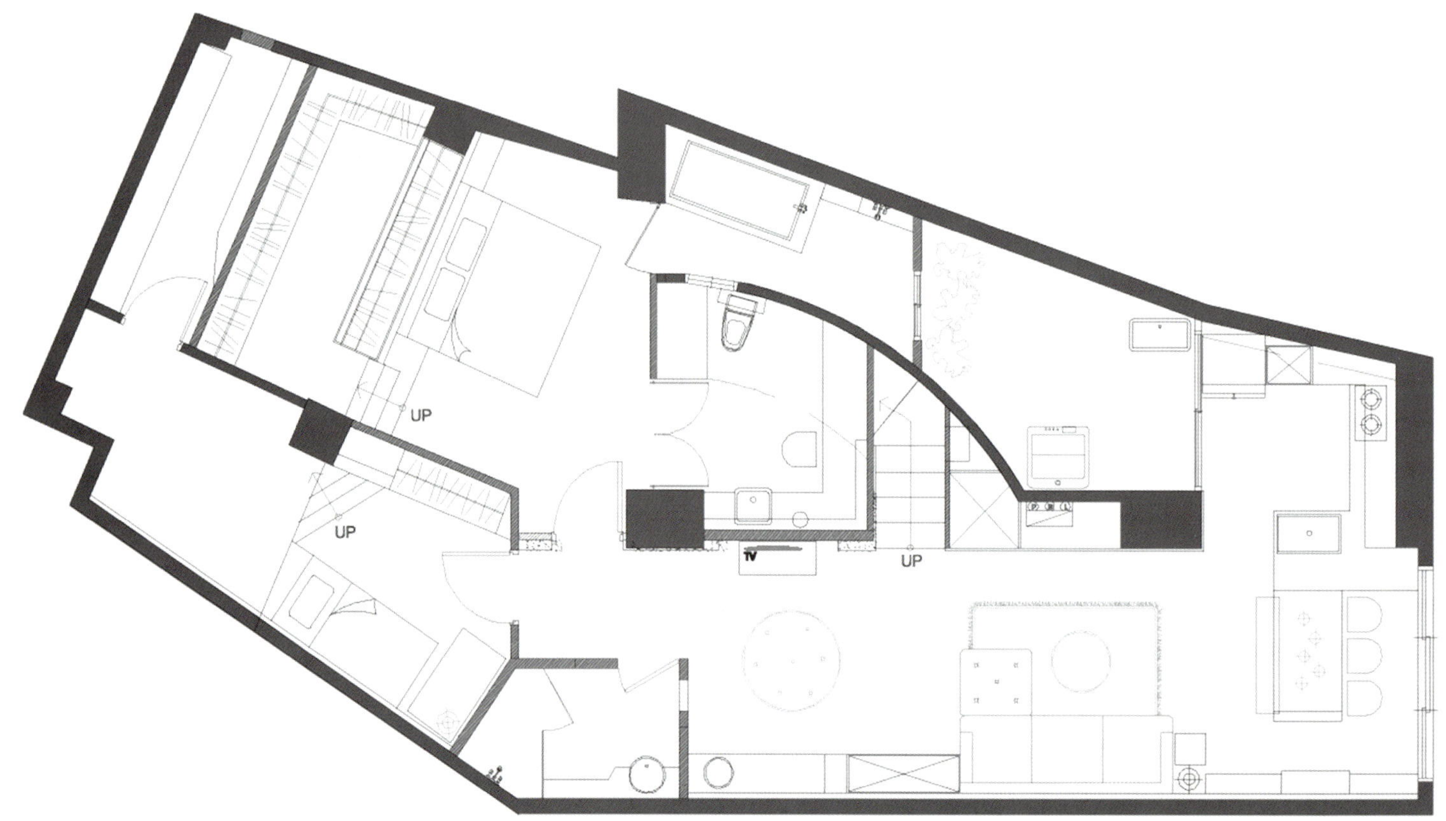

地下一层平面图

一扇窗·漫一室

TUNG'S HOUSE, TAIPEI

项目名称 _ 一扇窗·漫一室 / **主案设计** _ 邵唯晏 / **参与设计** _ 邵方璵 / **项目地点** _ 台湾台北市 / **项目面积** _150 平方米 / **投资金额** _160 万元 / **主要材料** _KD 梧桐木钢刷、富美家、美国 DuPont(杜邦)CORIAN

A 项目定位 Design Proposition

有别于市场上针对特定风格或是相较流行的古典风格，本案以中性及写意的定位来描写对于住宅的诠释，回应的是业主对于美学的素养及生活的态度，而不是追求流行风格的定位。

B 环境风格 Creativity & Aesthetics

本案大量的开窗，有效的将户外的自然光及绿意带进室内，白天都不需开灯，自然通风也很流畅，企图与环境共融共生，也为住宅注入节能的绿思维。

C 空间布局 Space Planning

弹性隔间的设计，让整体空间的格局拥有最多的可能性及弹性，也符合业主爱好自由及好客的生活习惯及需求。再者，可弹性使用的多层界面，有效将空间流动、声音穿越与视线交集做不同层次的搭配，藉此回应使用者对于空间非线性使用的需求。

D 设计选材 Materials & Cost Effectiveness

整体设计质感展现自然的低调美学，在样式及配色上都以自然宁静的色彩与材质出发。房子得天独厚的绿意、迁移的时间与光线，搭配老木特有的香气，再加上屋主本身内蕴的艺术涵养，自然将人的五感融合于空间。无需刻意装饰，亦无需华丽材料，丰富的人生足以成就一个强而有力的空间氛围。

E 使用效果 Fidelity to Client

本案完成后受到业主的喜爱，虽本案不是商业空间，无商业经营的压力，但本案完后的确大大增加了业主朋友的来客量，也符合了业主好客的生活习惯及需求。

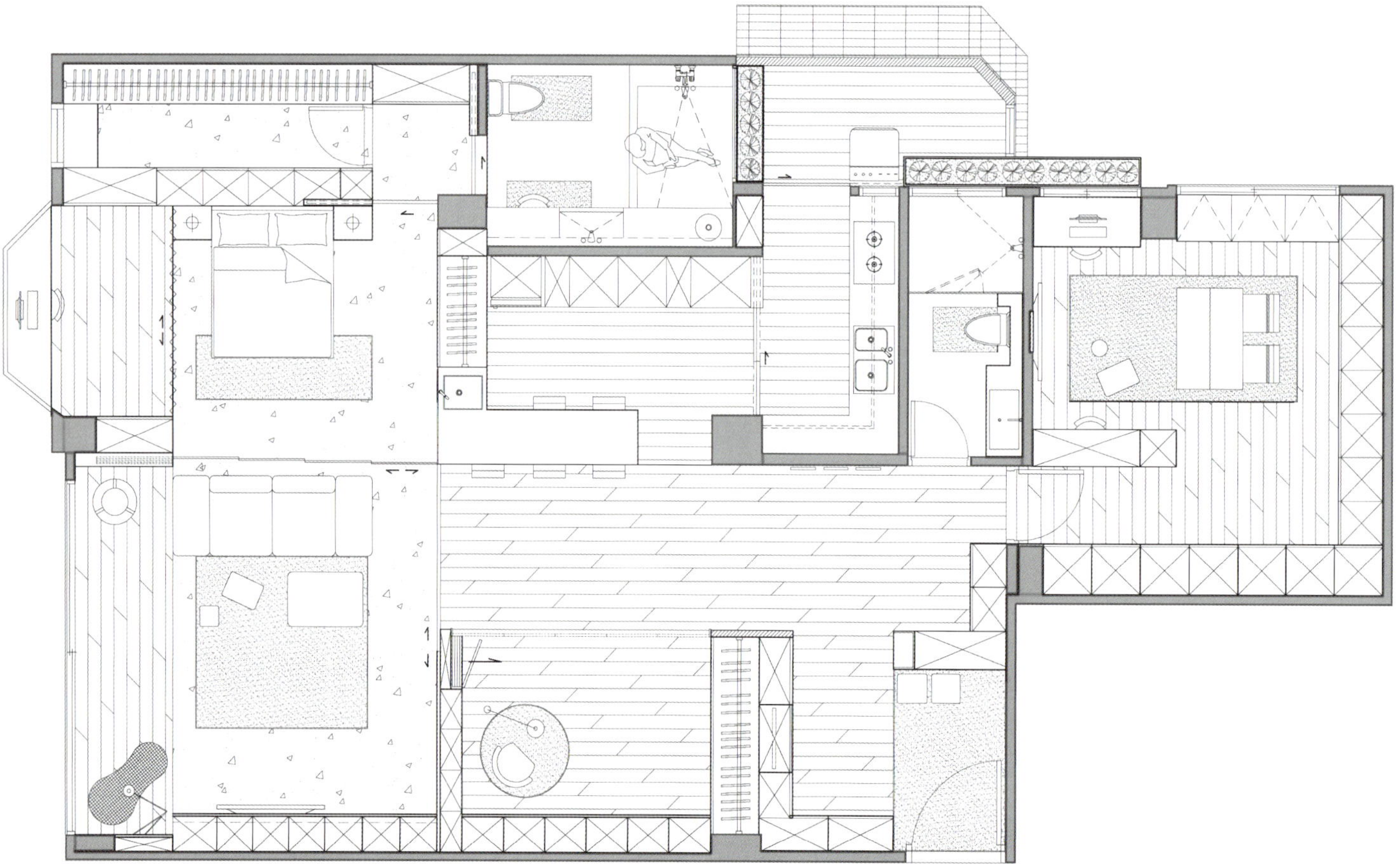

一层平面图

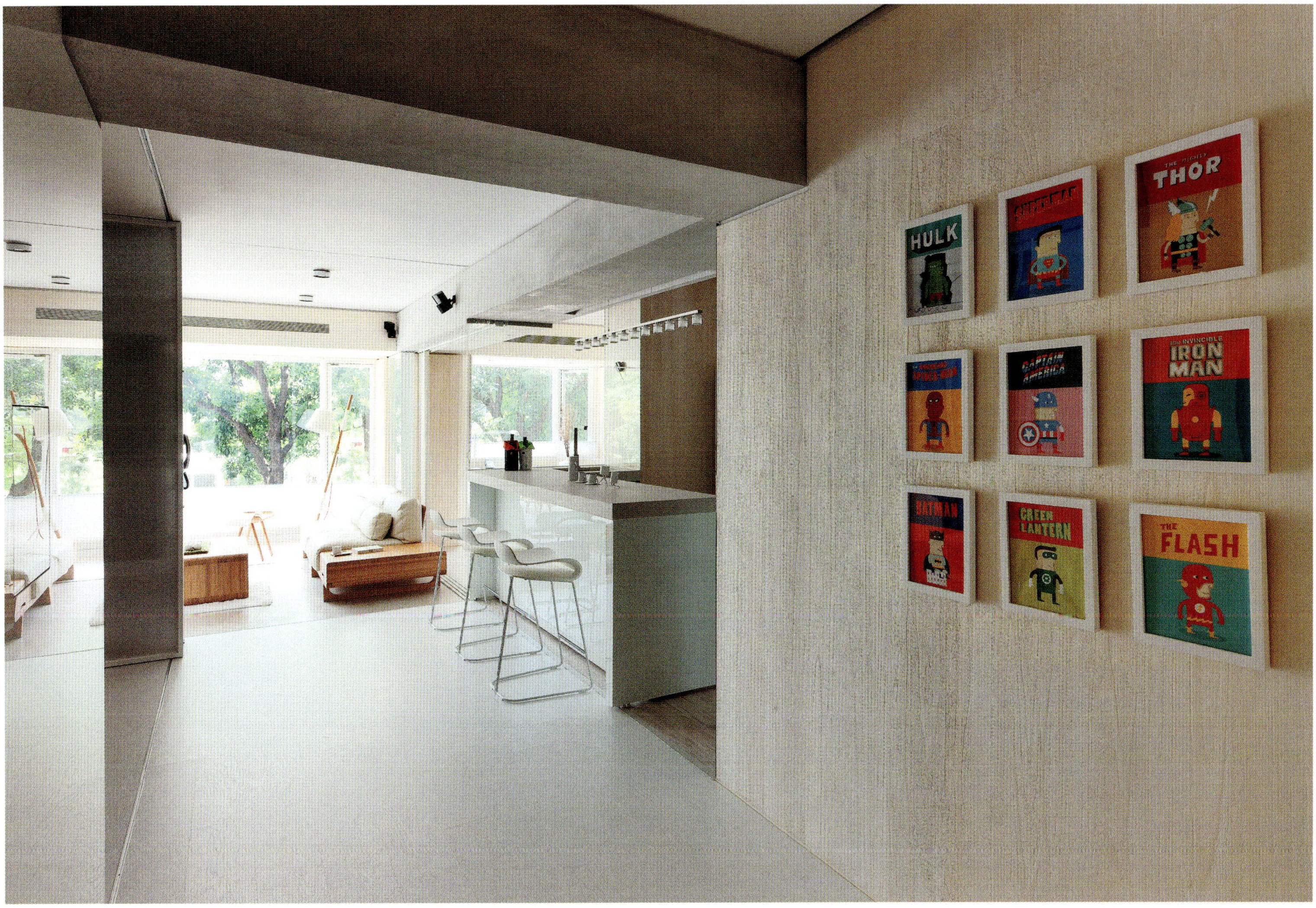
HULK
THOR
CAPTAIN AMERICA
IRON MAN
BATMAN
GREEN LANTERN
THE FLASH

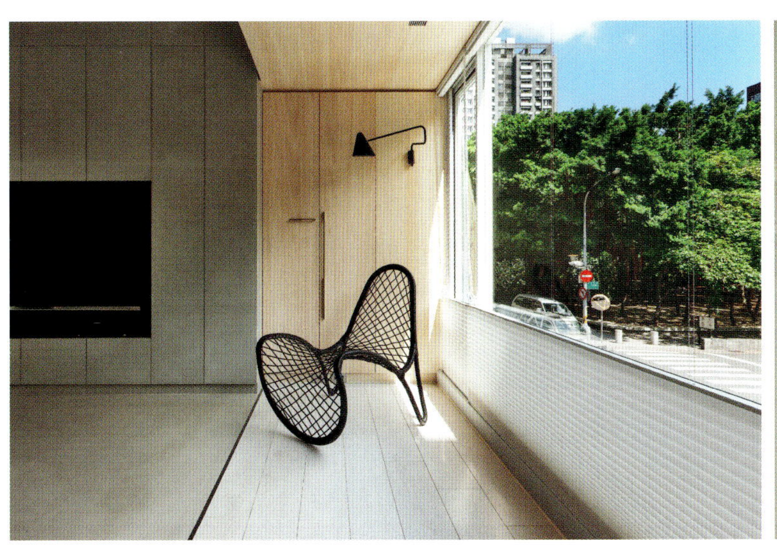

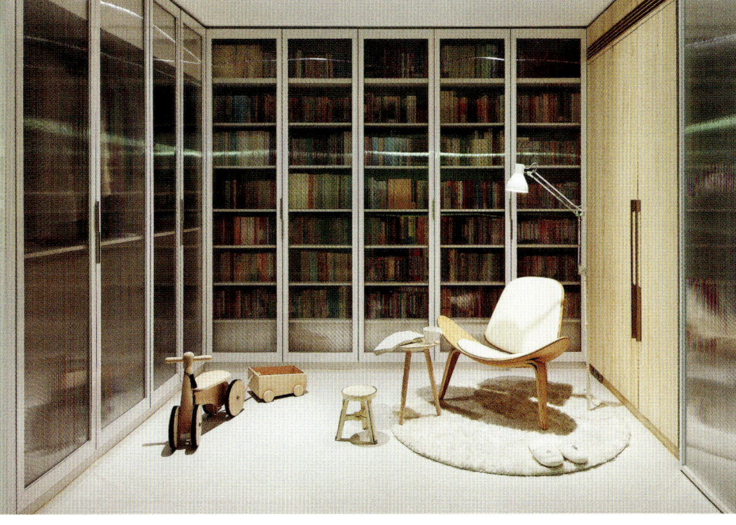

格林童话
GRIMMS FAIRYTALES

项目名称 _ 格林童话 / **主案设计** _ 蔡佳莹 / **参与设计** _ 李婧 / **项目地点** _ 江苏省南京市 / **项目面积** _130 平方米 / **投资金额** _20 万元 / **主要材料** _ 宣伟涂料、仿古砖、复合地板、玻璃、文化砖、墙纸

A 项目定位 Design Proposition

所以一直有一颗童心。这套作品的名字就叫做“童话”、将这套作品献给家有可爱宝贝、怀有一个童心的年轻父母。

B 环境风格 Creativity & Aesthetics

在整个房子里随处都是一个童话小故事，每个空间都有属于自己的内容和故事。

C 空间布局 Space Planning

相对于外表的装饰，内部的储藏空间也是不容忽视的，外表是床的榻榻米其实内部就是一个躺下的柜子。单独的储藏间更是满足了一家人的储物需求。

D 设计选材 Materials & Cost Effectiveness

亮点是采用大量童话风格的墙纸，家具颜色跳跃性较强既体现了地中海风格的特性也体现除了浓浓的趣味性。

E 使用效果 Fidelity to Client

业主是有着一个两岁孩子的年轻父母，因为有孩子，所以一直有一颗童心，作品出来也是得到了小孩子和父母亲的一致好评。

BEANS

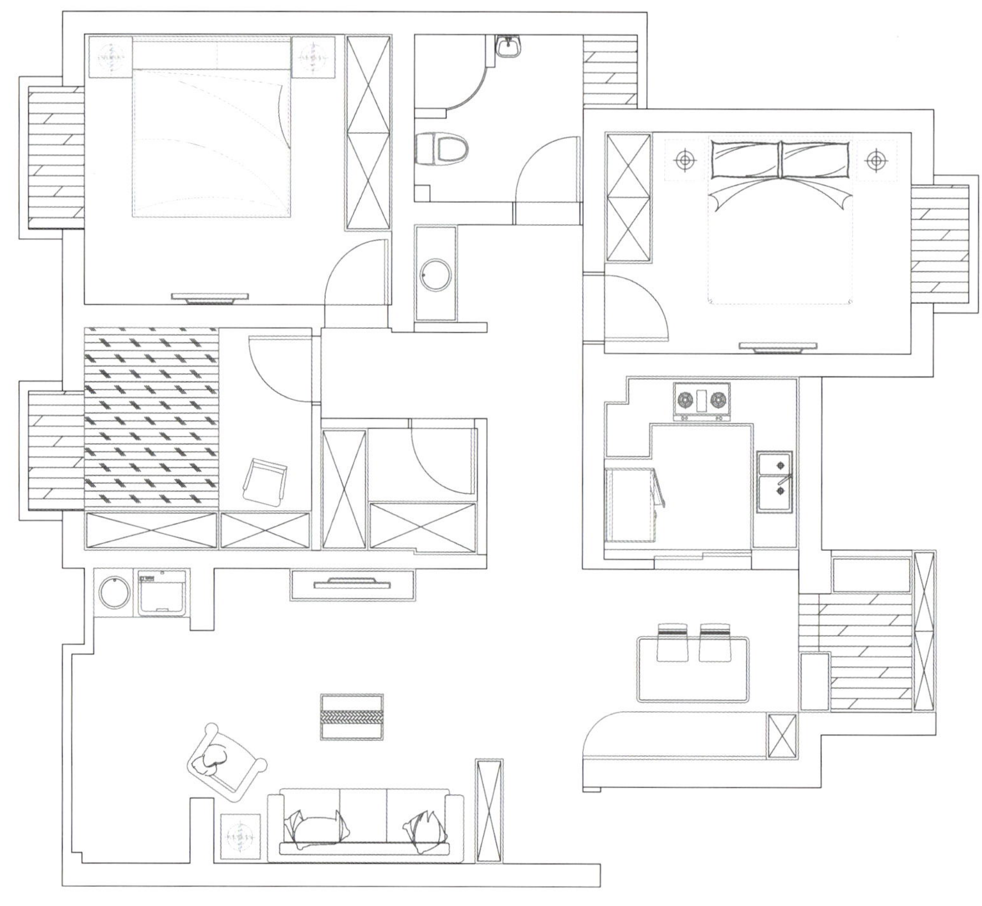

一层平面图

ROCODILE
VS

Space

TOTO

名人府
CELEBRITY PALACE

项目名称 _ *名人府* / **主案设计** _ *陈成* / **参与设计** _ *刘云剑、徐莉蓉、陈菲鸽、钱霞* / **项目地点** _ *江苏省常州市* / **项目面积** _ *240 平方米* / **投资金额** _ *100 万元* / **主要材料** _ *鸿鹄定制*

A 项目定位 Design Proposition

庆万家、珠帘半卷，绰约歌裙舞袖。传统工艺制作的原木漆画屏风将客厅区做了软隔断，进入区域时的开阔和入座后的私密，兼而有之。木质让人感觉亲切自然，沉稳的红木窗棂在挑高背景墙上也不会显得空旷，原木的茶几和单椅只是空间的配饰，主位使用的是更为舒适的简约沙发。

B 环境风格 Creativity & Aesthetics

把酒化桑麻，声闻汲井瓯。厨区做了中西分离的开放式设计，餐区与休闲茶座比邻而置，烹茶取水，只需轻走几步；竹帘慢放，就是个静谧空间。设计师对茶室的用心见解独到，品茗问道，不需名贵茶具，只需斗室与心。窗外即是四季风景，杯中就有千滋百味，真正的茶味在于寂静的心。

C 空间布局 Space Planning

三种中式卧室的具体展现 主卧——风格的最大化 窗棂、宫灯，在光源的配搭下，优雅的大家风范，无需特别修饰。

D 设计选材 Materials & Cost Effectiveness

儿童房——蓝色系下的点睛之笔 满屋似乎都被亮丽的蓝色占领，丝绒背靠，纯棉海蓝，可细细观察，含蓄的黑色装饰线条出现在不同材质的收口拼接处，与素色的墙面相合，带出素雅的盛唐风貌。

E 使用效果 Fidelity to Client

老人房——端庄丰华的东方境界 泼墨勾勒的画卷静置于窗前，与景融于一处。长辈需要日常的朴素与安静，便不加修饰，实用雅致。

ZA

初相
INITIAL PHASE

项目名称 _ *初相* / **主案设计** _ *黄译* / **项目地点** _ *江苏省南京市* / **项目面积** _*98 平方米* / **投资金额** _*20 万元* / **主要材料** _ *居道*

A 项目定位 Design Proposition

“初相”——从观察主人的生活动线及态度开始，我们的设计前期沟通长达半年之久才开始正式提笔。我们把空间作为业主生活的一个素材载体，以简洁俐落的直线条贯穿始终，强调穿透的层次感，使在视觉上达到一致性，再通过对中式符号优雅的处理和表达，将自然意向融入居室，繁杂的心绪不知不觉被收拢安抚，释放轻松悠然的生活节奏。

B 环境风格 Creativity & Aesthetics

精致的设计感隐藏在细节中，透过沉稳的地砖、玻璃、明镜、影木等材质，不仅放大了空间的坪效，精致度也相对提升，属于人文的温度及精彩，也轻轻的拢络在每个延展开来的线面。

C 空间布局 Space Planning

大开面的设计让小空间有舒适的张力，功能在配置在形体上与建筑本体充分契合，让空间的基本面充分展露。

D 设计选材 Materials & Cost Effectiveness

业主特别强调需注重空间舒适的感觉，低调、古朴、低彩度、重质感等需求，屋主希望回到家之后，能享受自然休闲的度假风。计师运用通透或开放的材质成就介面，让空间感得以延续，视野可以无限宽广。为了营造温馨舒适的氛围，材质及家私的色系上选购以较具暖色彩度或中性色调调性为主，以低彩度的材质呈现材料本身的表情。厅堂铺以城堡灰地砖，雾面平光的质感，立面枫影木的自然纹理和大胆的留白视觉，让自然意象成为主景。

E 使用效果 Fidelity to Client

“我不是为了享受豪宅而求设计，而是为了享受生活。”业主如是说。

KITCHEN
STUDY ROOM
DINING ROOM
BATH ROOM
BEDROOM 2
LIVING ROOM
MASTER BEDROOM
A/C
A/C
A/C
Terroce

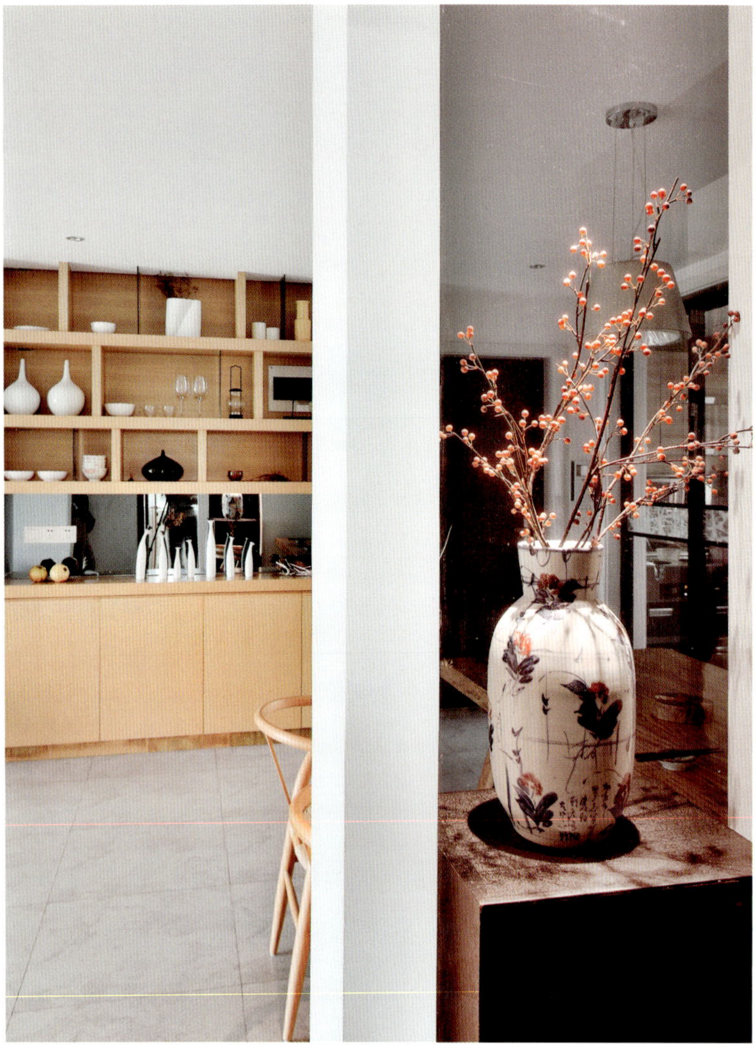

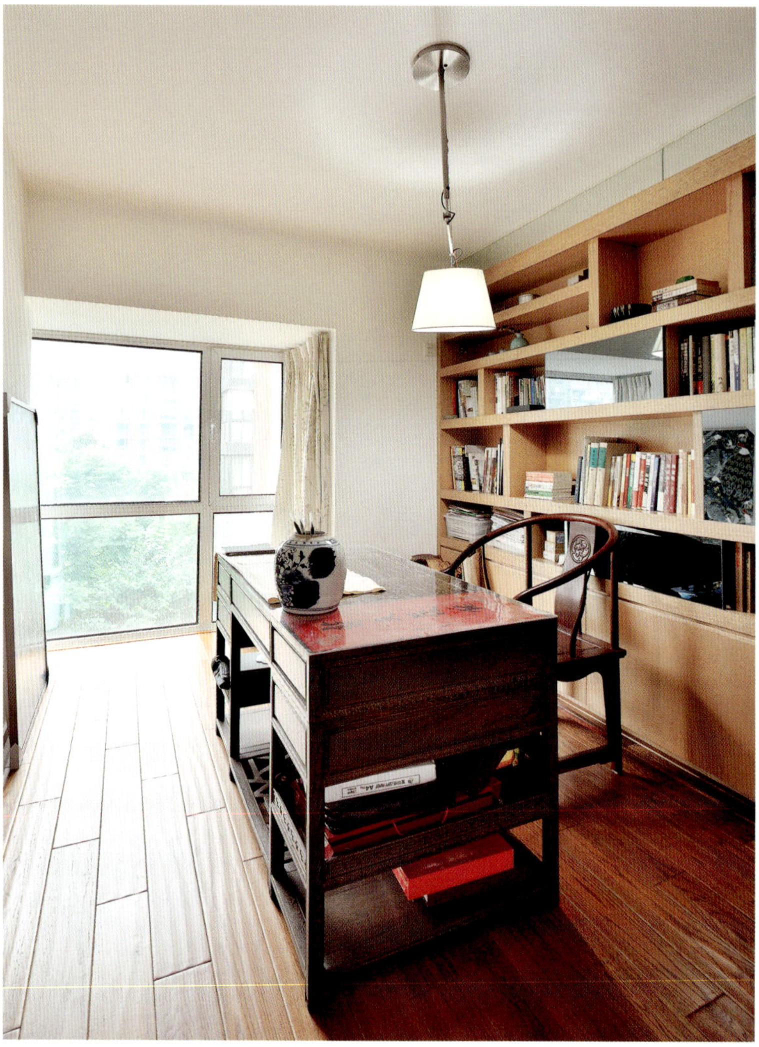

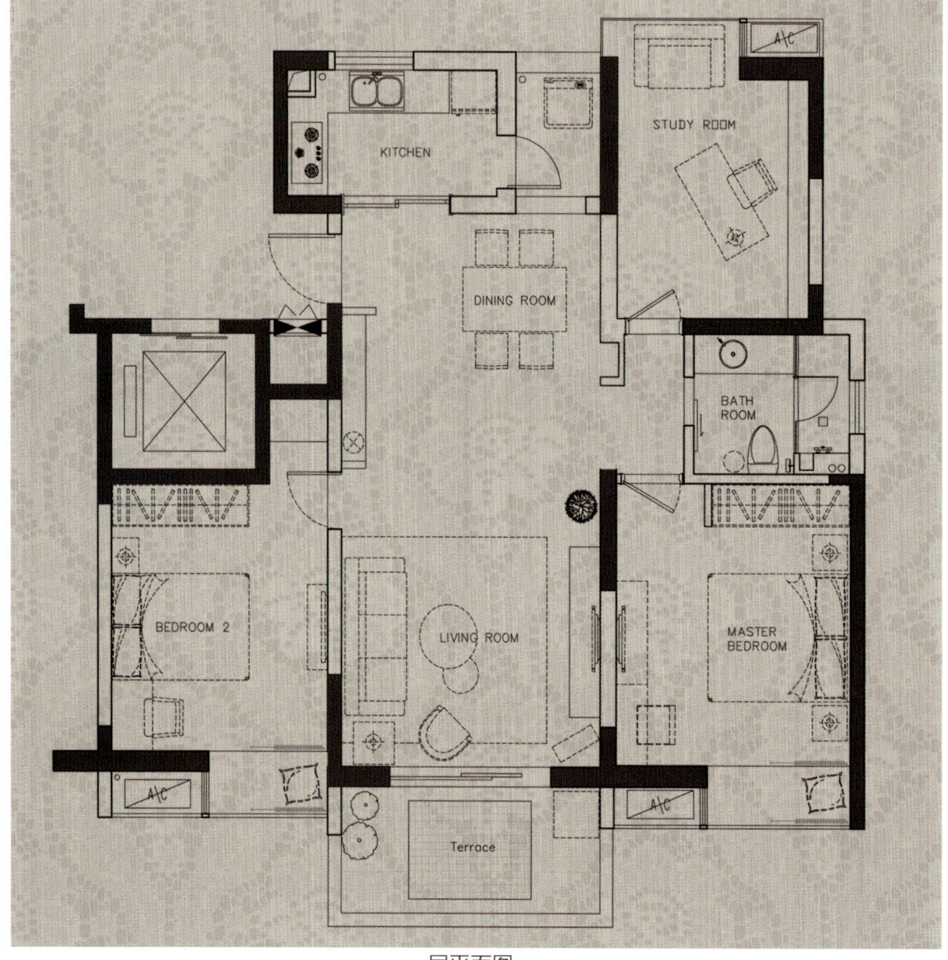

一层平面图

泰安道五号院一号院

TAI'AN FIVE HOSPITAL NO.1 HOSPITAL

项目名称 _ *泰安道五号院一号院* / **主案设计** _ *张宝山* / **项目地点** _ *天津市* / **项目面积** _*200 平方米* / **投资金额** _ *约 160 万元* / **主要材料** _ *意大利蜜蜂砖、意大利威罗艺术涂料、柏丽地板、科宝橱柜等等*

A 项目定位 Design Proposition

个性化，既有传统又能体现当代人群居住方式。

B 环境风格 Creativity & Aesthetics

体现美式后工业感，设计革新。

C 空间布局 Space Planning

重新梳理空间，根据功能和动线，大胆改造重新分割空间。

D 设计选材 Materials & Cost Effectiveness

灰色嵌板，艺术涂料，复古砖，艺术线条，黑色作旧实木门板，文化石等。

E 使用效果 Fidelity to Client

开阔视野，开发想象，视觉艺术呈现。

书房
面积:22.4
周长:19.1
主卧卫生间
面积:11.1
周长:20.4
垭口完成面H:2580
主卧衣帽间
面积:12.3
周长:14.4
1800*2000
主卧室
面积:19.1
周长:19.9
客卫
面积:5.8
周长:12.8
过廊1
面积:2.6
周长:6.7
过廊2
面积:2.6
周长:6.7
门口完成面H:2530
餐厅
面积:18.8
周长:17.7
垭口完成面H:2530
入户厅
面积:10.4
周长:13.1
垭口完成面H:2530
储藏间
面积:2.7
周长:7.4
厨房
面积:12.4
周长:14.7
会客厅
面积:27.6
周长:21.1
DJ

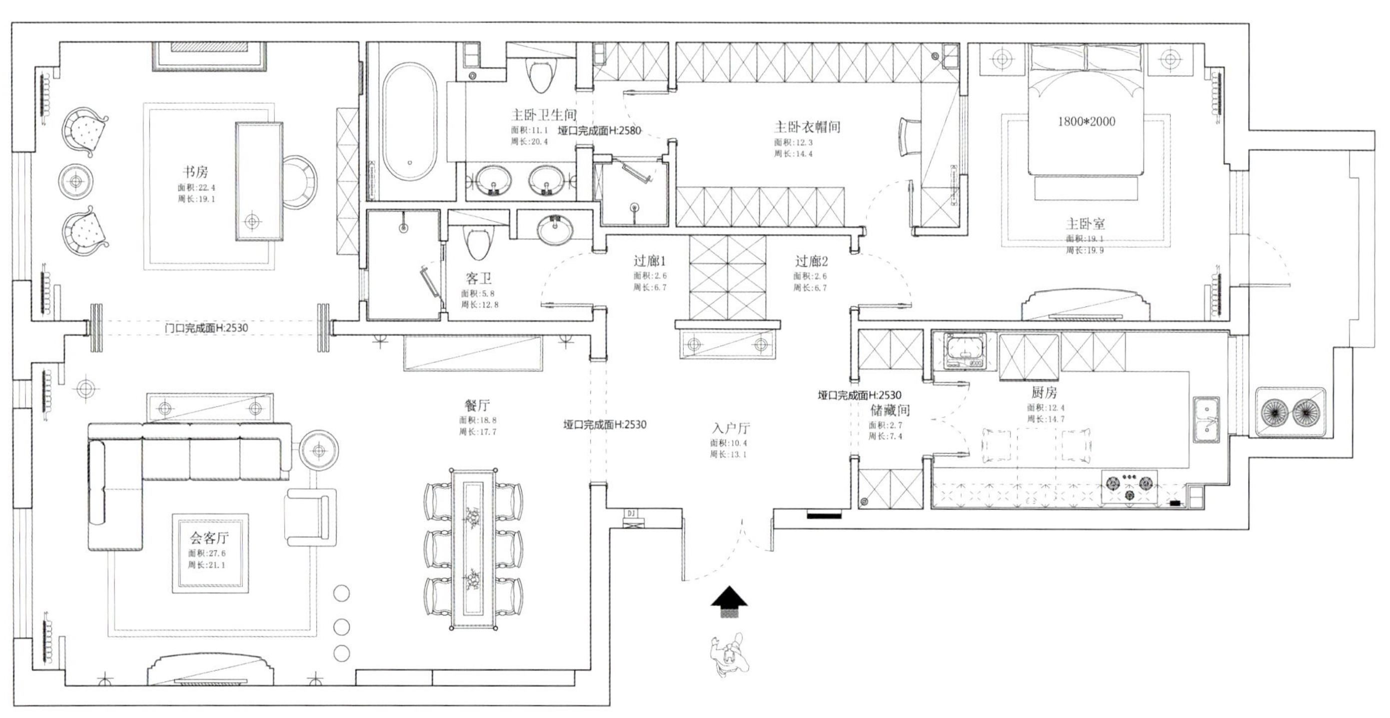

一层平面图

东方润园私宅设计

EASTERN RUN PARK HOME DESIGN

项目名称 _ 东方润园私宅设计 / **主案设计** _ 张泉 / **项目地点** _ 杭州市 / **项目面积** _300 平方米 / **投资金额** _50 万元 / **主要材料** _ 意德法家帕拉迪奥橱柜、Bardelli 瓷砖

A 项目定位 Design Proposition

本案位于杭州钱江新城最核心绝版地段，面朝开阔的钱塘江，背倚整个杭州最顶级的城市配套。

B 环境风格 Creativity & Aesthetics

纯法式风格是它独有的标签。设计师以简洁、明晰的线条和优雅得体的装饰，展现出空间中华美、富丽的气氛，表达了一种随意、舒适的风格，将家变成释放压力、缓解疲劳的地方，给人以雅典宁静又不失庄重的感官享受。

C 空间布局 Space Planning

客厅中不同形状不同纹路的木质拼花地板的运用形成了颇具立体感的视觉效果，同时使得这个客厅多了几分温馨的居家感受，墙面木质护墙和真丝壁纸的运用，把握了法式风格的简洁、对称、幽雅的精髓，更表达了一种更加理性、平衡、追求自由，崇尚创新的精神。富丽的窗帘帷幄和水晶吊灯的搭配为空间增添了一分柔美浪漫的气氛。窗外则是一览无余的钱塘江景，充分诠释了“全江景国际尊邸”顶级豪宅的内涵和居上流之上的生活方式。

D 设计选材 Materials & Cost Effectiveness

在这套私宅设计中，大到整个空间的布局规划，小到一个门把手、一个水龙头，都是设计师亲自精心挑选的，因此对于舒适度与奢华度的把握自然更胜一筹。

E 使用效果 Fidelity to Client

设计师把中国人的一种精致而高贵的生活在这套作品中体现的淋漓尽致，而不是简单的把法国人的家搬到中国，打造成一个理想中的家的感觉。家是港湾，是心灵的家园。疲惫的旅人在这里找到了心灵的归宿。因为有家、有爱，我们才拥有了面对外界风雨的勇气，才拥有了挑战极限的英雄情怀。

18435
1125 1455 1890 4290 1385 5708 2583
1185 5765 465 3065 2770 1010 3325 850
6950 3530 3780 4175
18435
21820

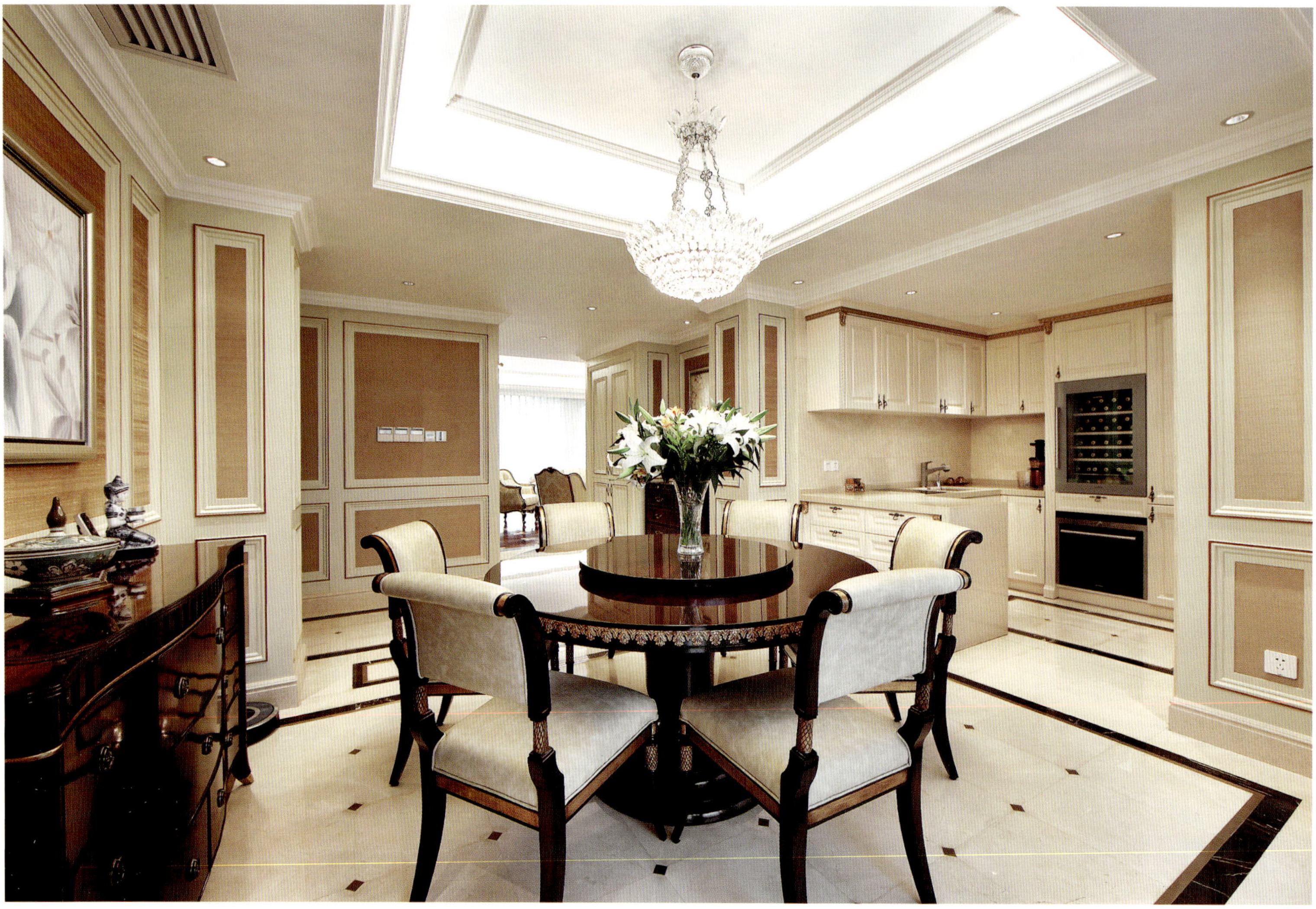

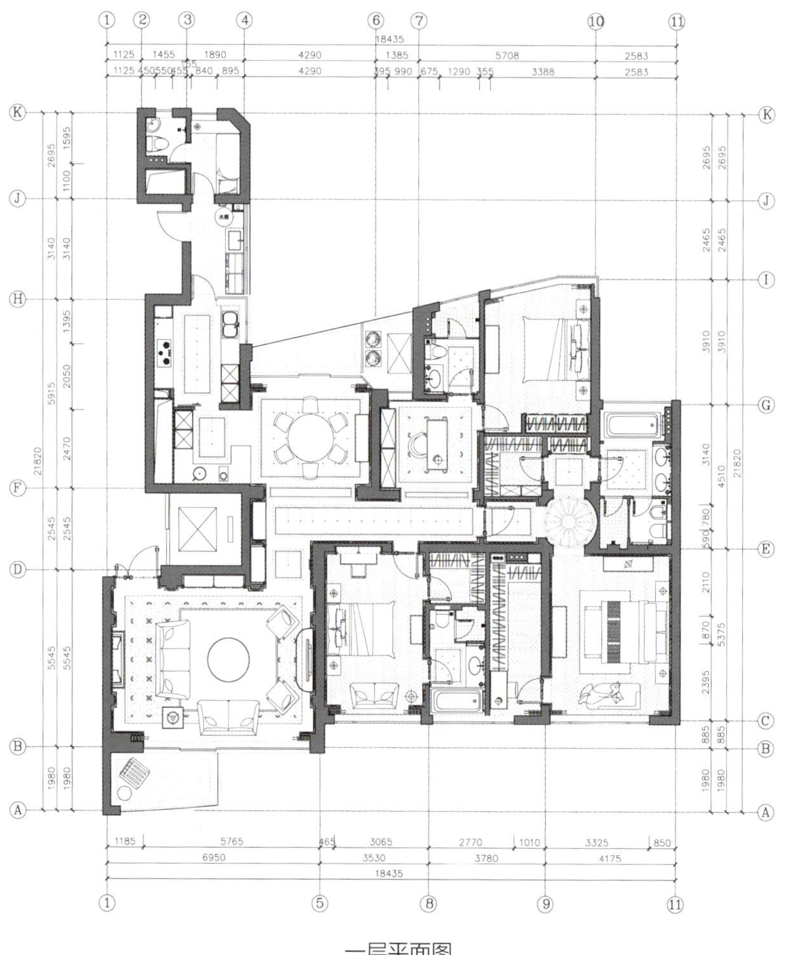

一层平面图

君汇新天混搭私宅实景

BEIJING IN SEATTLE - JUN HUI XINTIAN MIX PRIVATE REAL

项目名称 _ 北京遇上西雅图—君汇新天混搭私宅实景 / **主案设计** _ 刘金峰 / **项目地点** _ 广东深圳市 / **项目面积** _ 220 平方米 / **投资金额** _ 120 万元 / **主要材料** _ 橡木，墙纸，仿古砖，石膏线，大理石，绢画

A 项目定位 Design Proposition

我一直喜欢用电影的方式去做设计，每个人都是有故事的，我喜欢听客户讲她的故事。在沟通中寻找到客户独特的气质，将这种气质融入到空间的设计中去，这样才能设计出符合客户气质的家。家从来都不是样板，从来都不是摆场。

B 环境风格 Creativity & Aesthetics

我相信一个好的住宅设计，呈现给大家的应该先是客户的自身气质，而后才是设计师的锦上添花。

没有多余的装饰手法，一切如同生长在空间里，和谐自然。

C 空间布局 Space Planning

这套住宅的设计，一样源于一些故事，客户喜欢欧美的舒适，也割舍不下中式文化的儒雅，那何不来一场文化的相遇呢？如同北京遇上西雅图一样，让两种风格在这个空间里相得益彰，在西方文化的设计中，烙上中国的印。

D 设计选材 Materials & Cost Effectiveness

新颖。

E 使用效果 Fidelity to Client

很好。

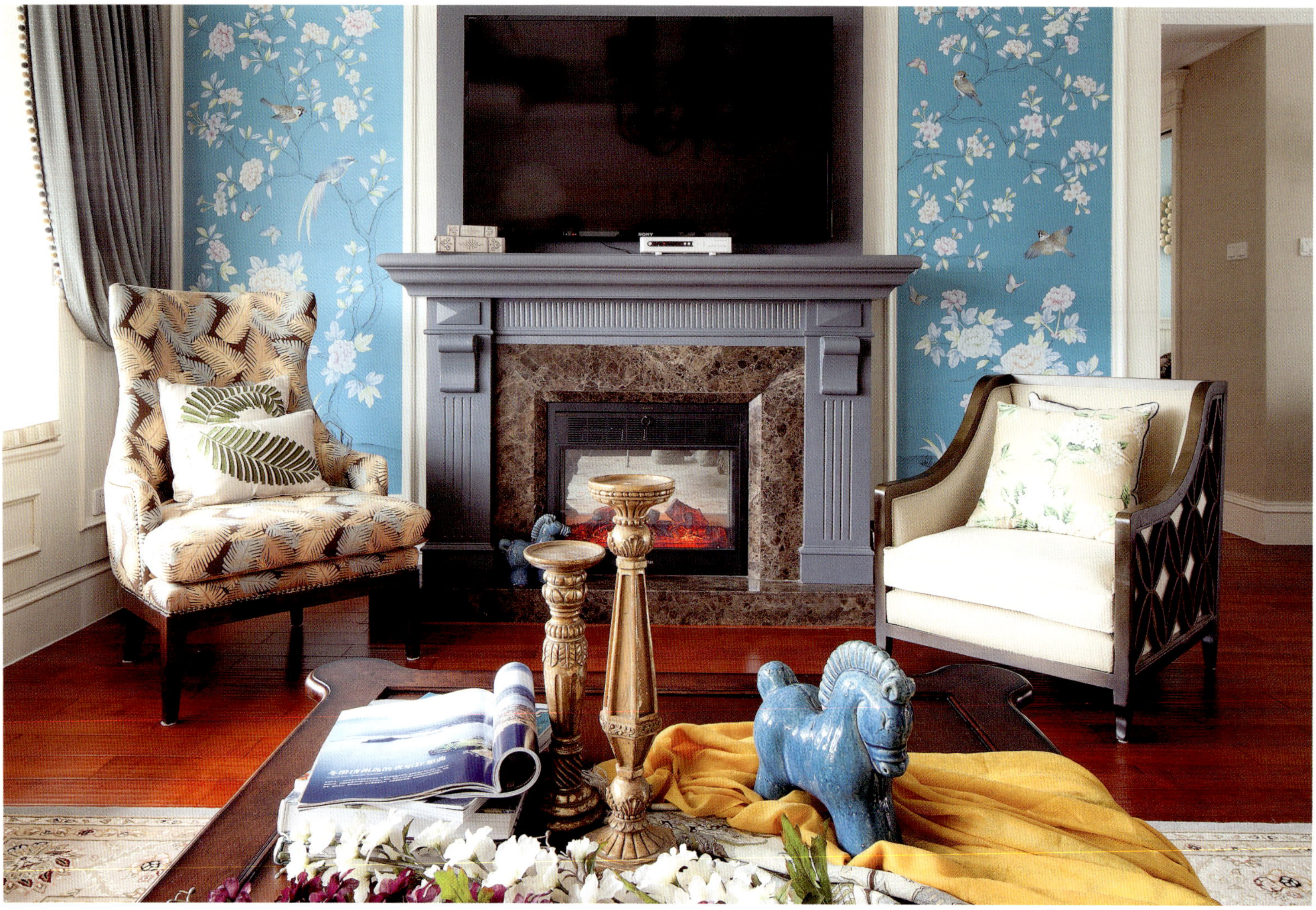

16050
3900
240
2460
240
4080
120
5010
西厨
中厨
书房
主卫
A小孩房
餐厅
主卧
B小孩房
公卫
客厅
父母房
套卫
SPA或景观
景观阳台
生活阳台
3100
240
10420
5160
1920
3380
240
2900
12780
3820
120
1720
600
6560
240
3120
120
1820
240
5160
240
3060
20560

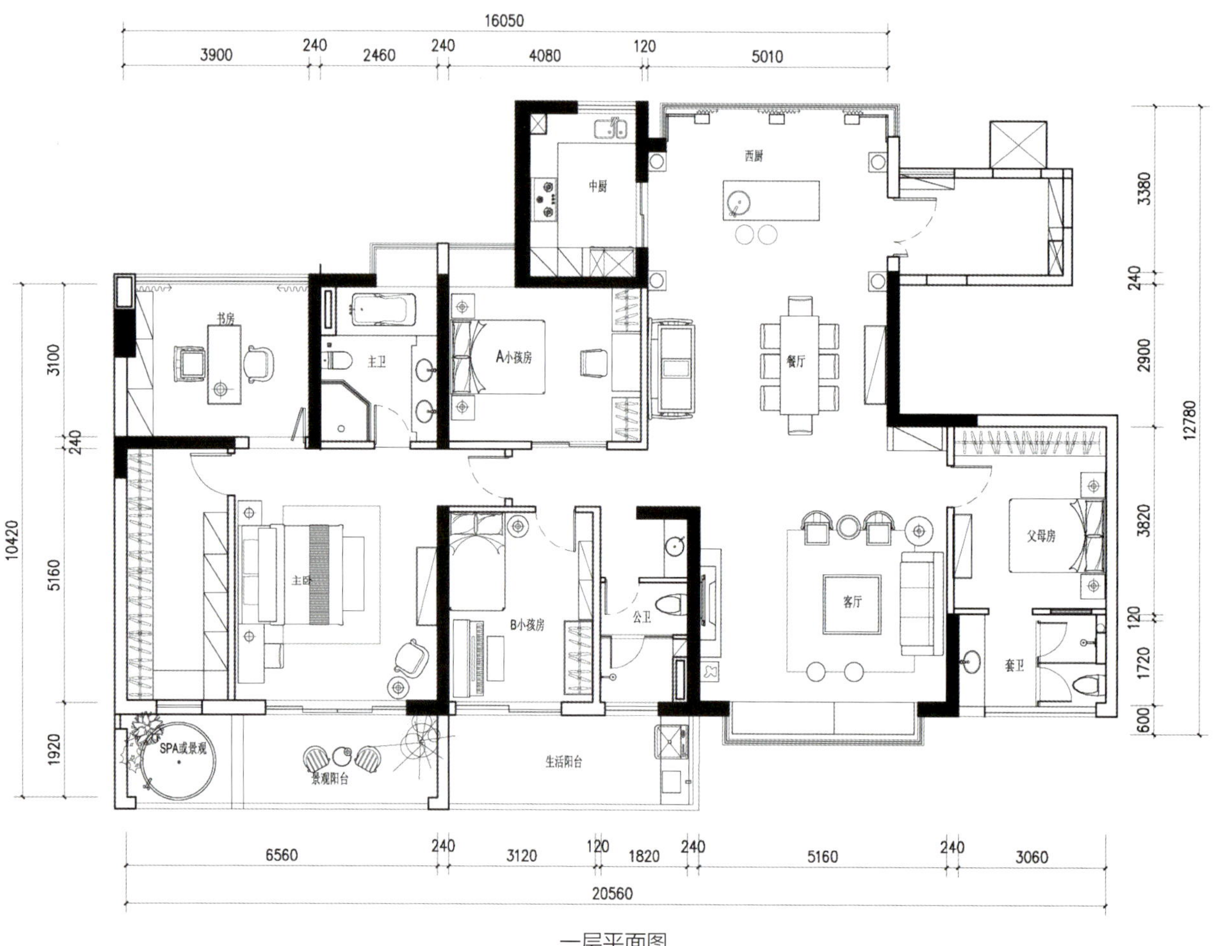

一层平面图

Villa

别墅空间

台州仙居和家园别墅 Xianjuhe Villa

金华华欣名都17-A Huaxin Mingdu 17-A

国玉/阔 capacious

稍纵即逝 Fleeting

半山建筑 Semi-mountain Architecture

蜀风停苑 Shu feng Garden

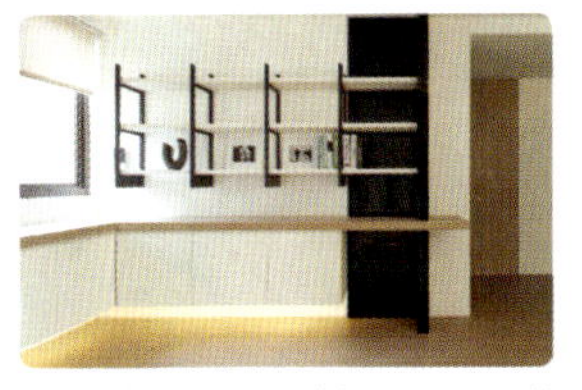

人文挹翠 Nature & Humanism

光合呼吸宅 Photosynthesis house

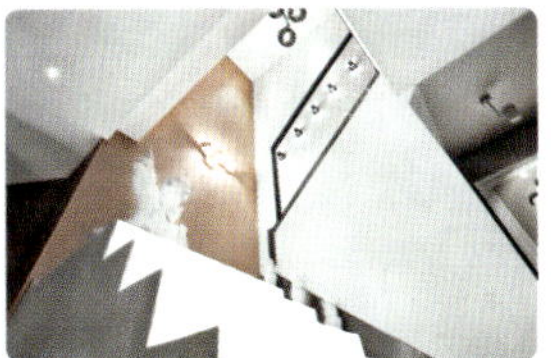

路 way

宁波石浦·宅院 shipu house

台州仙居和家园别墅
XIANJUHE VILLA

项目名称 _ 台州仙居和家园别墅 / **主案设计** _ 杨钧 / **项目地点** _ 浙江台州市 / **项目面积** _450 平方米 / **投资金额** _300 万元 / **主要材料** _ 地面：哑光洞石、软木地板、船木地板；立面：老船木、涂料、柚木

A 项目定位 Design Proposition

业主是一位年近 60 的单身老人，通过对业主的个人爱好和审美的了解，作为一个成功的商人他还缺少什么呢？我想给这座房子述说一个故事——《光阴的故事》。光阴似箭，岁月无痕。围绕这个主题让主人在自己的房子里轻轻地触摸和感受，从中找到答案。

B 环境风格 Creativity & Aesthetics

摒弃很多流行元素，设计师通过光影，自然以及讲故事的能力，利用记忆和现实的交替，营造出意味深长且充分亲近自然又足够舒适、令人愉悦的居住空间。

C 空间布局 Space Planning

打破原有固定对称布置手法，完全不拘泥于形式，体现自由、开放。用简单巧妙的手法利用原来很难使用的窗户，变成图形和室内相呼应，达到光影效果。在有限的空间特意设计一个玻璃房做为茶室，当电动百叶开启时，入眼便是户外的自然景色，使室内与室外有机结合，让建筑的肺部吸入从外浸润而来的自然气息。使得建筑在林间自由欢快的呼吸。

D 设计选材 Materials & Cost Effectiveness

使用老船木和涂料等材质，回归原生态原点，通过最普通的方法表达对生活的态度。通过材质描绘出那一份怀旧的色彩，让人对于时间对于空间产生无限的遐想。

E 使用效果 Fidelity to Client

逃离喧嚣都市并纵情于自然，在居家中慢慢让时间流淌。把记忆作为业主的人文诉求点，让时间流转成为空间的诠释。让每个前来阅读她的人都能感受到他对艺术和收藏的狂热。

SMEG

16140
240
5760
240
6060
240
3360
240
车库
洗衣房
厨房
保姆房
客卫
餐厅
入户
玄关
西厨
客厅
工作室
3060
5760
4560
14940
15240
15840

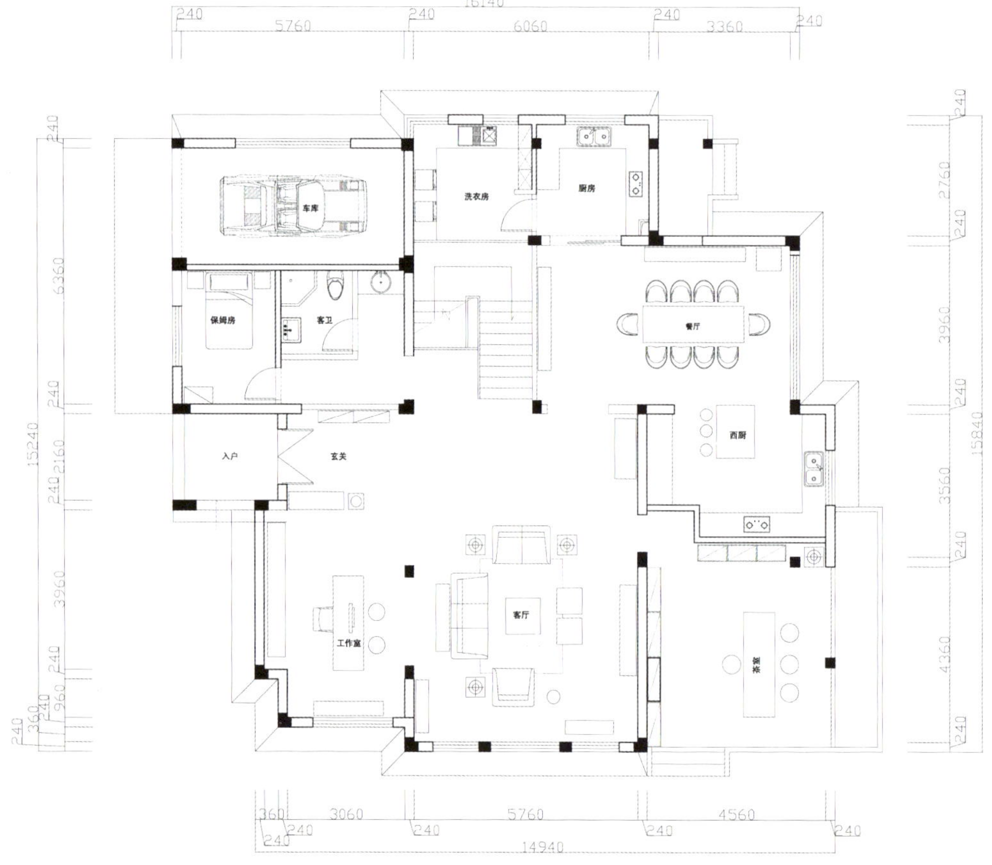

一层平面图

金华华欣名都 17-A
HUAXIN MINGDU

项目名称 _ 金华华欣名都 17-A / **主案设计** _ 徐梁 / **参与设计** _ 李祖林 / **项目地点** _ 浙江省金华市 / **项目面积** _440 平方米 / **投资金额** _140 万元 / **主要材料** _ 帅康整体橱柜、富得利、锐驰家具

A 项目定位 Design Proposition

针对时尚、年轻的家庭的居住环境，满足当代社会的时尚群体的需求、对生活的态度、艺术的自由做了新的诠释。

B 环境风格 Creativity & Aesthetics

整体墙地面运用了硬朗的石材与特质的木地板的结合，让居家在环境上表述硬朗的同时也有柔软温馨的一面，随意散放的摆件品提升空间的内在气质，也展现出主人的自我品味。

C 空间布局 Space Planning

穿透式的整体布局，扩大了一层的视觉效果，对室内的楼梯位置进行的变化与改造，让每个空间的对话更加直接、简洁明快。

D 设计选材 Materials & Cost Effectiveness

特质实木地板铺设在楼梯空间墙面从底层贯穿到顶层楼板，整个楼梯扶手采用了透明的弧形玻璃在空间更为灵巧。

E 使用效果 Fidelity to Client

作品在交付后得到业主的一致好评，与业主家庭的生活习性紧密结合，创造了温馨舒适的家居氛围。

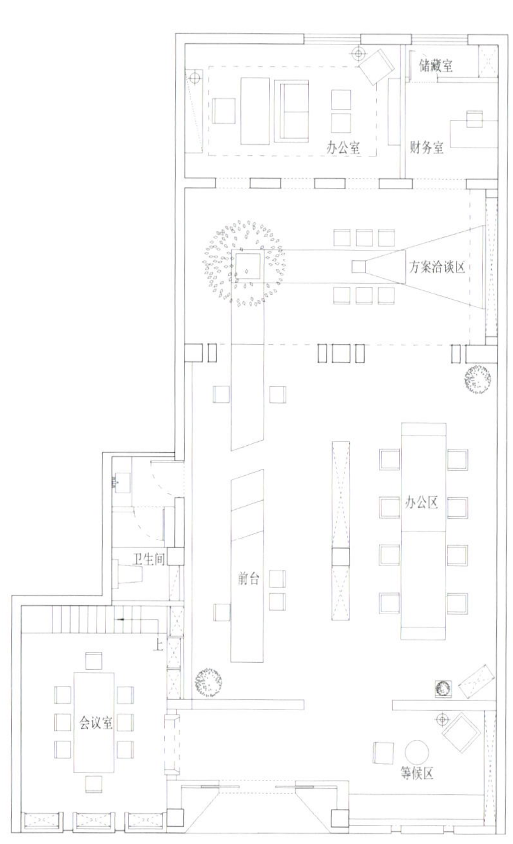

一层平面图

国玉·阔
CAPACIOUS

项目名称 _ 国玉 • 阔 / **主案设计** _ 俞佳宏 / **项目地点** _ 台湾台北县 / **项目面积** _635 平方米 / **投资金额** _300 万元 / **主要材料** _ 清水模、石皮、木纹漆、意大利石英砖、木格栅、铁件

A 项目定位 Design Proposition

复层互动的空间架构，各自独立亦相互串连。

B 环境风格 Creativity & Aesthetics

人文禅风的大器风范。

C 空间布局 Space Planning

空间分为 2 栋，布局上每层空间各自独立而鲜明。

D 设计选材 Materials & Cost Effectiveness

大面积的清水模，石皮与铁件的搭配，使空间沉稳大器。

E 使用效果 Fidelity to Client

复层空间的代表案例。

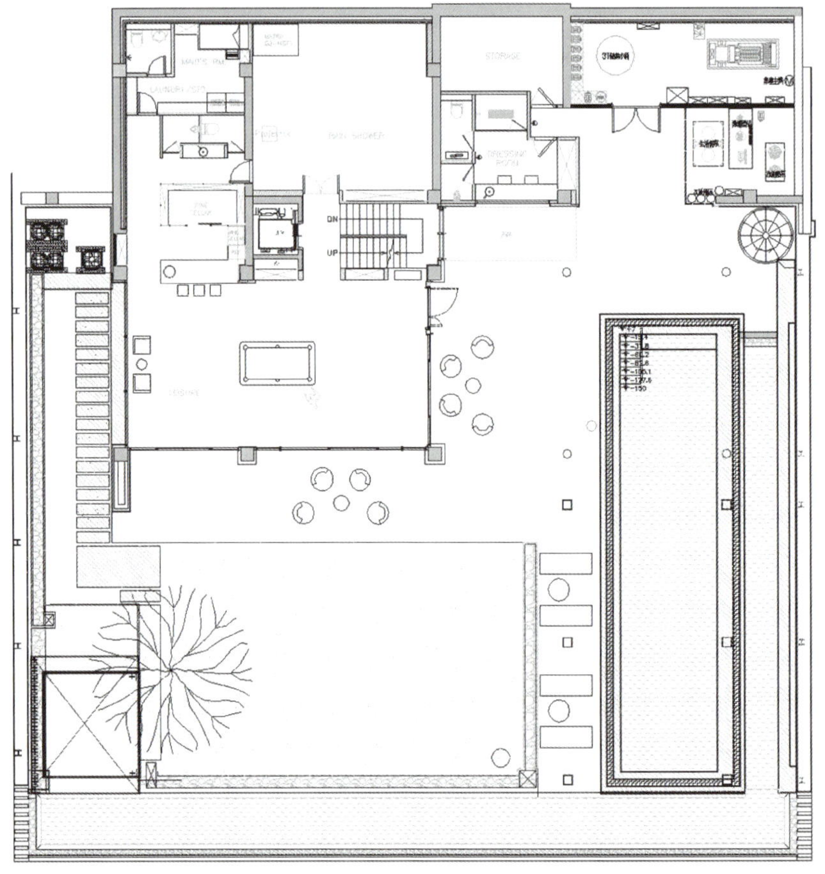

一层平面图

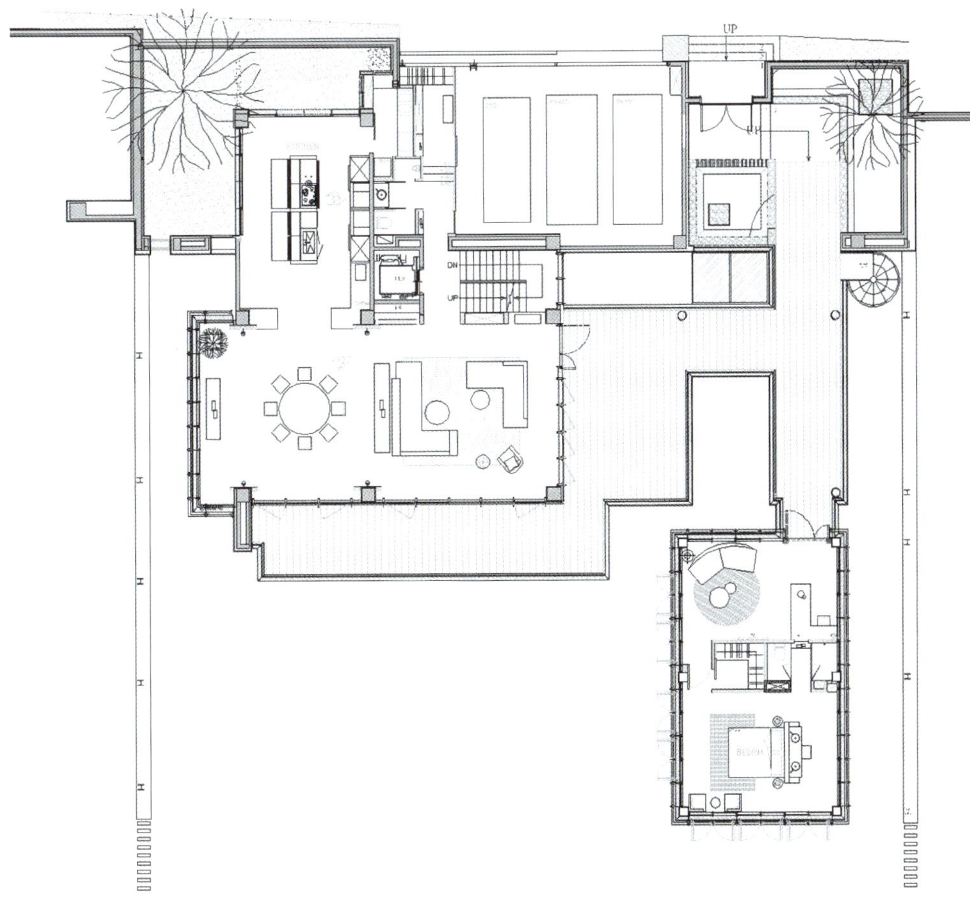

二层平面图

稍纵即逝

FLEETING

项目名称 _ *稍纵即逝* / **主案设计** _ *吕秋翰* / **参与设计** _ *廖瑜汝* / **项目地点** _ *台湾台北县* / **项目面积** _*135 平方米* / **投资金额** _*80 万元*

A 项目定位 Design Proposition

藉由天光的变化使的都市人体会时间，放慢脚步。

B 环境风格 Creativity & Aesthetics

有了天窗，使得此空间的白，随着不同时间色温不断的改变，而感受时间经过；在匆忙的都市生活中，由此感受步调停下脚步。

C 空间布局 Space Planning

区隔空间的墙面，置换成所需的机能物件，以看似摆设的方式呈现空间立面的节奏，形成一种被划分的自由空间，无拘无束的动线方式。

D 设计选材 Materials & Cost Effectiveness

白色的磨石地转，此材料来取代能够呼吸的木材。

E 使用效果 Fidelity to Client

自由的动线和光线，使得屋主更能够掌握生活的节奏！

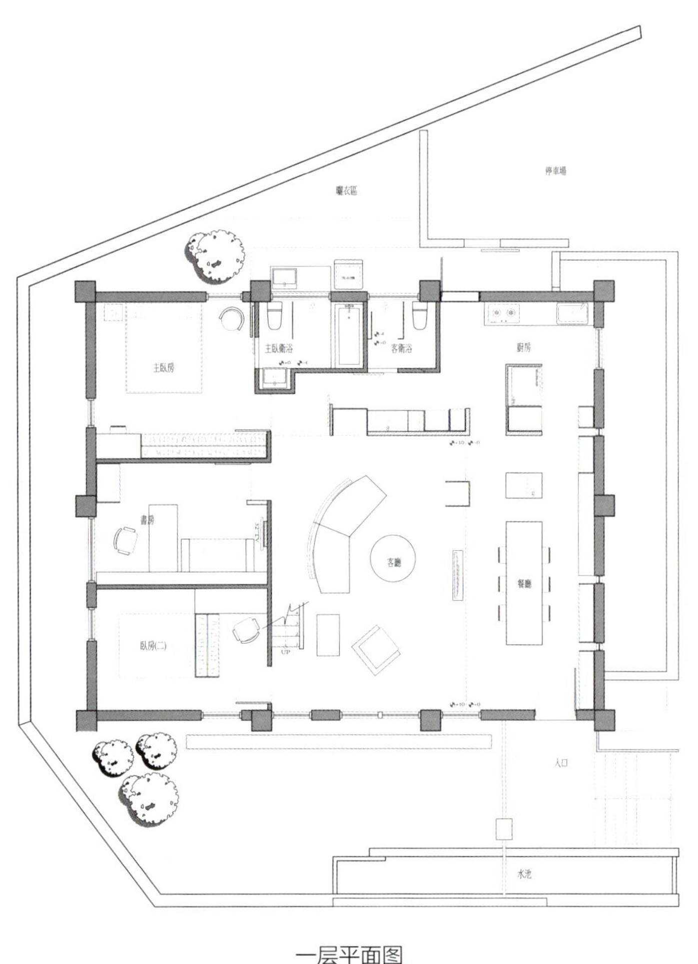

一层平面图

bookshelf

日本の現代住宅
1985-2005
Interiors Now
TASCHEN

半山建筑

SEMI-MOUNTAIN ARCHITECTURE

项目名称 _ 半山建筑 / **主案设计** _ 杨焕生 / **项目地点** _ 台湾南投县 / **项目面积** _379 平方米 / **投资金额** _600 万元 / **主要材料** _ 清水模、天然桧木、订制家具、黑色大理石、桧木实木地板

A 项目定位 Design Proposition

这栋建筑位于八卦山台地、视野辽阔、可以远眺中央山脉群山，也可俯瞰猫罗溪溪谷，宁静优雅的文化与风土，随台湾现代化交通系统与通讯网便捷，在这半山与都市接轨却无比方便。因此创造与大自然和谐共存，让居住融于自然的空间。

B 环境风格 Creativity & Aesthetics

业主委托设计新家时，这栋半山建筑附近均是大片低矮茶园，希望建筑落成时能在室内也能欣赏这份景致。自然流动在其间的不只这些自然元素，包含了人的动线，功能的布局，视线的角度，身体的感触；这一流畅的空间可以孕化一个人身处半山环境身心，并随着空间文法的流动微妙的改变居住者的心灵变化。

C 空间布局 Space Planning

本案利用重叠、错离及融合构成方式组成，由次要空间水平向延伸右边 16 米乘 3.5 米长的户外雨庇及左侧 12 米长钢结构车库顶棚形成一水平长向白色建筑量体。

D 设计选材 Materials & Cost Effectiveness

室内建筑以清水混凝土墙构筑、室内桧木屏风与室外的孤松，形成光影对话，建筑构法简单及清净但依然讲究建筑所重视的光影、通风与地景的微气候效应。

E 使用效果 Fidelity to Client

这肌理曼妙流动于宁静光影空间之中，空间是背景，生活是主体，利用简化格局与宽阔动线拉长空间距离，为了铺成丰富层次，让人难以一眼望尽屋内所有动态，特意配置多道屏风界定空间虚实开合，借以定义场域里外属性。

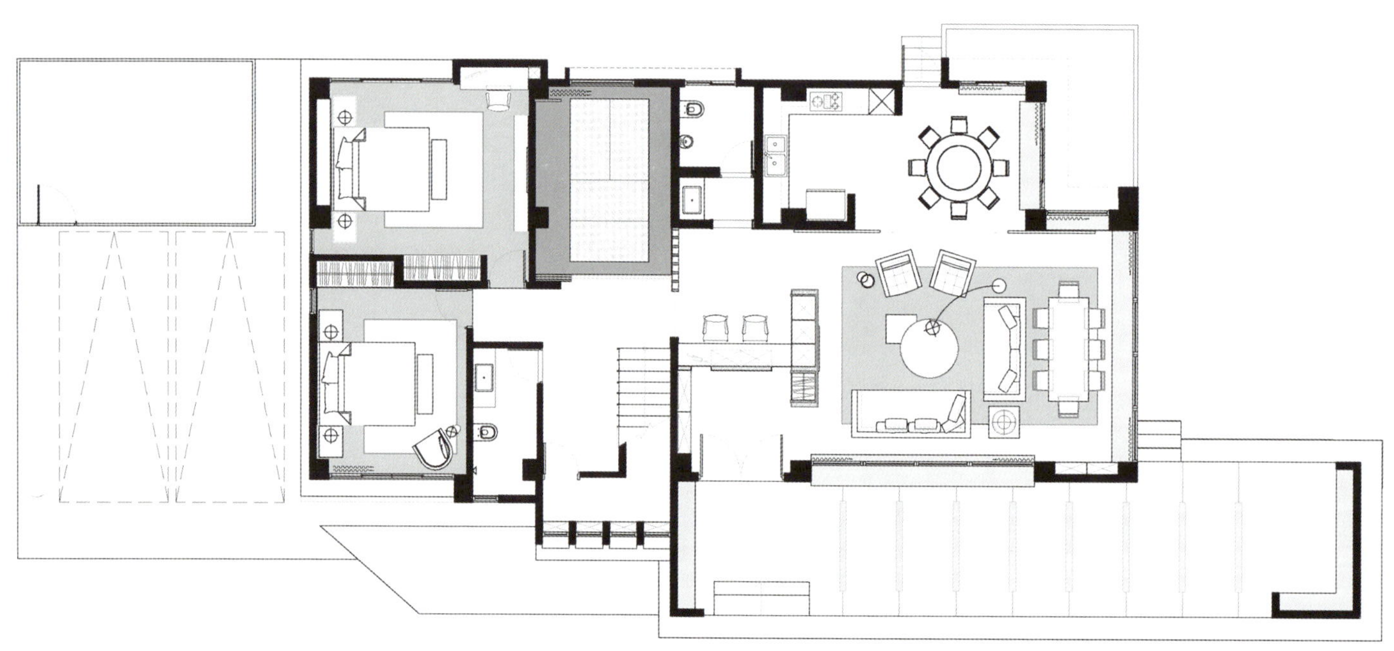

一层平面图

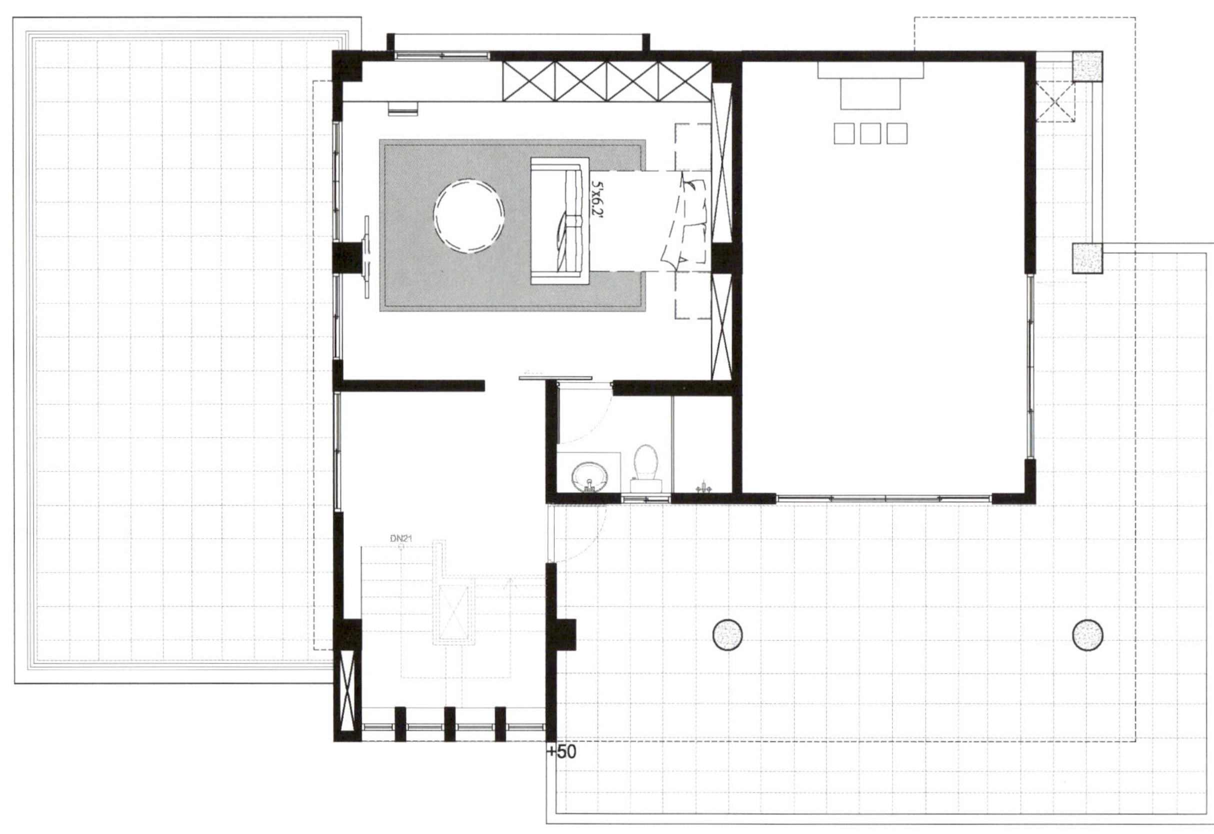

二层平面图

蜀风停苑

SHU FENG GARDEN

项目名称_蜀风停苑 / **主案设计**_郑军 / **项目地点**_四川省成都市 / **项目面积**_300 平方米 / **投资金额**_150 万元 / **主要材料**_简一大理石瓷砖、安信木门、汉斯格雅浴室五金、德贝橱柜、顶固五金

A 项目定位 Design Proposition

蜀风花园比邻金沙遗址，整个外建筑充满西蜀风情，当今成都都市人生活在，西方文化不断融入的大环境中，不断发展，城市于我们是一个陀螺， 不断旋转，设计师运用柔软元素打造此空间。打造舒缓宁静的空间，为家留下一片恬静。

B 环境风格 Creativity & Aesthetics

中式和欧式的结合，犹如现代人们，洋房西装，卷发红唇，一开口还是纯粹的中国话，到生活本质上不失本真。本案中欧式和中式演绎的淋漓尽致，小脚高细的吧台椅，和璀璨琉璃灯，在中式元素，蜀绣、陶艺、白兰花的包围中消去浮华，剩下静好岁月。在城市中，慢下脚步，缓中悟道。

C 空间布局 Space Planning

本案首先更改入户门厅的位置，延长进门动线，走过小桥水池再进门，给人中式庭院的风味。进入小院首先映入眼睑的是小桥水塘，小桥蜿蜒幽深。楼梯扶手取自中式屏风造型，垂直到顶，和室外小桥的弯曲呼应，一曲一直平衡整个空间。客厅加以扩大，在开阔空间的同时，沙发背景镂空和蜀绣，地面类似祥云图案地毯，软质元素安抚大空间的生硬感，达到空间的平和。厨房顶面透光石和室内镂空隔断的运用，软化模糊了空间分割线，空间融为一体，别具一格。儿童房的简单造型，寓意孩子的未来有无限种可能，留一片空白让他自己填写。白和兰的简单搭配。墙面大面积留白，既中国书画中“留白”的手法，空白处非真空，乃灵气往来，生命流动之处。

D 设计选材 Materials & Cost Effectiveness

室内中式和简欧的碰撞，软木地板和不锈钢的对比融合，打破中式的沉重，保留空间感。

E 使用效果 Fidelity to Client

客户非常满意，搬家时来了许多亲朋好友都赞不绝口！

人文挹翠
NATURE & HUMANISM

项目名称 _人文挹翠 / **主案设计** _张祥镐 / **参与设计** _高子涵 / **项目地点** _台湾省台北市 / **项目面积** _800 平方米 / **投资金额** _350 万元 / **主要材料** _Minolti,Kuan livig,Etai design living

A 项目定位 Design Proposition
都会里的庸碌，使陌生的两人相遇并决定携手共度往后的人生，然当孩子出生之后，生命里多了甜蜜的牵绊，有感于城市里生活狭迫拥挤，因此举家迁徙至邻近大自然的独栋楼宇，展开洋溢幸福的未来日子。

B 环境风格 Creativity & Aesthetics
餐厅、客厅与中岛餐台排列组合，打造视觉的进深层次，厨房场域以灰色石材嵌入黑镜包覆表层，延续于结构柱体调适空间多元媒材的转变，简单而富人文质感。

C 空间布局 Space Planning
无窗内引光景的地下一楼，挑高四米五的空间将尺度轴线拉阔，以序列至顶的十字旋转门引申进入室内的迎宾氛围，创造饭店式接待大厅的轩敞气度，黑玻晶透围塑儿童游戏间，运用木质地坪温润孩子席地而坐的馨暖；外侧地面石砖与长廊彼端拼贴粗犷质感的岩石皮层，导入户外自然绿意，自反映虚实景象的天花板悬挂中西韵味混和的吊灯，溢散内敛光晕与点状光源彼此主配衬映，整合一处蕴含时尚况味与朴质自然的入口。

D 设计选材 Materials & Cost Effectiveness
随纯白廊道步入三楼主卧房，床头主墙以奢靡质感的媒材套件组合饭店式精致享受，框架线条以垂直水平利落构筑，诠释现代时尚质感，旁侧格状铁件书柜以玻璃取代实墙，穿透光线打造清爽视感，纱帘轻筛阳光直晒的热度，打造舒适宜人的私密场域。透过镂空书柜的转折进入书房，一张柔软却具皮革质感的沙发与茶几，勾勒闲静的阅读时刻，生活更趋写意。两个小孩的卧房与起居室空间则配置二楼，延续简单适意的设计概念形塑空间样貌。

E 使用效果 Fidelity to Client
扶疏绿意——度假会所式概念。

THE HOTEL BOOK

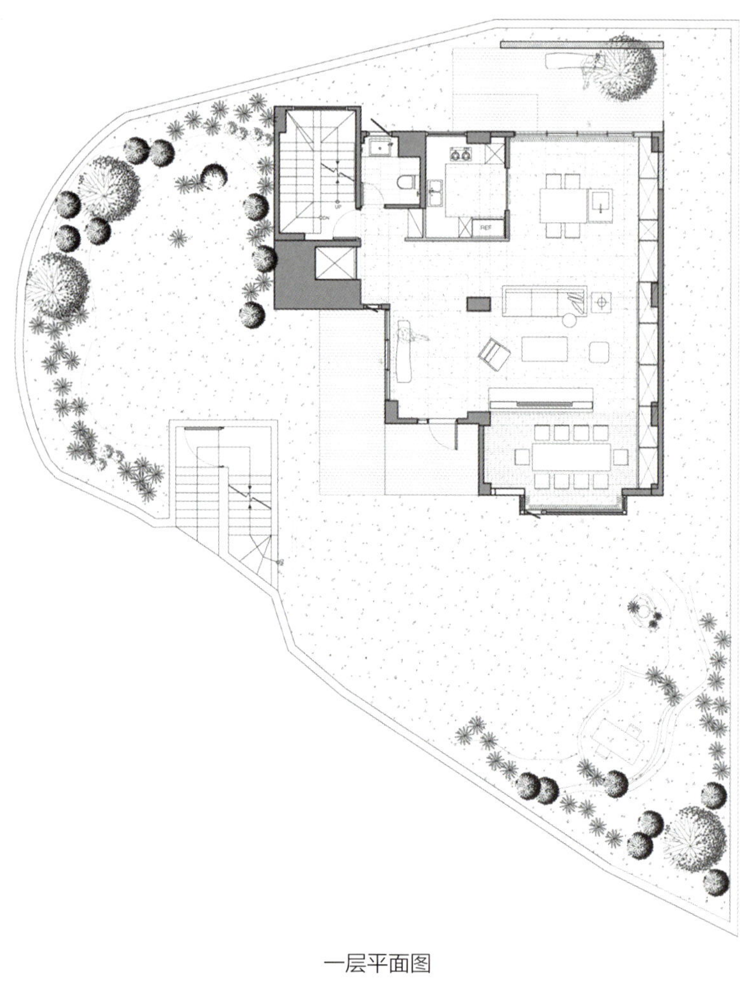

一层平面图

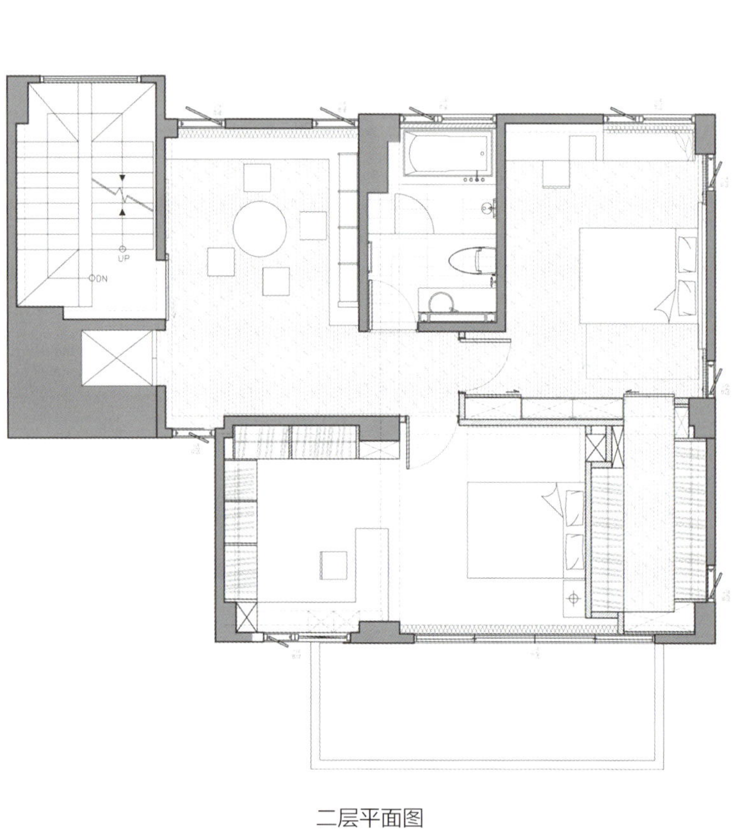

二层平面图

光合呼吸宅

PHOTOSYNTHESIS HOUSE

项目名称 _光合呼吸宅 / **主案设计** _郭侠邑 / **参与设计** _陈燕萍、杨桂菁 / **项目地点** _台湾省桃园县 / **项目面积** _496 平方米 / **投资金额** _200 万元 / **主要材料** _原园石材

A 项目定位 Design Proposition

旧建筑、旧格局，非常狭长的空间，但透过生态环保工法的改造设计，让阳光、空气、水都进来了。建筑体中段的天井设计，引入自然光，让整个狭长的空间明亮起来，并配合空气塔的概念，达到环保省电的功效。景观水池流水的设计，有效的降低室内的温度。

B 环境风格 Creativity & Aesthetics

阳光、空气、水都是我们人所必须要的生命元素，可以把这些元素引进到我们的家庭生活，靠自然去调节光和空气，不要再透过电器设备去控制我们的生活。 把生态工法引用到室内设计”家“的范畴中，从最基本的家做起节能减碳，进而到影响到社会、国家、全球。

C 空间布局 Space Planning

看着由天井洒落的阳光、听见潺潺流水声、感觉空气中的温湿度、触摸环保天然材质的质感、用心去感受这一切，原自于光合效应的五感生活。 利用五感：意、视、触、听、味的五感去体验生活。这才是真正的生活。

D 设计选材 Materials & Cost Effectiveness

大量使用天然石材、原木、黑铁、抿石子，让空间呈现最原始自然的元素，以利阳光、空气、水的自然对话。

E 使用效果 Fidelity to Client

非常满意。

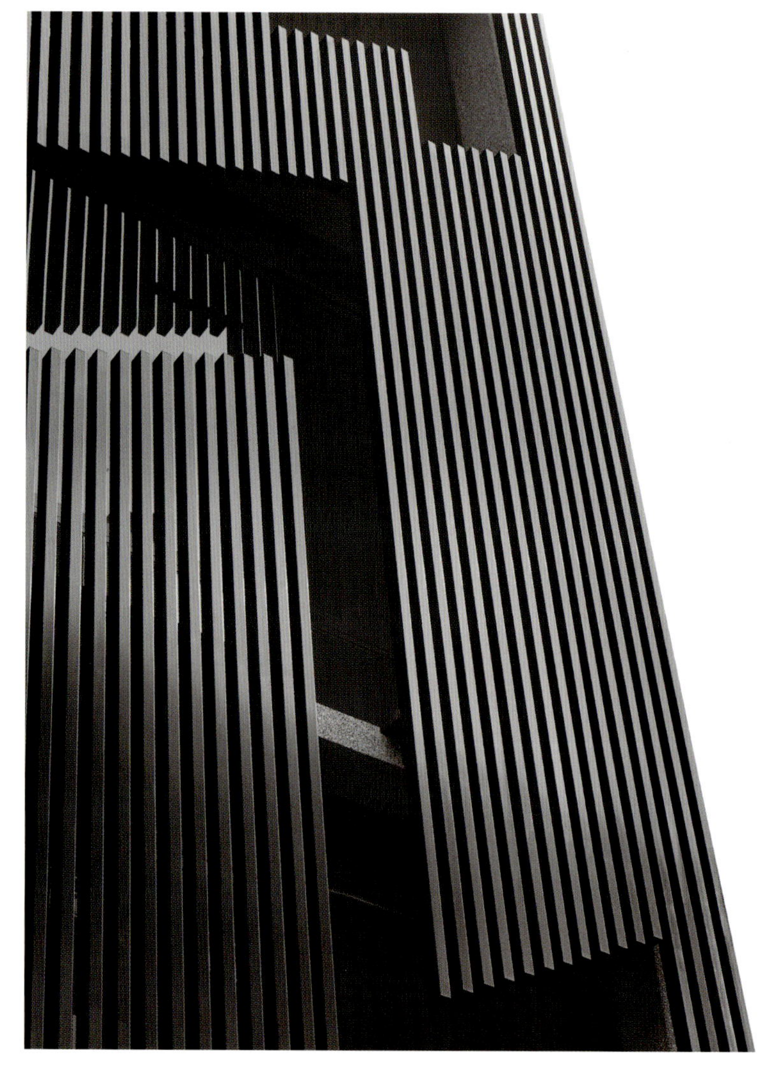

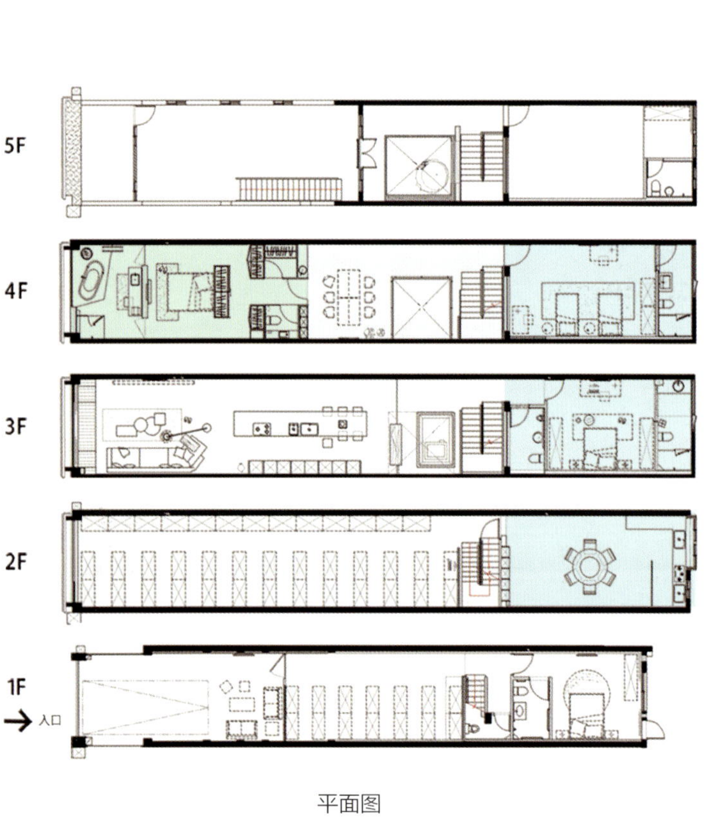

平面图

路
WAY

项目名称 _ 路 / **主案设计** _ 孟也 / **项目地点** _ 北京市 / **项目面积** _450 平方米 / **投资金额** _450 万元 / **主要材料** _ 杜马家具、大自然地板、进口 IRIS 瓷砖

A 项目定位 Design Proposition

之所以将此项目命名为”路“，缘由来自于设计师对客户的真切了解及美好的祝福，两位主人相濡以沫、相互依偎与跟随、无论平坦曲折，一路走来，从年少到白发，共同建造了属于这个家庭的和谐与美好，是空间中需要表达的核心价值。

B 环境风格 Creativity & Aesthetics

整个设计中，设计师孟也以现代空间打造的手法，融合中西方感人的审美情趣，赋予空间模棱两可的多元素风格感受，块、面、体、形一气合成，使用上更让空间充满情趣、和美，达成了中国人居最美好的愿景。

C 空间布局 Space Planning

空间中重新规划的动线中，在满足了高效的使用同时，恰到好处的体现了这条路的幽远、曲折、起伏与回转，移步一景，体现了进门后内花园的概念感受。设计师在动线设定中有意拉长人的进深运动长度，欣赏沿途风景，曲转之间游走于计划好的视觉感受中。

D 设计选材 Materials & Cost Effectiveness

卧室中，高挑的空间给了云朵灯更多飘摇的愿望，日本设计师给灯赋予了东方特有的细腻感受。空间主要家具全部为中国艺术家们精彩的作品，充满东方审美情趣，并不时结合西方印象，与国外设计师的小件配饰家具呼应，成为空间国际化印象的重要组成部分。

E 使用效果 Fidelity to Client

非常满意。

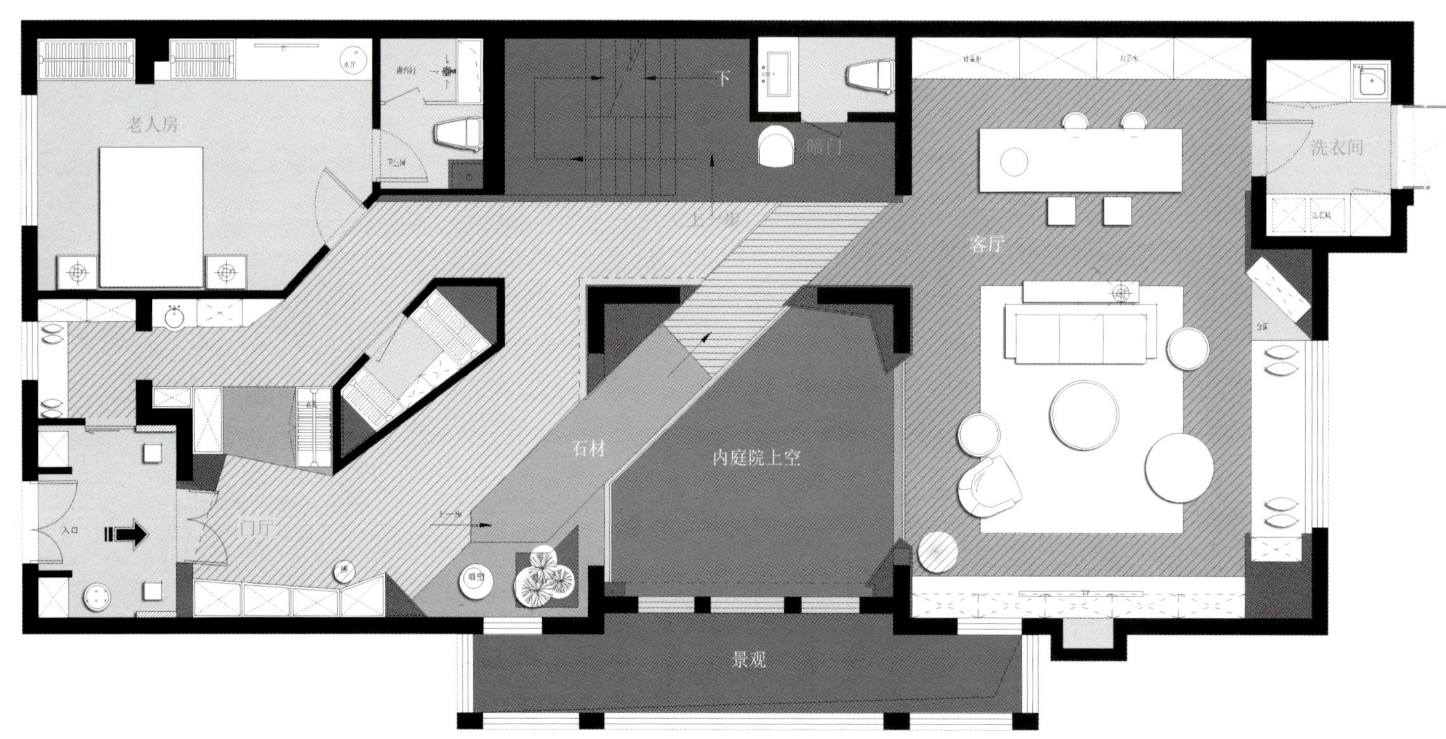

一层平面图

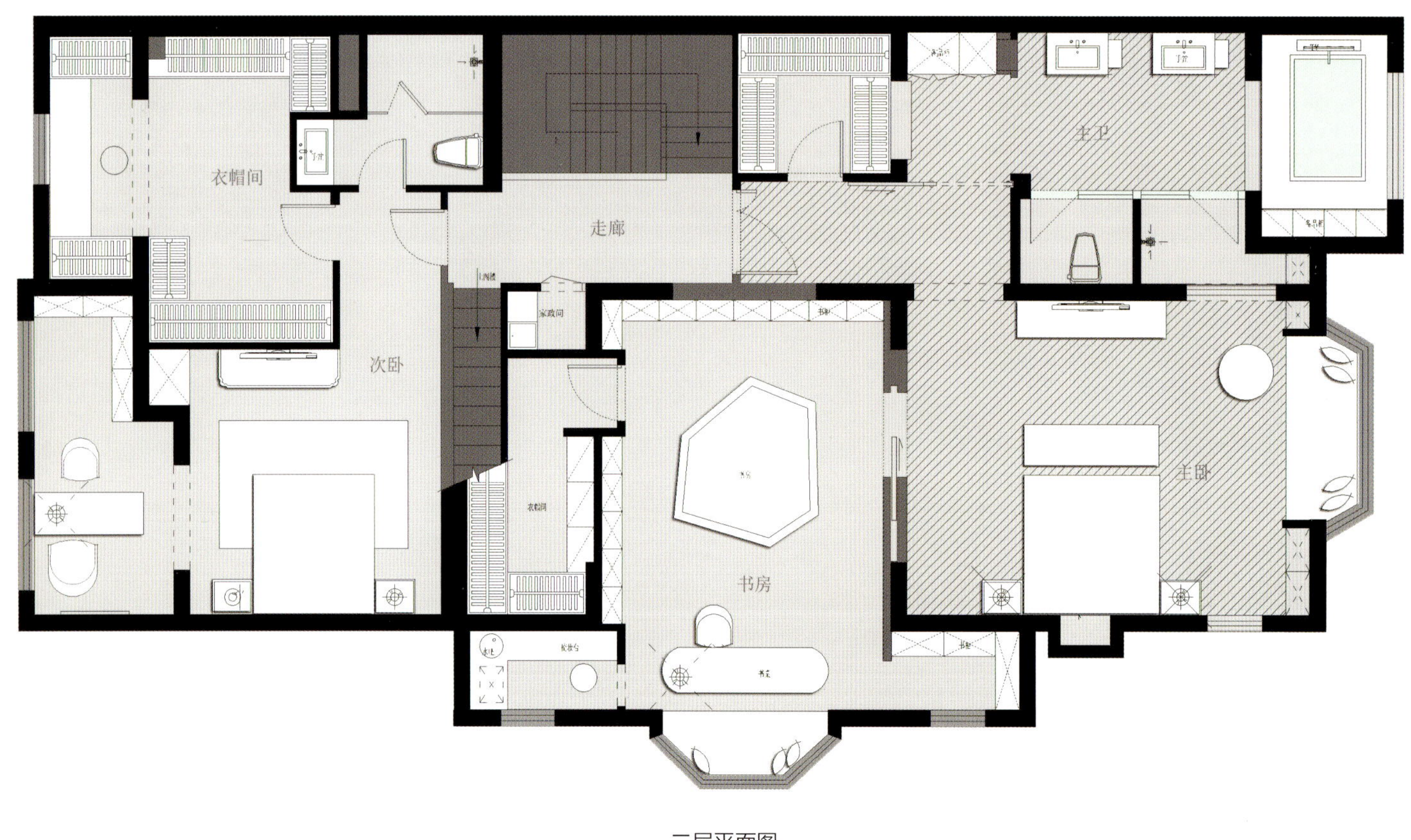

二层平面图

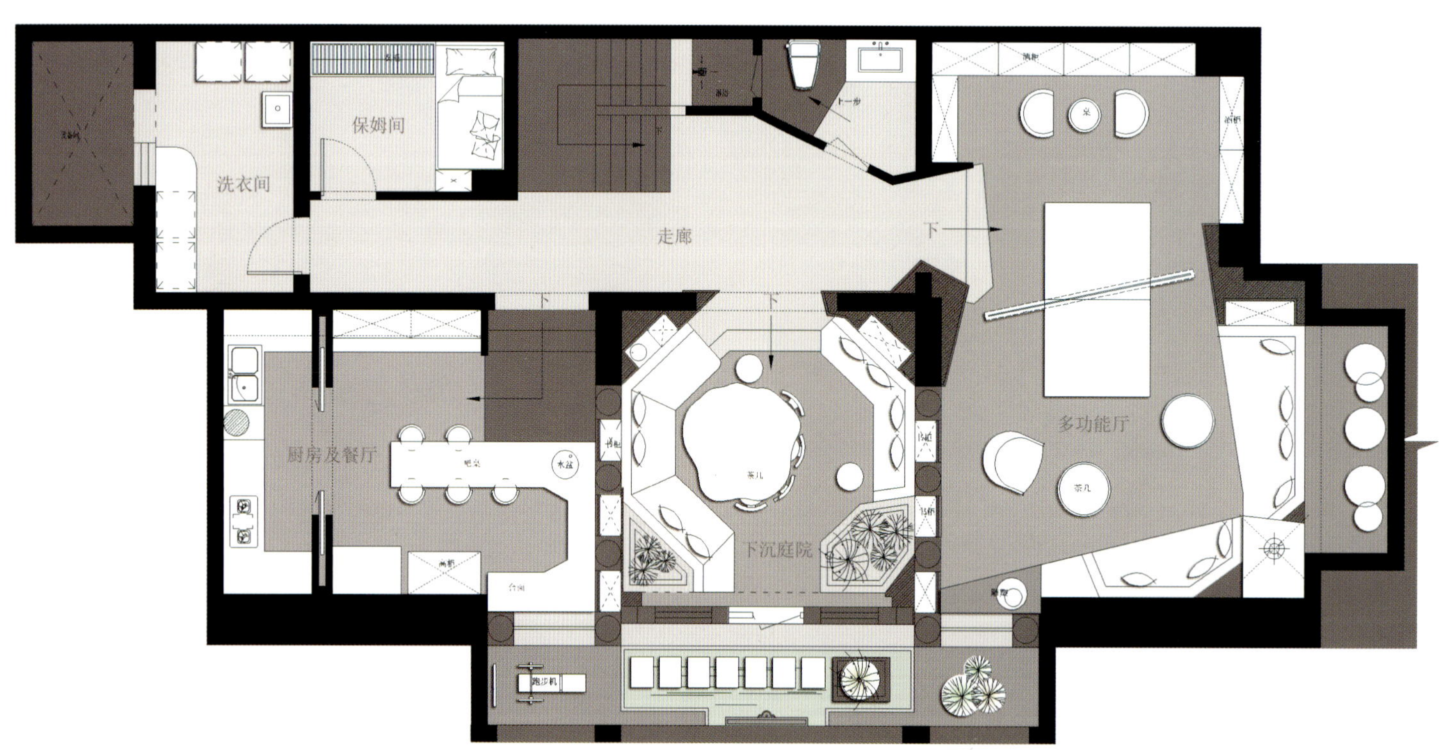

地下一层平面图

宁波石浦·宅院
SHIPU HOUSE

项目名称 _ 宁波石浦·宅院 / **主案设计** _ 查波 / **参与设计** _ 冯陈 / **项目地点** _ 浙江省宁波市 / **项目面积** _700 平方米 / **投资金额** _200 万元 / **主要材料** _ 白木纹大理石、灰木纹大理石、古木纹大理石、维可木、青石板、实木板

A 项目定位 Design Proposition

室内设计师能决定建筑结构的机会不多，往往都是在木已成舟的无奈中，继续勉强的去达成设计的期望，而这一次不同 ...... 在中央塘村的老街静巷旁，我们展开了对农村典型性透天独栋住宅建筑的另一重探索。

B 环境风格 Creativity & Aesthetics

石浦镇，地处东海之滨、象山半岛南端，渔港古村是这里的印象写照。建筑的基地狭长，且是斜坡，四周皆是传统中国农村的典型性自建房，任何有明显风格的建筑都会在这里显得突兀不和谐。白墙黑瓦灰隔断在设计师处理下，比例尺度、颜色对比都显得安静和谐。整体环境风格上做到了层层有阳台和绿树，层层阳台可以相互互动对话。

C 空间布局 Space Planning

相信一栋好到让人充满各种想象的空间意向，就隐藏在这栋家屋几层玄关、阳台和楼梯处上方的一线天内，这个拨开的缝隙揭露了老街坊邻里的空间场景，它不仅因尺度的友善而温暖，也常常蜿蜒曲折提供了不期而遇的生活乐趣，串联起许多共同的记忆。

D 设计选材 Materials & Cost Effectiveness

反顾别墅的设计过程，联合建筑师、材料商和项目经理共同反思传统建筑的问题，总结并提出创造性的解决方案，尺度的紧张感时时挤压着设计的想像，我们必须在无有的生成之间，时时检视空间、素材、光线乃至于生活的建筑与空间品质。使用中国传统材料是设计的一贯坚持，一来既廉价环保易得来，又可以传承千百年来的传统工艺和文化，即使是一块老砖一片老瓦，只要设计师赋予新的设计语言和先进的施工手法，就可以让老材料焕发新生命。

E 使用效果 Fidelity to Client

难得的是，设计施工团队在打造建筑的历程里共同示范了一种可贵的实践：设计师与业主营造形成了友好而信任的对话关系，在往来的沟通间互相启发、共同深掘出住宅建筑的各种可能。

玻璃砖190×190mm
玻璃砖190×190mm
白色鹅软石
大理石干挂
成品折叠门
玻璃砖
客厅
上11级
客厅
±0.00
上1級
−0.16
空心砖
上1級
−0.32
青石板
600*600
钢木双扇对开门
卫生间
−0.020
−0.015
半磨砂
钢化玻璃
下1級
−0.16
下1級
−0.32
上1級
−0.48
实木对扇门
上1級
±0.00
进客厅
−0.02
空心砖
电动门
文化石
塑木格栅
50*100mm
玻璃砖
190*190mm

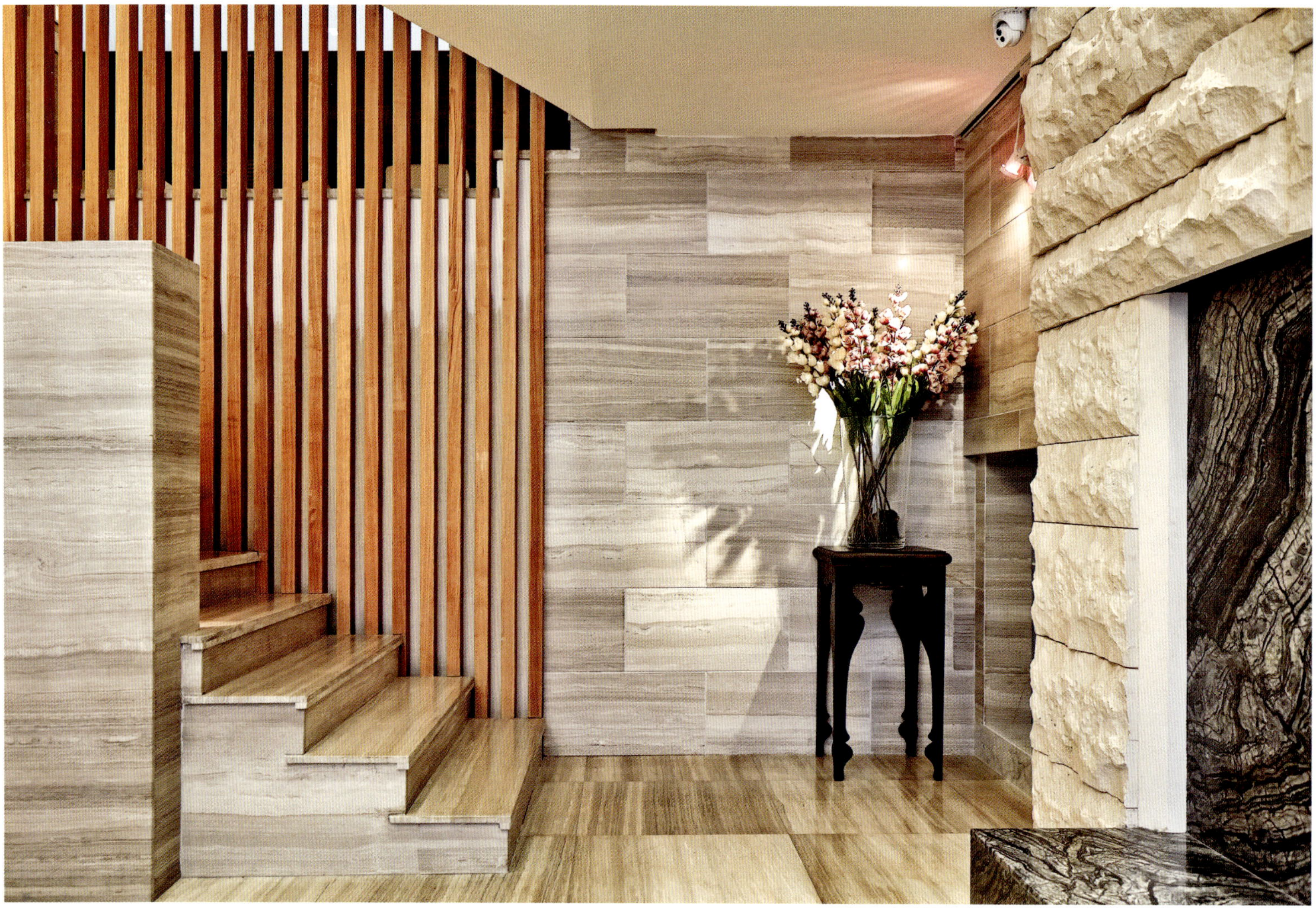

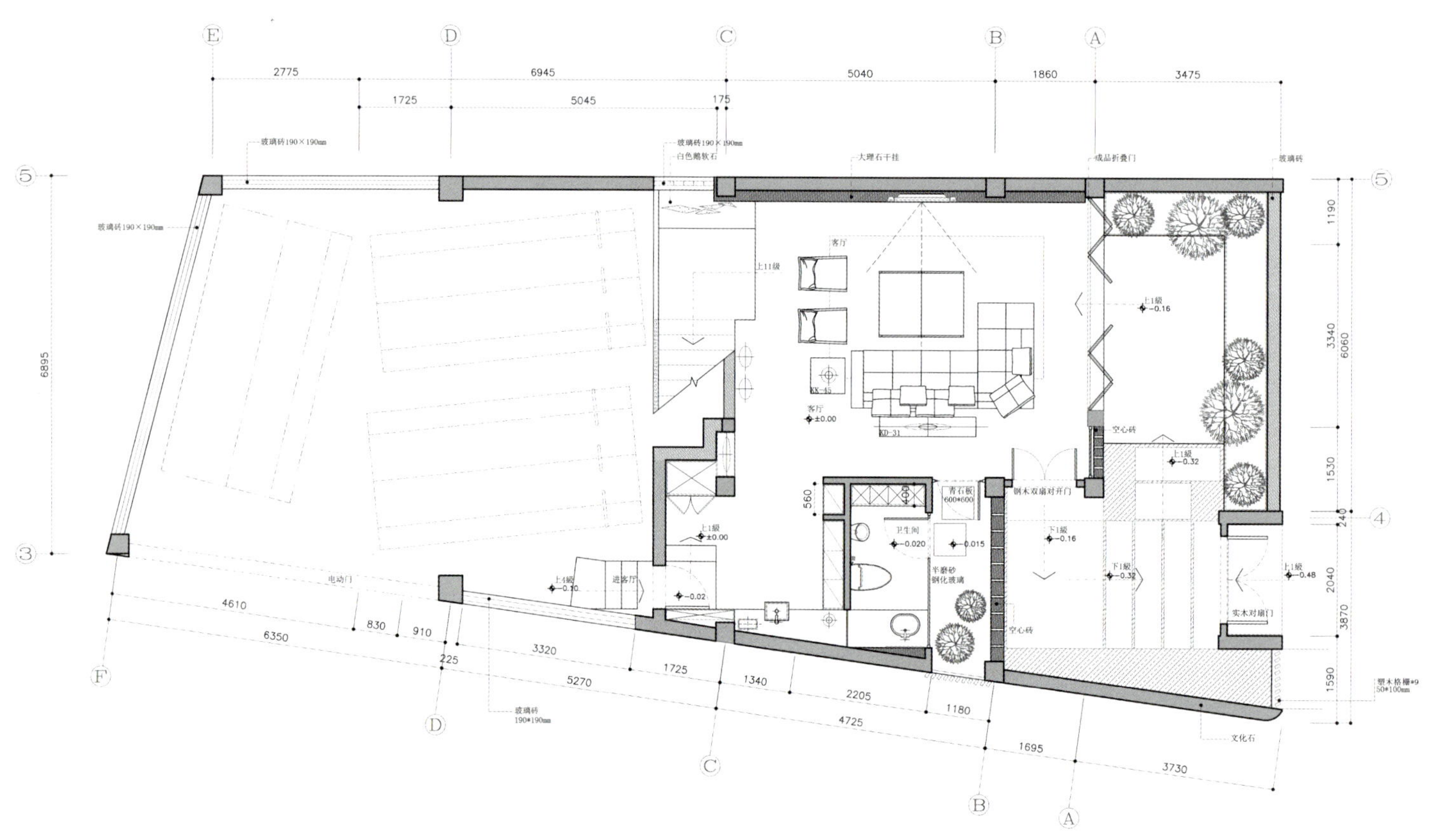

一层平面图

7360
800
6330
1515
225
2660
2610
12375
1000
180
1870
1700
2730
2590
12120
5050
1850
3360
1265
4200
8840
E
D
C
B
A
1
4
5

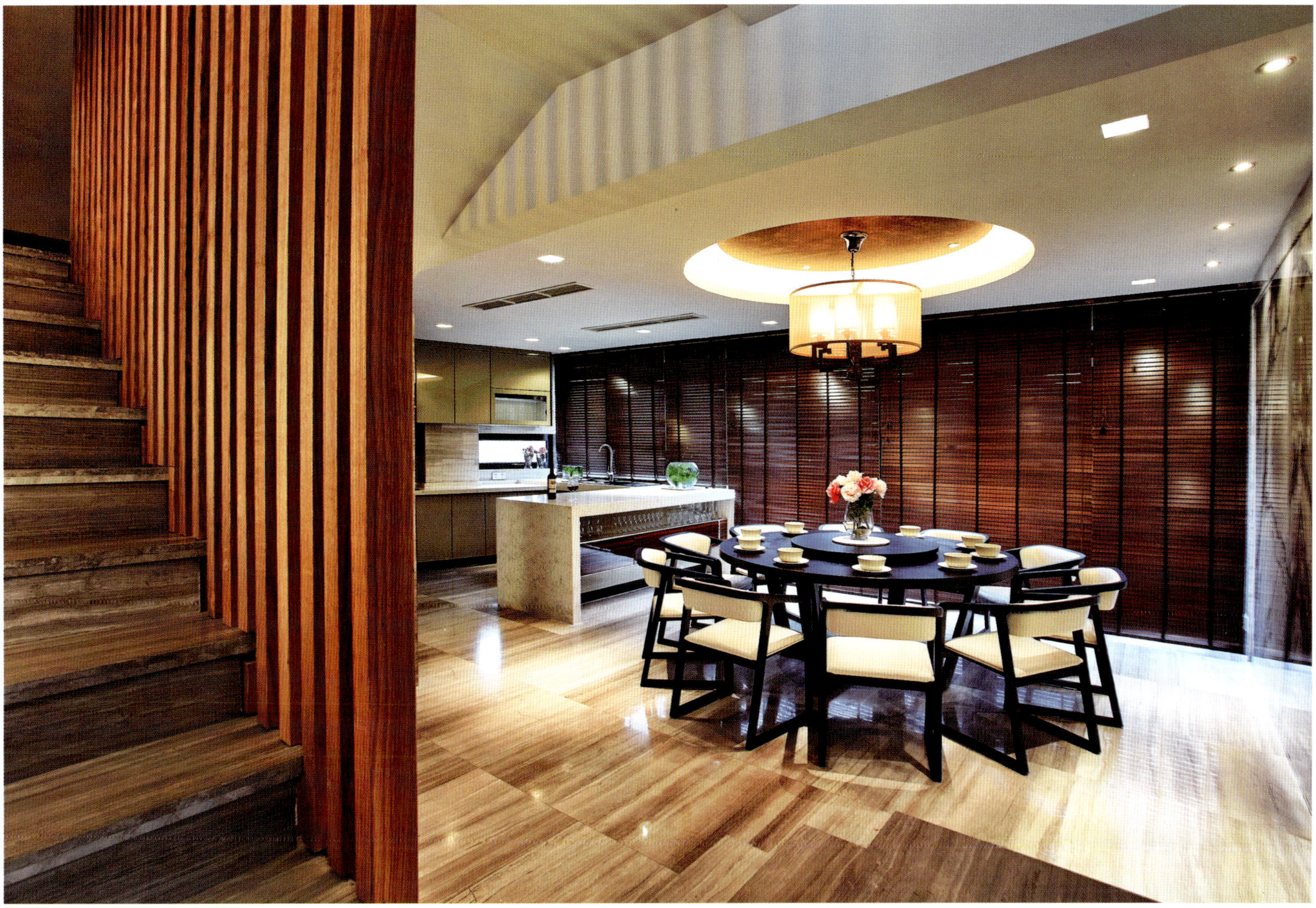

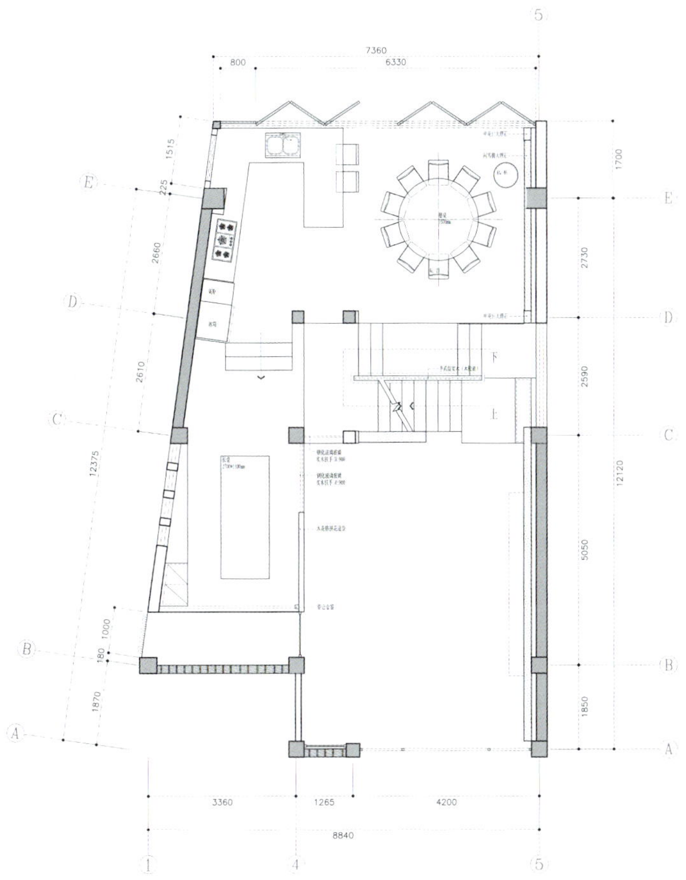

二层平面图

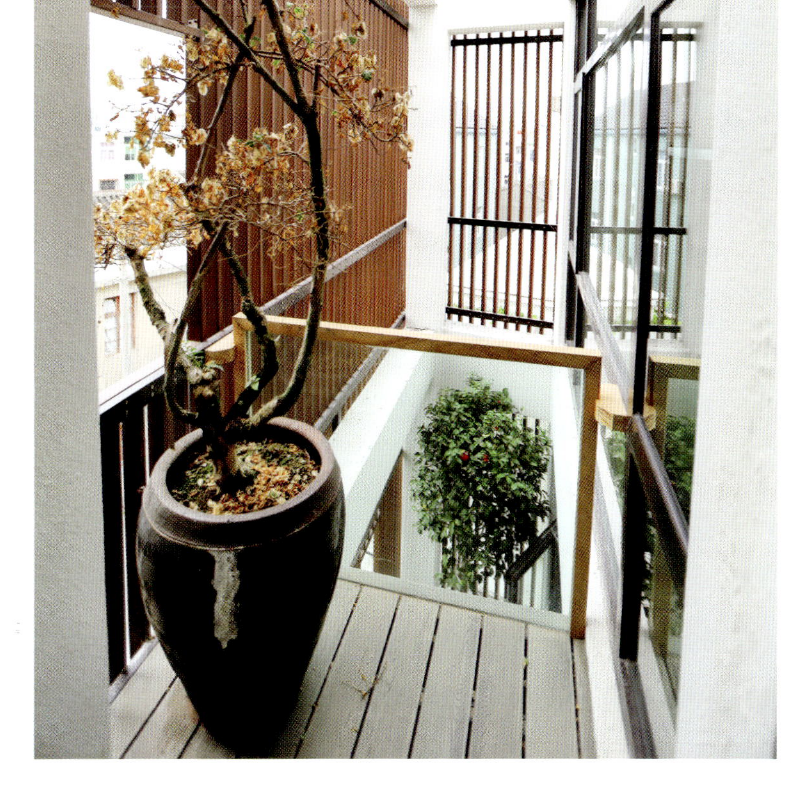

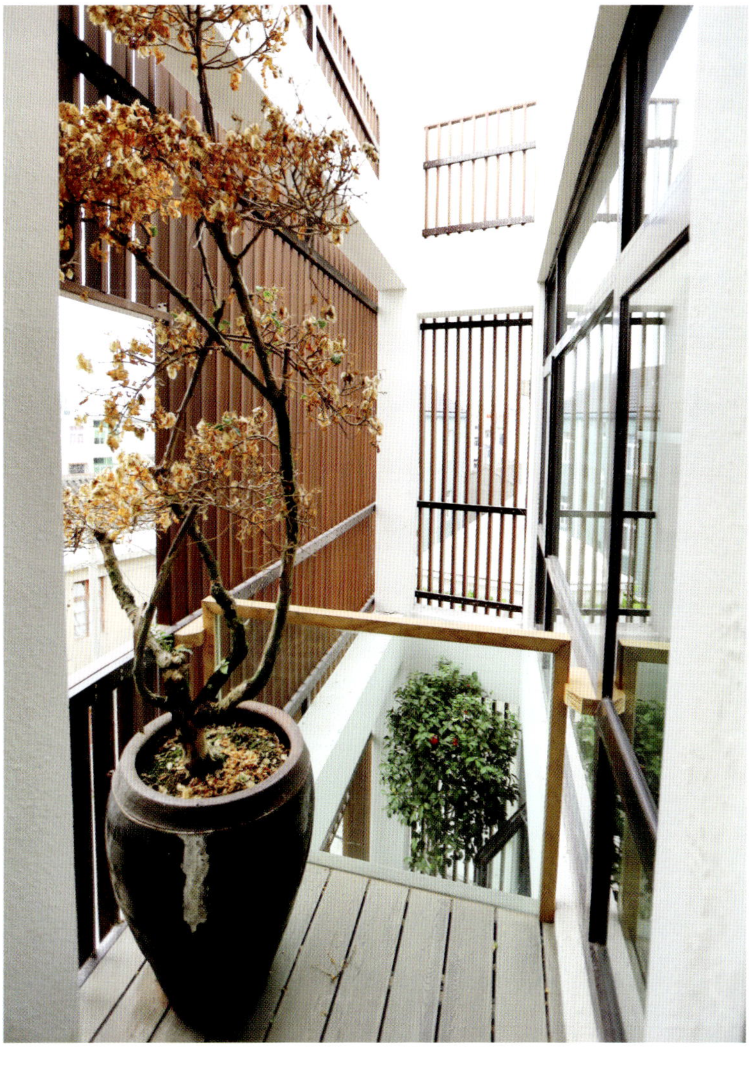

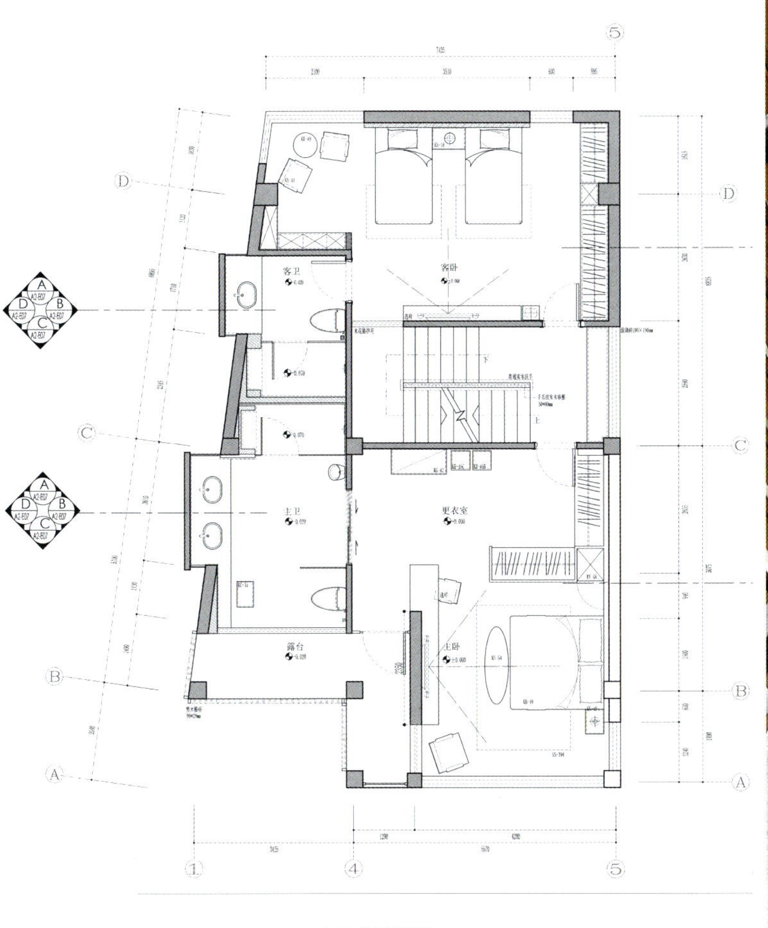

三层平面图

桃花源沈宅

HANGZHOU THE PEACH GARDEN SHEN ZHA

项目名称_杭州桃花源沈宅 / **主案设计**_梁苏杭 / **参与设计**_虞杰、周琼瑜 / **项目地点**_浙江省杭州市 / **项目面积**_800平方米 / **投资金额**_500万元 / **主要材料**_墙纸、石材、涂料、铜制品、铁艺

A 项目定位 Design Proposition

住宅类项目做多了，对当下盛行的奢华古典主义等风格就会产生一定的疲劳，脑子空洞，设计雷同。用一些不切实际而又冠冕堂皇的想法去糊弄人恐怕会被贻笑大方，在这个圈子，没有人是傻子，设计师不是，住户们更不是。这一次，我们需要重新定义设计。

B 环境风格 Creativity & Aesthetics

同为新古典法式，我们在尝试摒弃一些表面的装饰，追寻更加贴合中心的文化内容。

C 空间布局 Space Planning

原建筑格局几乎被完全打破，从更加体贴的人文关怀上重新梳理动线和格局，使之更加贴近生活。客厅的空间墙面处理上以实用性和展示性为主，为了不让充裕的空间显得空旷和单调，在重要的显眼的位置都需要做一些心思，起到画龙点睛的作用。相信我，他们要的不仅仅是视觉冲击，更是在发现细微亮点之后的惊喜。

D 设计选材 Materials & Cost Effectiveness

无聊的选型与主题吻合，我们选择尽量温和的表达方式。

E 使用效果 Fidelity to Client

非常满意。

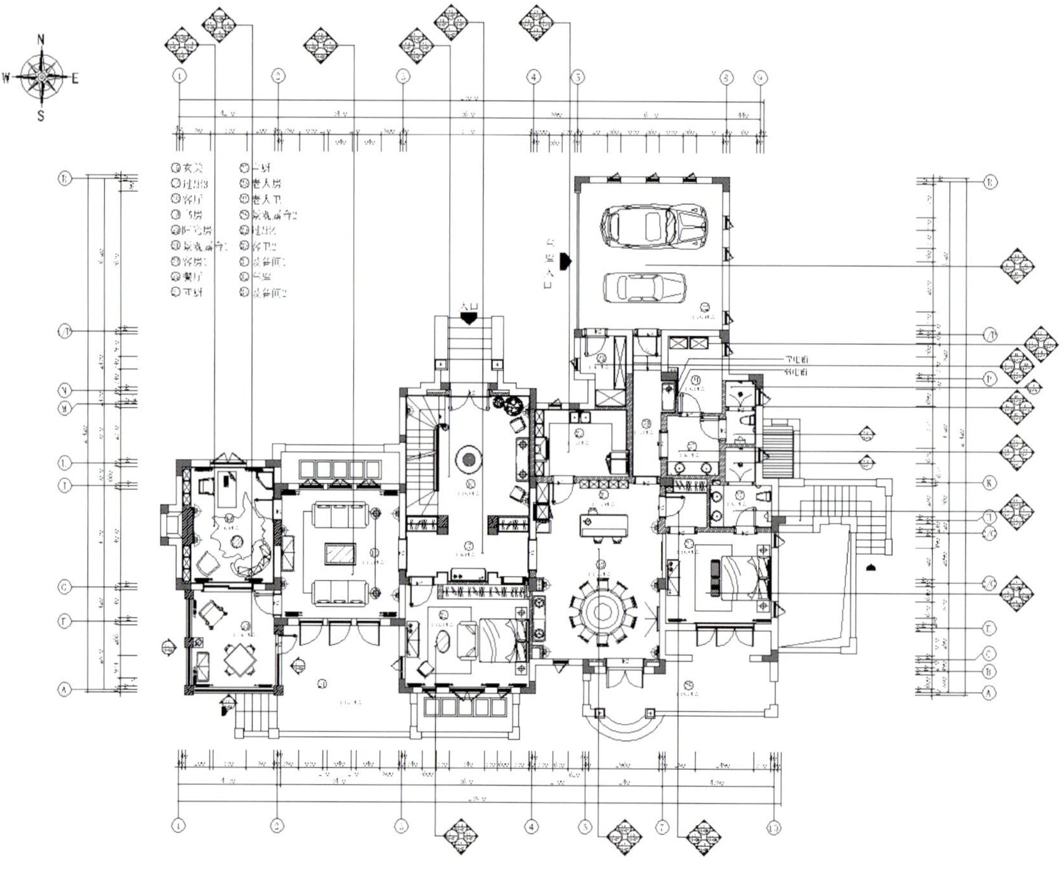

一层平面图

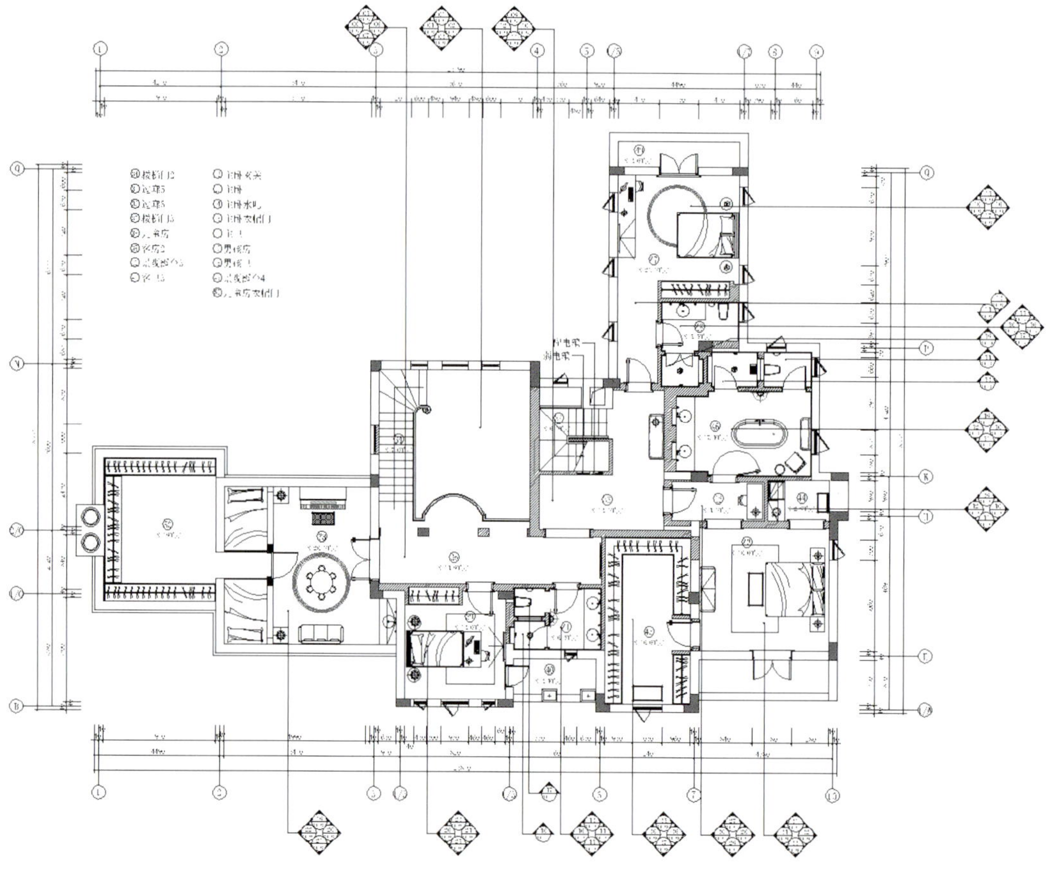

二层平面图

穿透岁月的美

THROUGH YEARS OF BEAUTY

项目名称 _ 穿透岁月的美 / **主案设计** _ 陈熠 / / **项目地点** _ 江苏省南京市 / **项目面积** _1700 平方米 / **投资金额** _1500 万元 / **主要材料** _ 简一、泰斯特、科宁、辛普森、艺极、汉斯格雅、灯玛特、书香门第

A 项目定位 Design Proposition

钟山国际高尔夫别墅位于中国传奇名山——南京钟山脚下，整个别墅区保持了完整的地形、水文、植被的原貌，造就了树影婆娑、花香鸟语、丘陵起伏的独特景观。设计师力争为业主打造一个能代代相传的豪华私宅。

B 环境风格 Creativity & Aesthetics

本案为纯独栋绝版景观别墅，中式的庭院与西班牙风格的建筑融为一体，散发着混搭艺术的独特魅力。

C 空间布局 Space Planning

鉴于采用对称式的布局设计才能体现出空间的庄重与气派，设计师梳理了整栋别墅的轴线关系。在充分考虑主人入住后的舒适感与便捷度后，最终决定以东西这条横穿线为主轴线，配以纵贯南北的几条辅线，将每个空间的价值都发挥到极致。负一层南北轴线以东为休闲活动区，以西为家政区，业主的私人收藏馆则安置在北面的山体之中。一层东西轴线以南为会客区，以北为较为私密的用餐和办公区域。二层整一层都是主人的休息区及活动区。

D 设计选材 Materials & Cost Effectiveness

禅意的古代家居装饰，龙凤锦鲤图样的紫檀家具，祥云舒展纹路的古董屏风，每一处，每一角都植入了细致的考量。优雅、华美、沉淀，调配出内敛沉稳的东方韵味。意大利的米黄洞石、细纹的大理石，传递着大自然柔软舒展的气息，营造出舒适豪华的氛围，同时通过光线的变幻与色彩的搭配给人轻松明朗的开阔之感。艺术暗花涂料，西式油彩壁画，肌理致密的樱桃木饰面，古董屏风隔断等选材的运用，为空间增添了更内敛的藏世氛围。

E 使用效果 Fidelity to Client

中西风格完美混搭，空间布局的完美分割，多种材质的完美融合。

设备间
中厨
备餐间1
宴会厅
主餐厅
次餐厅
备餐间2
客卫
客卧
门厅
门廊
中堂
西厨
后门厅
壁龛
客厅
前回廊
书房
洗手间
卫生间

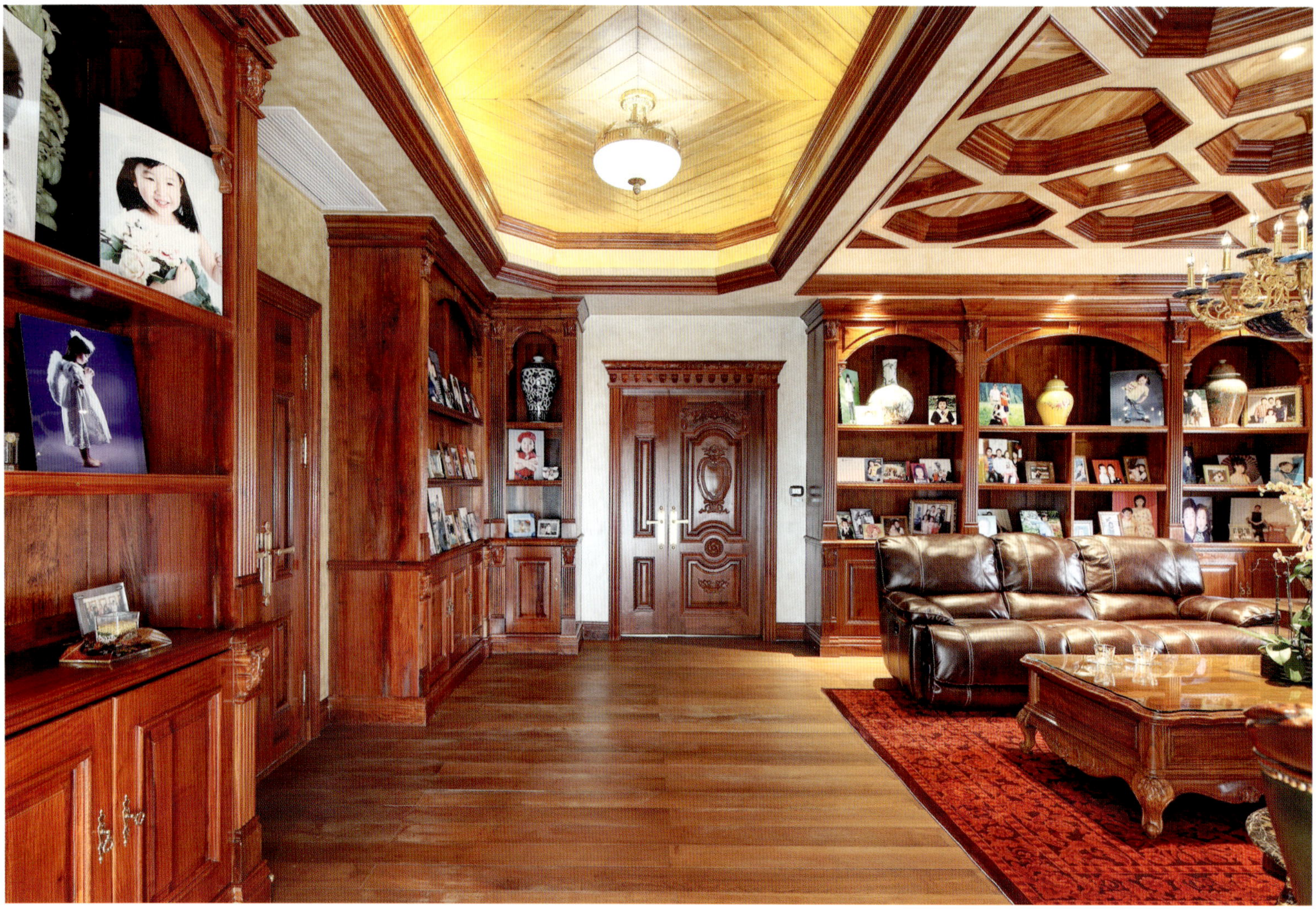

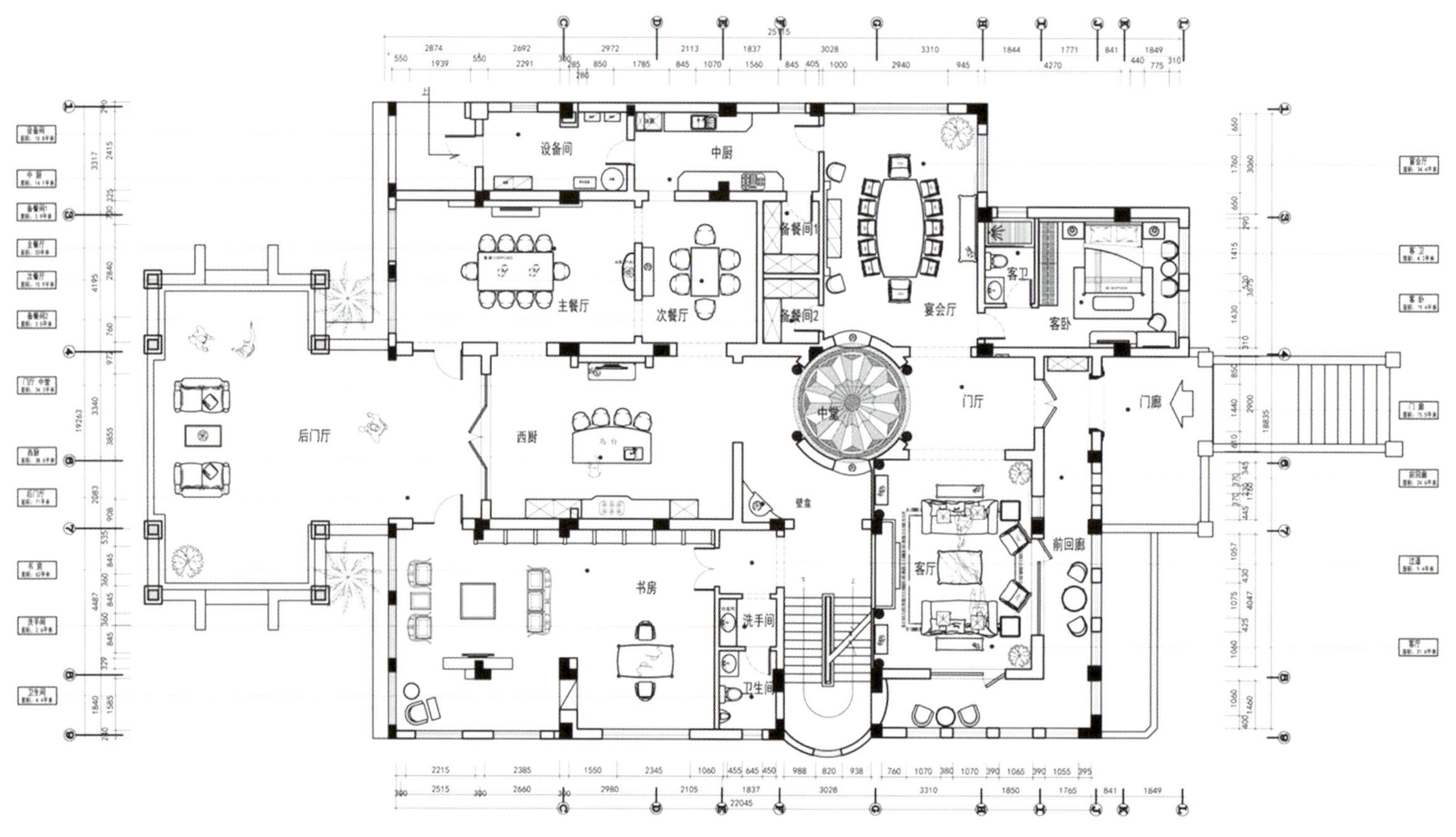

一层平面图

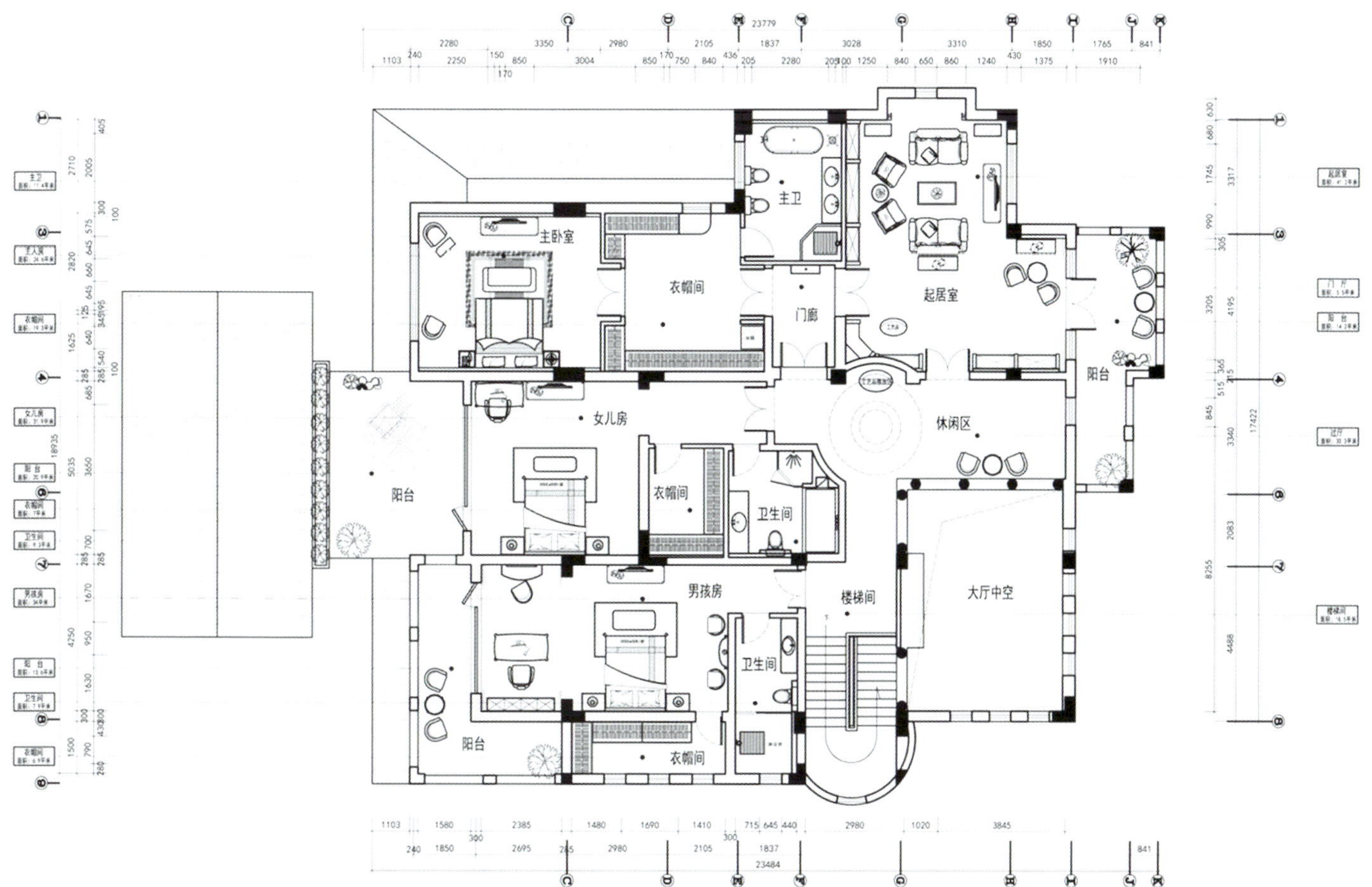

二层平面图

The model of the housing sales offices

样板房 / 售楼处空间

居然顶层设计中心·梁建国之家
House Of Liang Jianguo

江西宜春江湖禅语销售中心
Zen Resort & Spa Sales Center

诚盈中心
CCT center

新竹青川之上售楼处·乐章悠扬
The Ki, The River, The Music

上海徐汇万科中心
Shanghai Xuhui Vanke Center

深圳花样年幸福万象C-02户型样板房
Shenzhen Fantasia Happy Vientiane C-02 Model Room Apartment

沐暮
Twilight

杭州美和院样板房
Hangzhou And Courtyard Example Room

时代云
Times Cloud

杭州万科郡西别墅
Vanke Junxi Villa

居然顶层设计中心·梁建国之家

HOUSE OF LIANG JIANGUO

项目名称 _ *居然顶层设计中心·梁建国之家* / **主案设计** _ *梁建国* / **项目地点** _ *北京 朝阳区* / **项目面积** _ *200 平方米* / **投资金额** _ *220 万元*

A 项目定位 Design Proposition
传统与当代、工业与自然的相互融合，在传统的东方文化上创造的家居生活体验。

B 环境风格 Creativity & Aesthetics
用大量的留白来回归自然的纯净观感，体味东方的包容空。

C 空间布局 Space Planning
颠覆传统家居的概念，用步移景异，不拘泥于格式化的布景方式体现整个空间。

D 设计选材 Materials & Cost Effectiveness
当代手法演绎古文明的活字印刷，以画为原型，意化形的铜树，太湖石鱼缸，未经过多雕琢的青石，还原自然本真的味道。传达不断完善自我每个作品都在未完成的状态下进行展示的态度，契合本家具品牌“制造中”的含义。

E 使用效果 Fidelity to Client
中国的国际设计师交流展示平台，注重设计师“生活方式”的方向转变。

制造·

一层平面图

梁建国之家
LIANG JIAN GUO'S PROTOTYPE ROOM

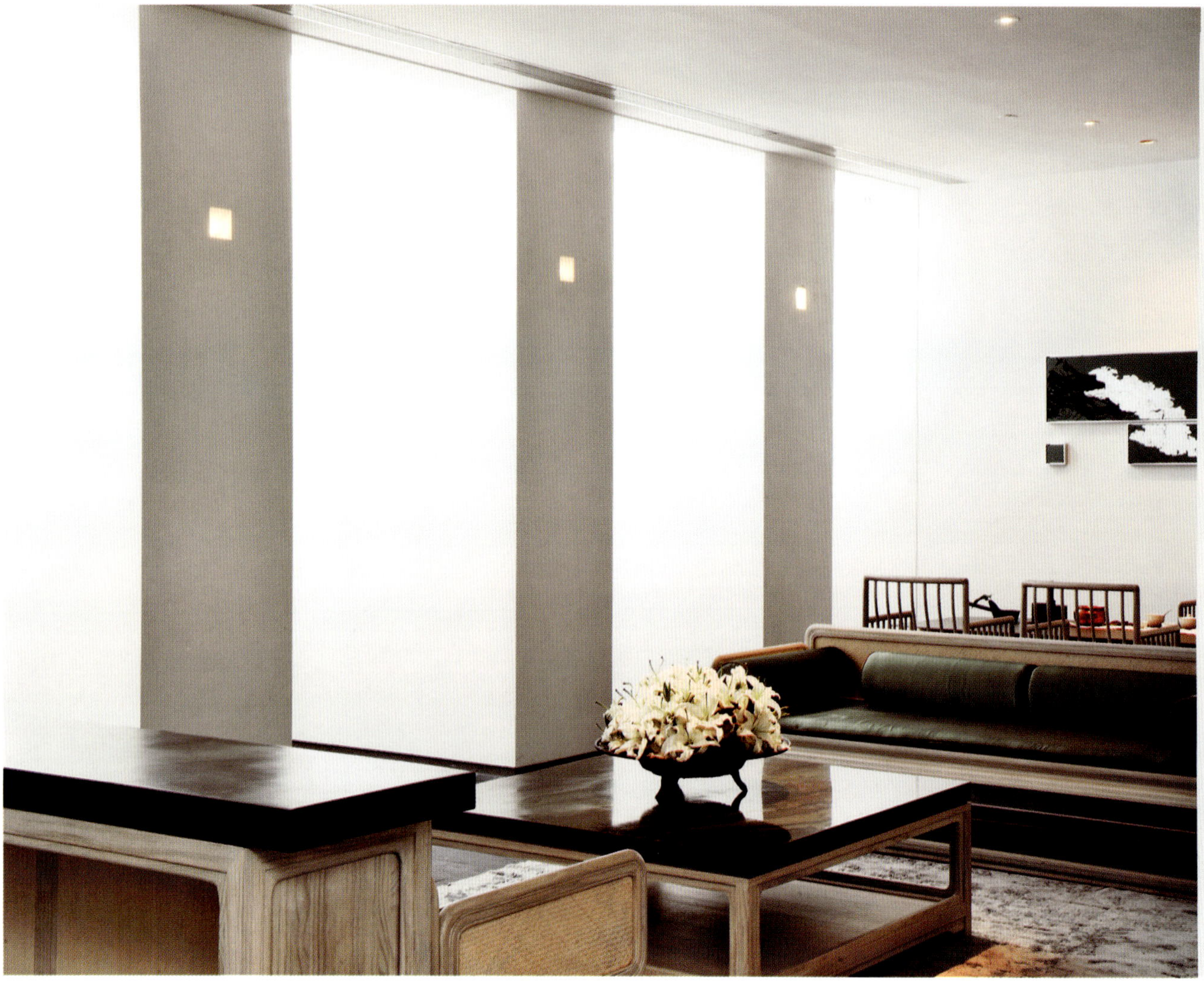

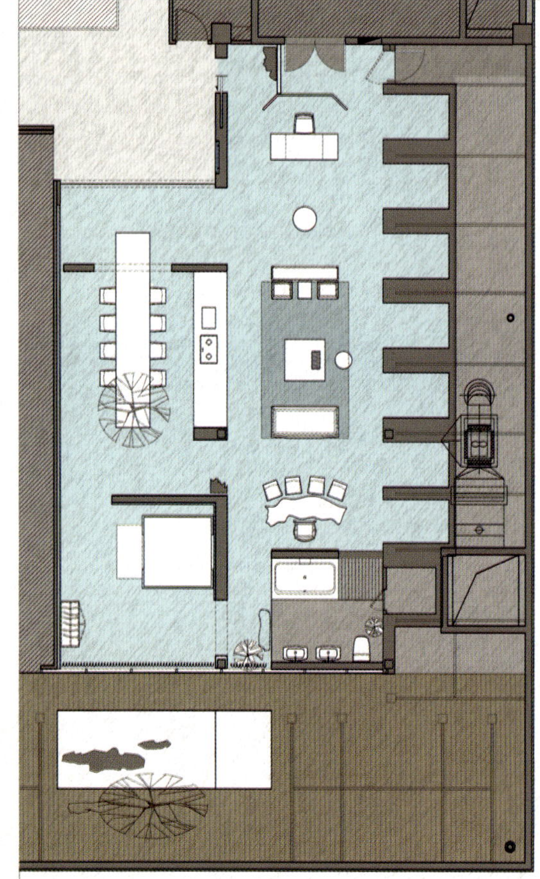

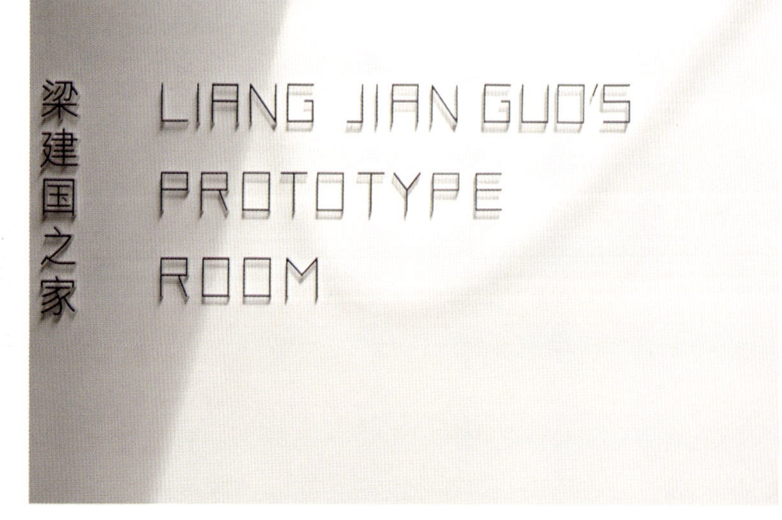

江西宜春江湖禅语销售中心

ZEN RESORT & SPA SALES CENTER

项目名称 _ 江西宜春江湖禅语销售中心 / **主案设计** _ 邱春瑞 / **参与设计** _ 张帆、罗辉、冷蔚、于畅、潘寿炯、袁晓路、薛国钊、胡绮云、易晶 / **项目地点** _ 江西宜春市 / **项目面积** _800 平方米 / **投资金额** _650 万元 / **主要材料** _ 深圳市墨林地毯有限公司，利德利装饰材料有限公司，深圳市圣丽达装饰材料有限公司

A 项目定位 Design Proposition

销售中心隶属于江湖禅意旅游地产开发综合项目，地理位置为向西靠近秀江御景花园住宅区，向东毗邻御景国际会馆，南朝向化成洲湿地公园。从地理位首当其冲的占据了优势，面对的客户群体主要是中高端客户。项目原址是一家经营多年的海鲜酒楼，在其拆迁之后对建筑和室内进行改造。

B 环境风格 Creativity & Aesthetics

在设计风格上，室内外均采用现代融合中式禅风，设计师并没有一味的照搬中式的具象代表符号，而是用格栅来阐述中式意味。竹，乃“四君子”之一，彰显气节，虽不粗壮，但却正直，坚韧挺拔；不惧严寒酷暑，万古长青。通过把竹意向成格栅，同样让这些境界呼之欲出。

C 空间布局 Space Planning

借鉴中式传统庭院布局，设计师让室内空间后退将近 10 米，预留出半开放式的水景区域，这样的布局，既能很好的过度室内外景观，同时也能增加建筑设计的体量感。室内空间划分为主要的三个功能区域：接待区、洽谈区和展示厅，通过意向的通透式的人造隔断墙，使这三个空间若即若离，同时也正好迎合了中式园林中的借景原理。

D 设计选材 Materials & Cost Effectiveness

在保持原有建筑的前提下，考虑到成本和工期的原因，设计师尽可能采用施工便捷的材料。如建筑外立面采用钢结构，室内的木质隔断墙，有毒气体挥发较快的木饰面等。

E 使用效果 Fidelity to Client

反响很大。

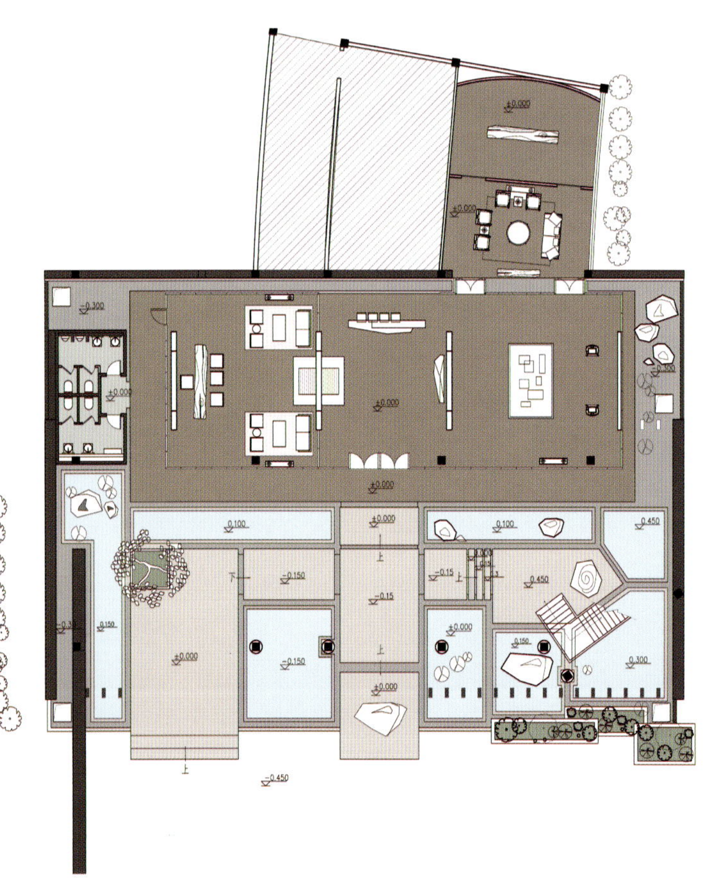

一层平面图

诚盈中心
CCT CENTER

项目名称 _ 诚盈中心 / **主案设计** _ 罗劲 / **参与设计** _ 张晓亮、高山 / **项目地点** _ 北京市 / **项目面积** _1036 平方米 / **投资金额** _1000 万元 / **主要材料** _ 镂空铝板、彩砂地坪、定制家具、定制灯具

A 项目定位 Design Proposition

诚盈中心是集售楼和办公为一体的综合类项目。我们提供了从建筑到室内的整体设计服务。用地是一个等腰直角三角形，建筑在沿主干道退红线后完整地反映了这一地段特征。

B 环境风格 Creativity & Aesthetics

办公售楼中心由两层组成，一层为销售展示区及洽谈会议区，二层为内部办公区。建筑主体采用体块削切、虚 实对比的造型手法，其外观如一条不规则的连续框筒沿三角形路径立体交错、搭建连接在一起，并通过首层玻璃幕墙及两个锐角的悬挑削切，配以贴近底部的浅水景 观处理，呈现了强烈的悬浮感，给人带来鲜明突出的视觉冲击力。

C 空间布局 Space Planning

我们将建筑造型语言延伸到了室内空间。进入室内，首层为一处开敞挑高的接待大厅，自然光透过顶部天窗引 入室内，使得建筑内外相融，渲染了洁白素净的室内空间氛围。视线尽端的三角形建筑形体连同铁锈色挂板皮肤通过天窗直接穿入室内，由一处轻盈的连桥同二层主 体连接起来。我们通过对首层空间的合理分割，在大厅内部分别设置了展示区、开放洽谈区、VIP 洽谈区和签约室等，形成了各具特点的不同功能区域。从室内向外看，窗外的景观被镂空挂板重构成了新颖多变的取景框，也形成了新的半透的肌理屏风，给室内带来了丰富的视觉体验。二层空间主要设置为内部办公区和会议 区，开放办公区通透敞亮，三角形会议室独具良好的景观视野，透过双皮幕墙的采光形成了丰富的室内光感效果。

D 设计选材 Materials & Cost Effectiveness

建筑采用了双层皮幕墙系统，内侧为玻璃幕墙，外侧为铁锈色立体镂空铝单挂板。我们根据镂空图形的大小设 计了三种规格模数，每一个镂空图形单元均有一边向外折出，形成了强烈的立体观感。这种虚实相间的双皮幕墙不仅带来了鲜明的外观特征，而且将直射的阳光过 滤，创造形成了斑驳变化的室内光影效果。

E 使用效果 Fidelity to Client

整个建筑外形独特，极具视觉冲击力，内部简洁明亮，光影斑驳，给办公人员及客户极佳的观感，对销售功能起到了促进作用。

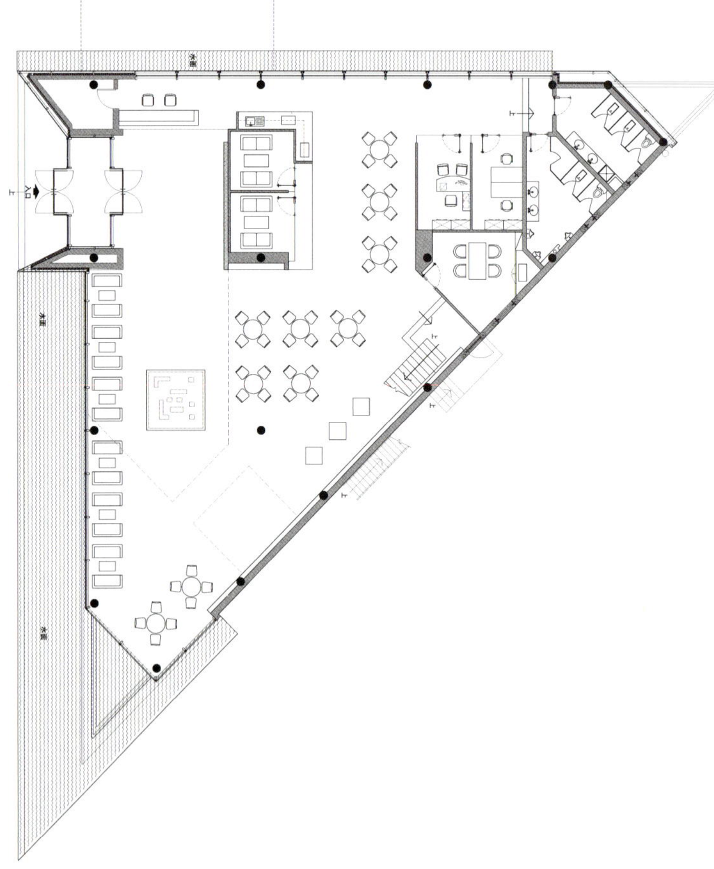

一层平面图

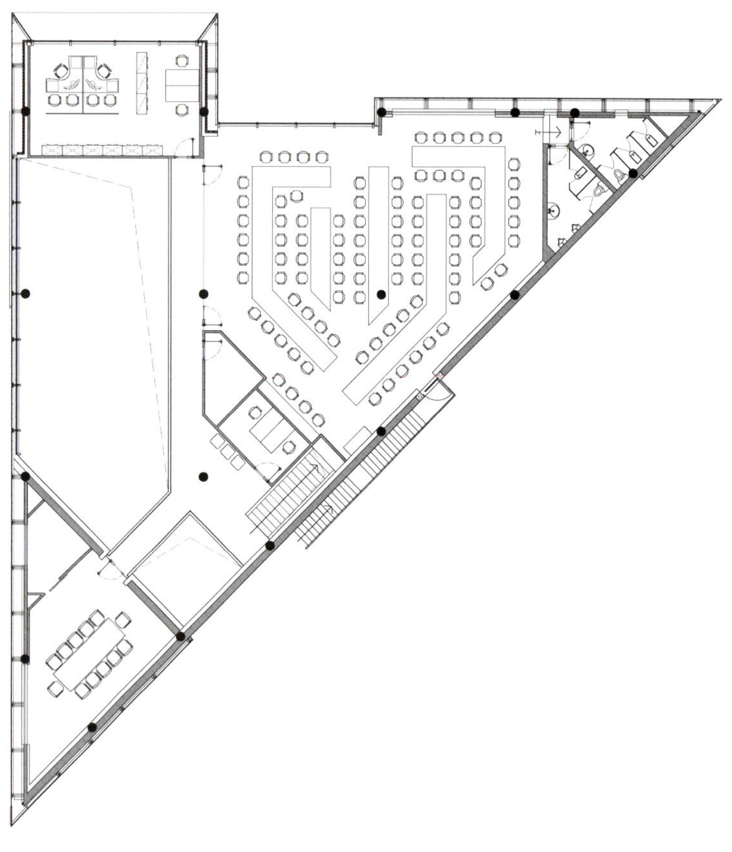

二层平面图

新竹青川之上售楼处·乐章悠扬

THE KI, THE RIVER, THE MUSIC

项目名称 _ *新竹青川之上售楼处·乐章悠扬* / **主案设计** _ *张清平* / **参与设计** _ *潘瑞琦、洪宏松* / **项目地点** _ *台湾新竹县* / **项目面积** _ *990 平方米* / **投资金额** _ *410 万元*

A 项目定位 Design Proposition

将音乐的旋律融入到空间的创作中；以光影为前导，代替乐谱；动线转折与空间过渡是旋转的韵律；材质界面的整体协调就如弦乐。

B 环境风格 Creativity & Aesthetics

门厅入口在细部做了三叠式展翼设计，背隐灯光，强化了建筑立面的层次感。

C 空间布局 Space Planning

层层放射的半椭圆形，座落在如镜面一般地面，像太阳从水平面升起，有如融入自然景观水、影间，创造一个具有气场循环的概念。

D 设计选材 Materials & Cost Effectiveness

建材即是空间感对人的直接体感。象是顽固的五线谱，对人们影响是直接、利落，丝毫不隐匿优与劣。建材如同因音符在空间的旋律，甚么样的风格节奏，藉由设计师对建材的思维，让建材有了生命。

E 使用效果 Fidelity to Client

非常好。

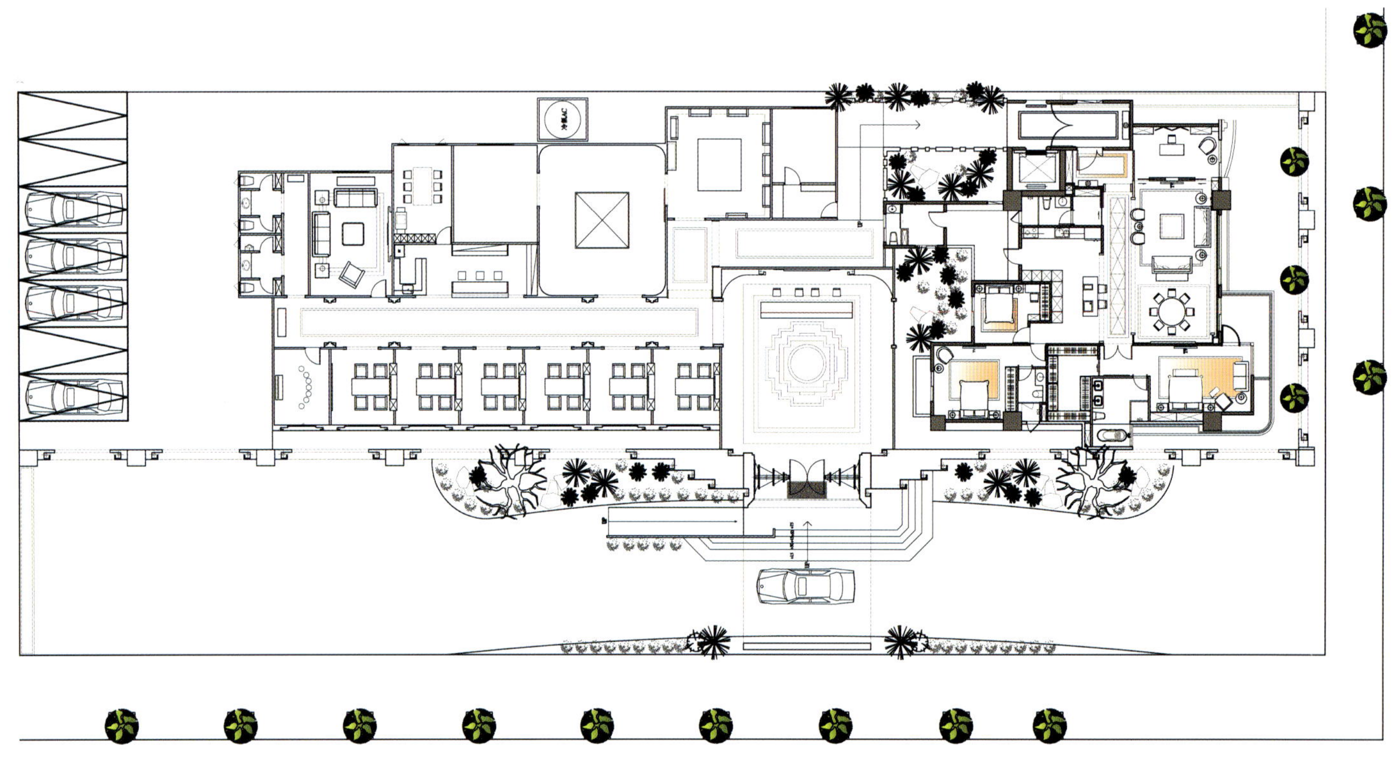

一层平面图

THE·RIVER

上海徐汇万科中心
SHANGHAI XUHUI VANKE CENTER

项目名称 _上海徐汇万科中心 / **主案设计** _颜呈勋 / **项目地点** _上海 徐汇区 / **项目面积** _450 平方米 / **投资金额** _270 万元

A 项目定位 Design Proposition

设计伊始，我们将本案风格定位为一个现代简约的售楼空间。

B 环境风格 Creativity & Aesthetics

重点突出模型区域，并充分利用现有层高，打破传统模型台给你留下的刻板印象，转而采用地面抬高形式，在该区域，将区域模型与地块模型并和，突出地块模型。

C 空间布局 Space Planning

在空间造型上，天花，墙面，地坪均以流畅的线条凸显空间的时尚感，最终为大家呈现一个简约而时尚的销售空间。

D 设计选材 Materials & Cost Effectiveness

白色石材，透光膜等材质，强化空间这一简约现代的特质。

E 使用效果 Fidelity to Client

售楼处满足了基本功能同时兼顾了艺术效果，提高业主和购房者的关注度。

徐汇万科
VANKE CENTE

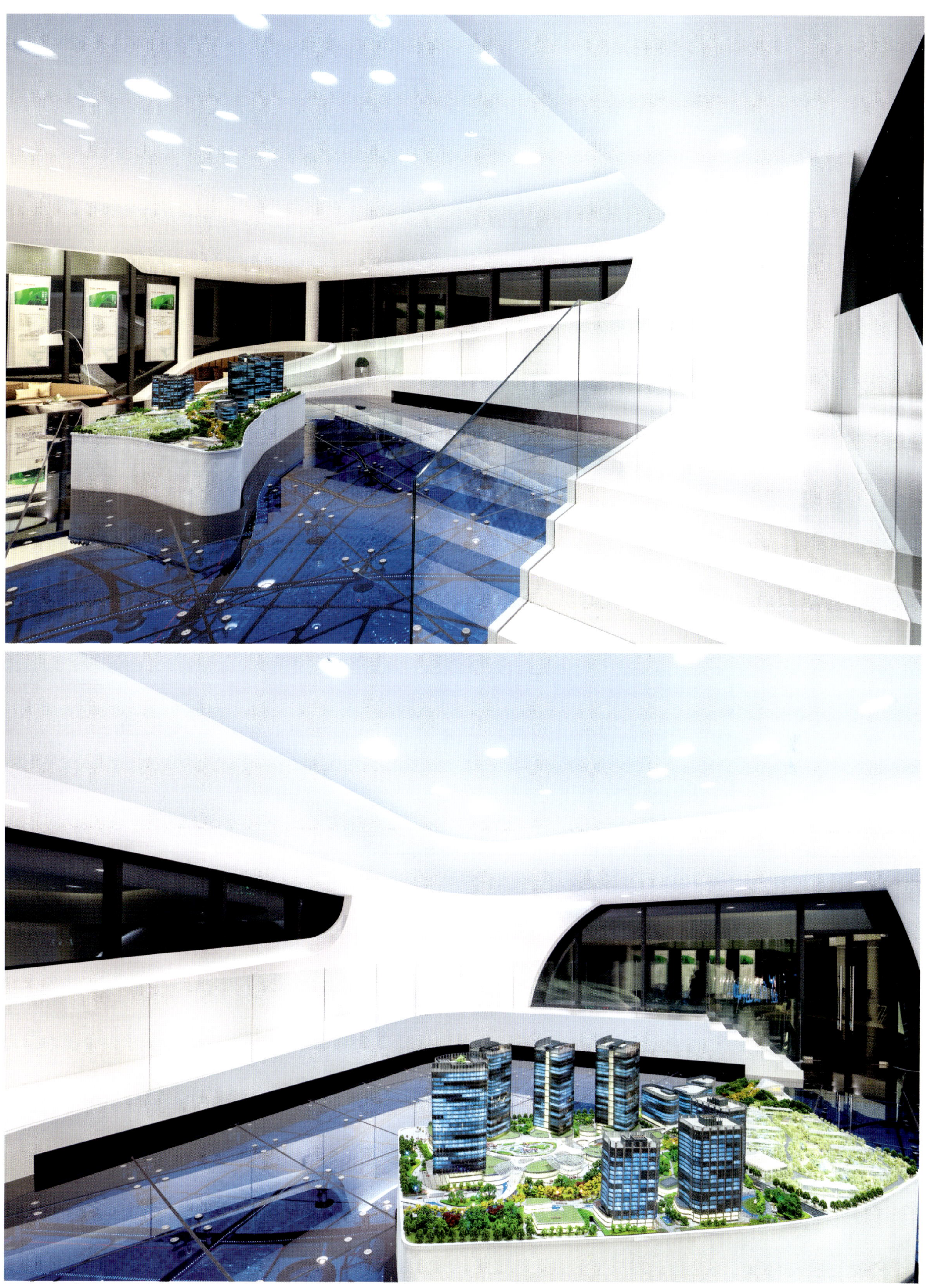

深圳花样年幸福万象 C-02 户型样板房

SHENZHEN FANTASIA HAPPY VIENTIANE C-02 MODEL ROOM APARTMENT

项目名称 _ *深圳花样年幸福万象 C-02 户型样板房* / **主案设计** _ *韩松* / **项目地点** _ *深圳市* / **项目面积** _ *78 平方米* / **投资金额** _ *28 万元* / **主要材料** _ *木地板、墙纸、灰镜、不锈钢*

A 项目定位 Design Proposition

深圳的生活
有太多的现实，
有太多的残酷，
有太多无休止的奔跑，追逐
有太多的欲望魔鬼……

B 环境风格 Creativity & Aesthetics

我们也许
无法选择财富，
无法选择成功，
也许无法选择喧嚣与否……
但是
我们可以选择自由，
选择随心而动的生活……

C 空间布局 Space Planning

在建筑空间的设计上，城市组通过科学的手段实现一个人与人、人与建筑互动的空间媒介。

D 设计选材 Materials & Cost Effectiveness

新颖。

E 使用效果 Fidelity to Client

很好。

D14
D15
T35
T37
T38
T40
7300
2700
2200
2400
TC
4400
6700
TB
2300
DB
TA
经理室
门厅
厨房
生活阳台
公卫
水吧
休闲阳台
办公区
上
2500
3900
900
7300
T35
T36
T39
T40
D14
D15

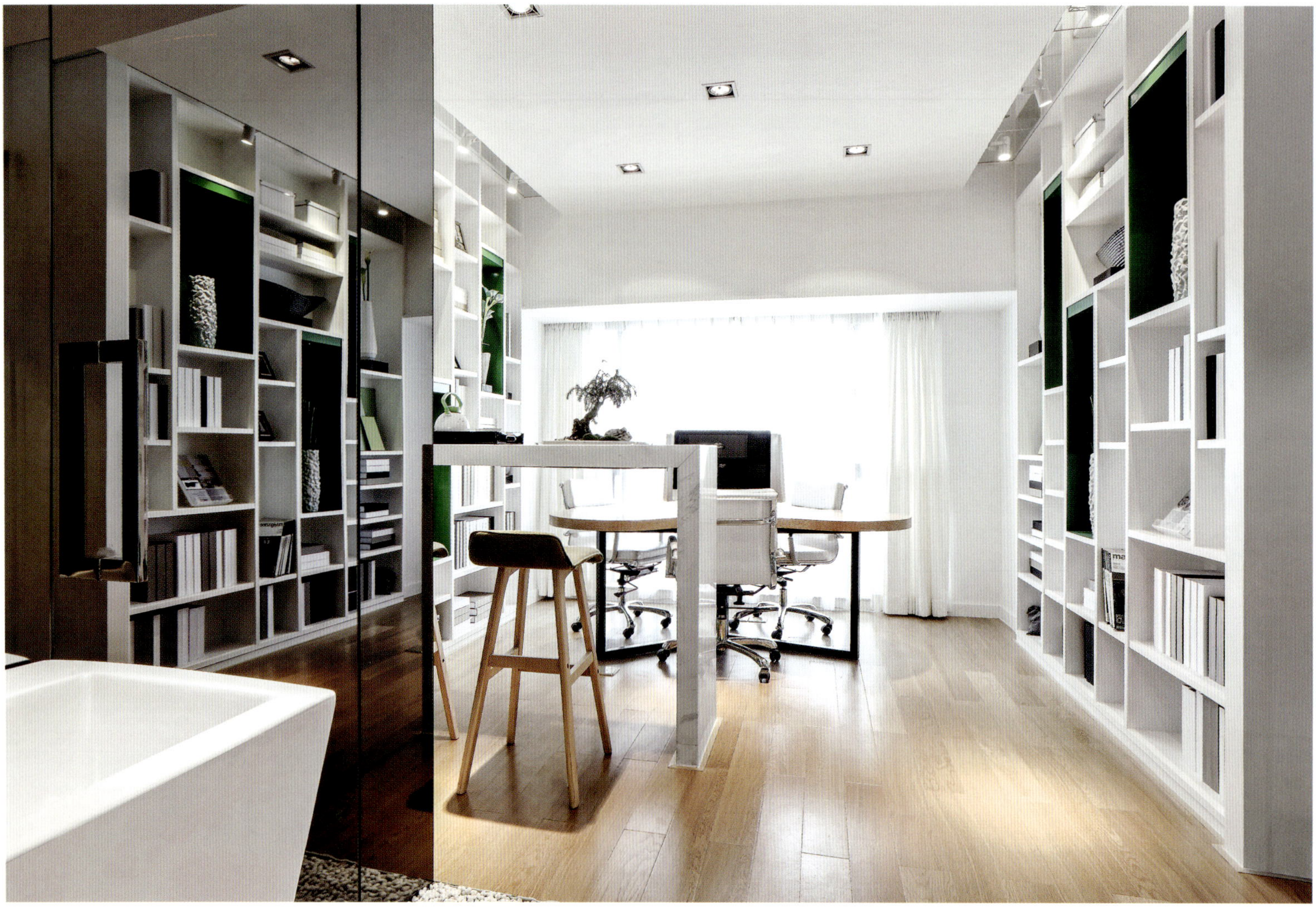

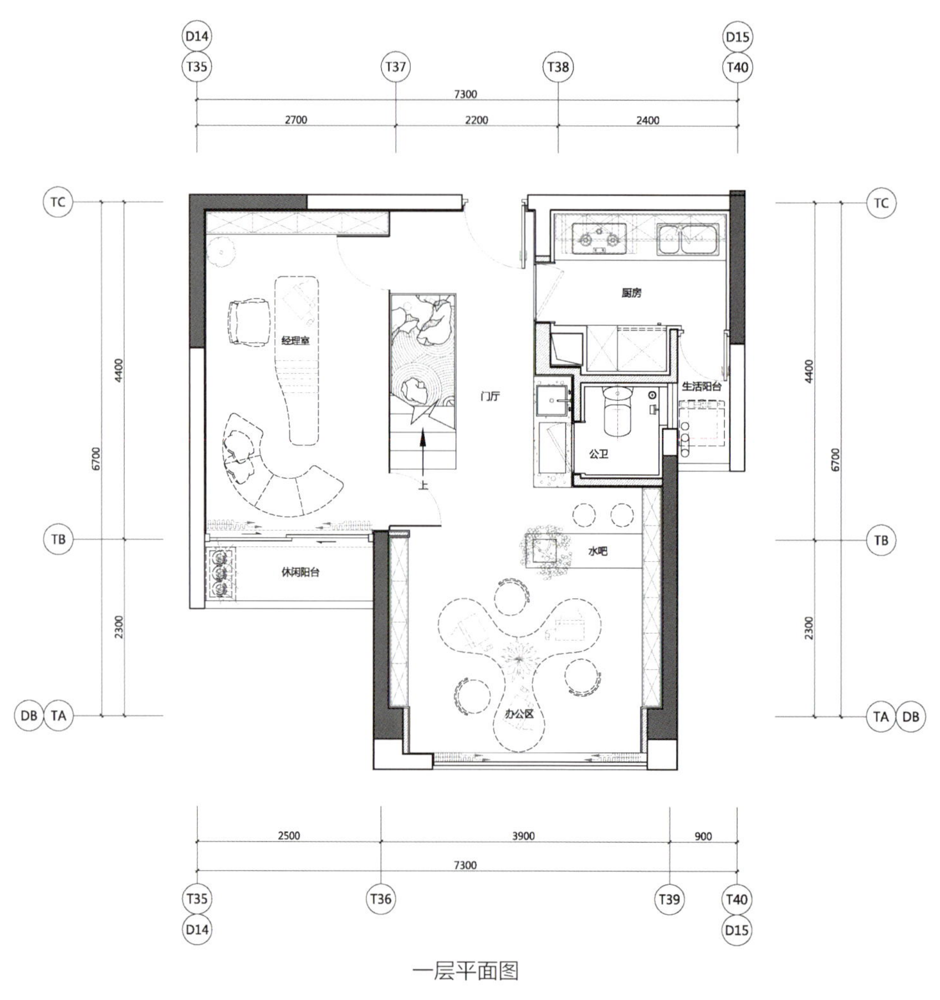

一层平面图

D14
T35
T37
T38
D15
T40
7300
2700
2200
2400
DC
TD
TC
TB
DB
TA
2000
4400
8700
2300
鞋柜
衣帽间
藏酷室兼酒吧
下
主卫
（防水地毯）
上
+0.150
客厅
主卧
2500
3900
900
T36
T39

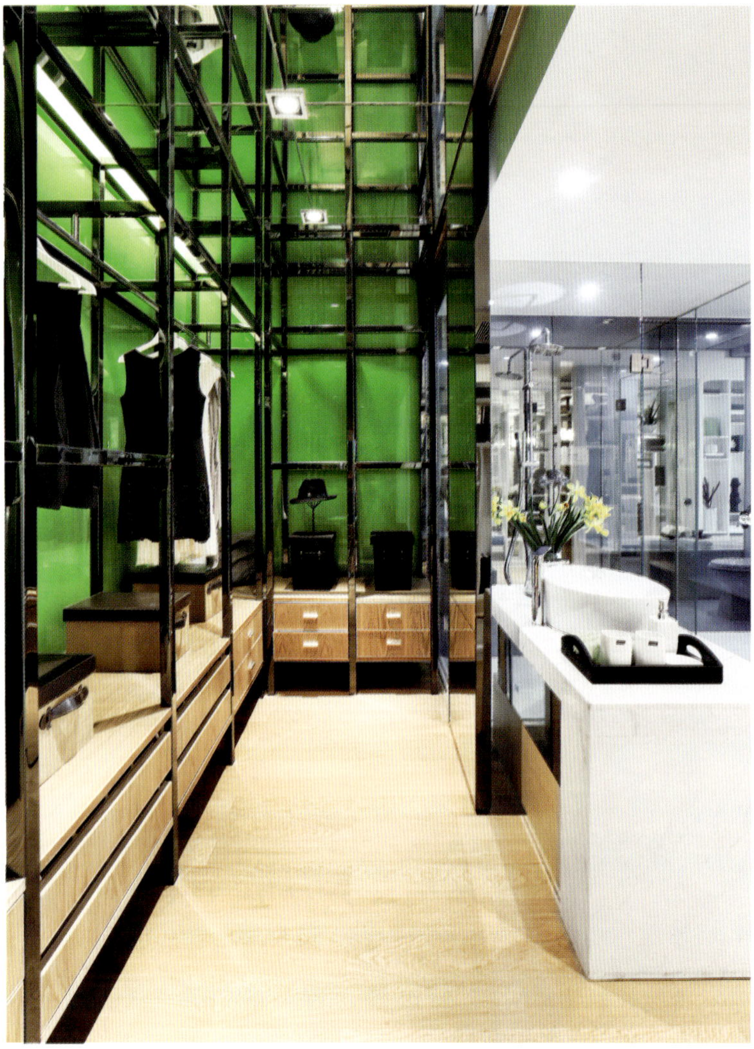

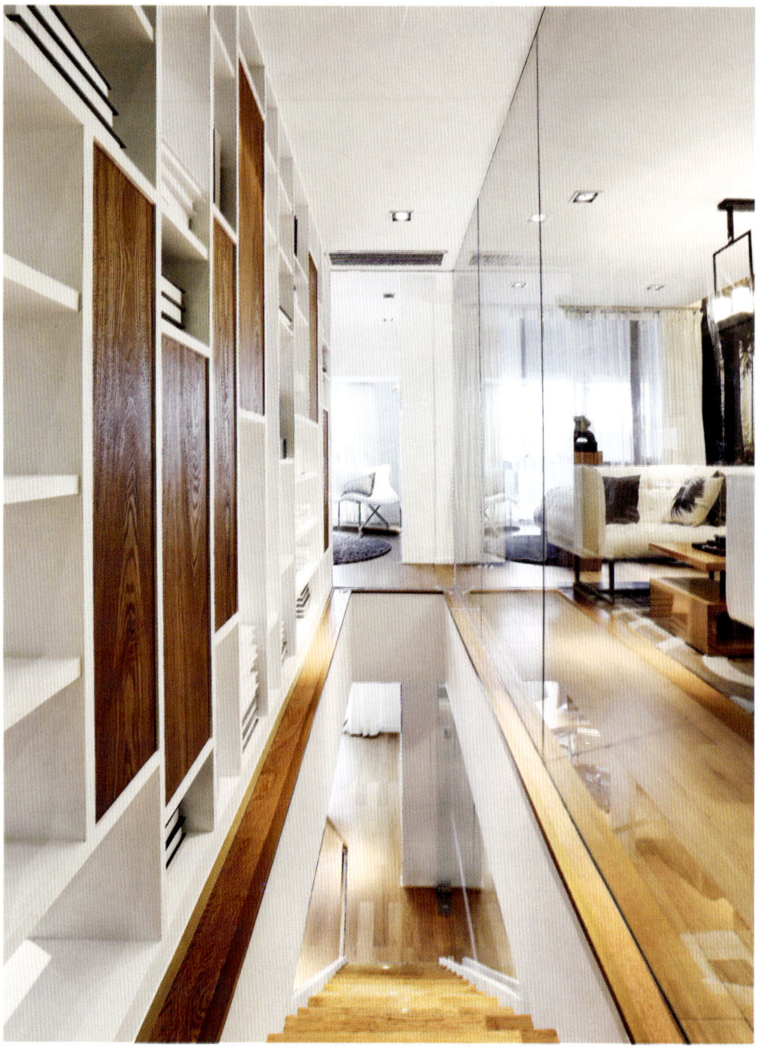

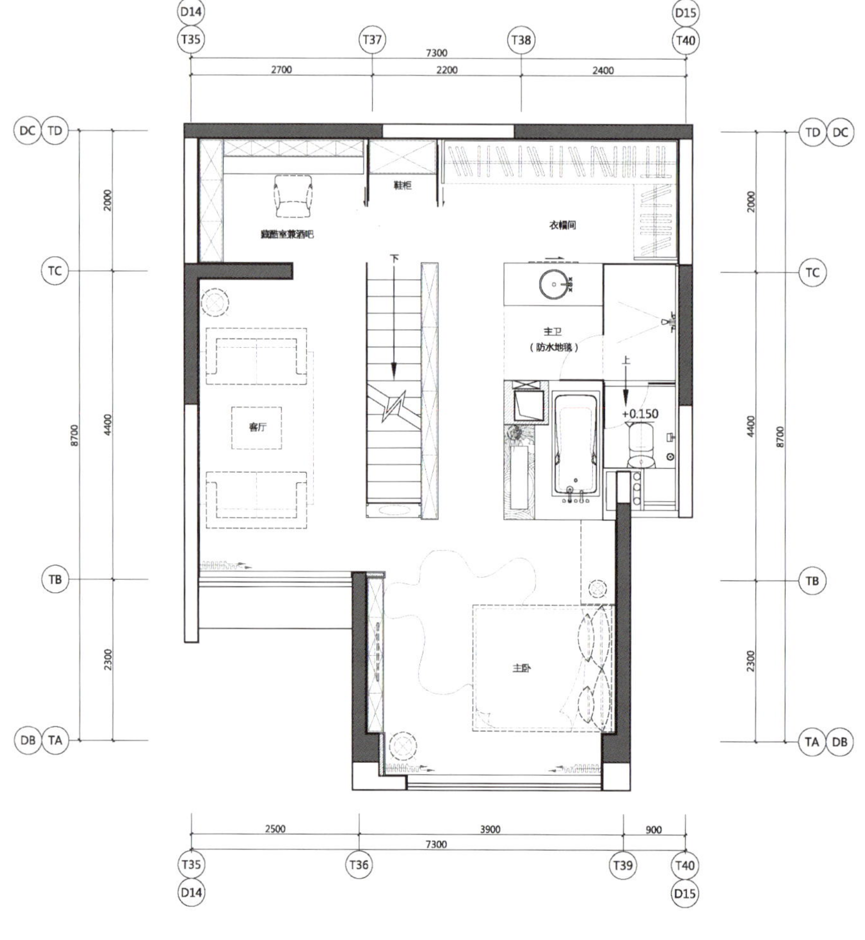

二层平面图

沐暮
TWILIGHT

项目名称 _ 沐暮 / **主案设计** _ 唐忠汉 / **项目地点** _ 台湾高雄 / **项目面积** _99 平方米 / **投资金额** _300 万元 / **主要材料** _ 石材、壁布、玻璃、铁件、钢刷木皮、木地板、波龙地毯

A 项目定位 Design Proposition

沐浴夕阳暮色，和煦清风吹拂。刻意将各领域的界定打开，让视觉穿透，使光影交错，每一个空间，都成为另一个空间的端景。利用利落的线条分割，架构空间的虚实关系，导入温润质朴的媒材，创造出人文的本质语汇。

B 环境风格 Creativity & Aesthetics

生活领域交叠出空间的核心位置，以客厅为家的中心，延展至其他区域，使其和每个空间环节都密不可分，汇集生活的情感。

C 空间布局 Space Planning

书房——容器。将地坪转折至壁面，用隐喻手法创造空间的场域性，壁面嵌入交错的层架，象是承载着生活故事的容器。餐厅——错序。在错置编排之下，格栅产生律动，形成一面主题墙面，高低垂吊的吊灯搭配多向性餐桌，隐约的界定出餐厅位置，界定空间，却又模糊界线。

D 设计选材 Materials & Cost Effectiveness

新颖。

E 使用效果 Fidelity to Client

非常满意。

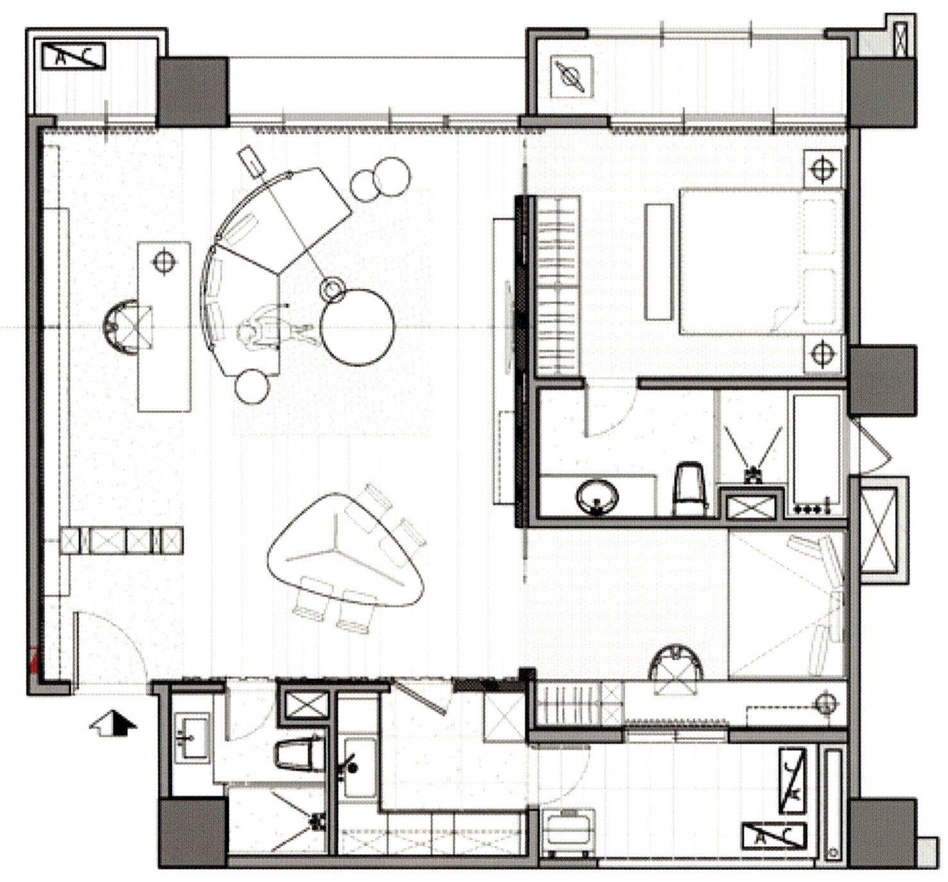

一层平面图

la table parfaite
la table parfaite

杭州美和院样板房

HANGZHOU AND COURTYARD EXAMPLE ROOM

项目名称 _ *杭州美和院样板房* / **主案设计** _ *许亦多* / **参与设计** _ *叶磊、徐开、余腾* / **项目地点** _ *浙江省杭州市* / **项目面积** _ *370 平方米* / **投资金额** _ *200 万元*

A 项目定位 Design Proposition

本案与中国美术学院为邻，周边艺术人群众多。更多的从艺术家对生活和空间的理解的角度去营造空间氛围。

B 环境风格 Creativity & Aesthetics

以白色系和原木色系为主调，包容性强。

C 空间布局 Space Planning

餐厅部分的局部增加钢结构楼板，加上同一位置一楼的楼板开洞，使客厅餐厅地下室三个空间相互贯通，丰富了原本空间构造上层次。

D 设计选材 Materials & Cost Effectiveness

选材简单朴实，大量的乳胶漆，木纹砖和老榆木实木营造一个轻松的环境。

E 使用效果 Fidelity to Client

深受周边艺术人群的喜爱。

18
19
21
6700
3400
3300
F
E
D
C
B
A
2500
5700
2900
1000
2200
14300
4600
3100
7700
17
20
21

一层平面图

18
19
21
6700
3400
3300
F
E
D
B
2500
3500
2900
1000
2200
12100
2.200
0.500
4600
3100
7700
17
20
21

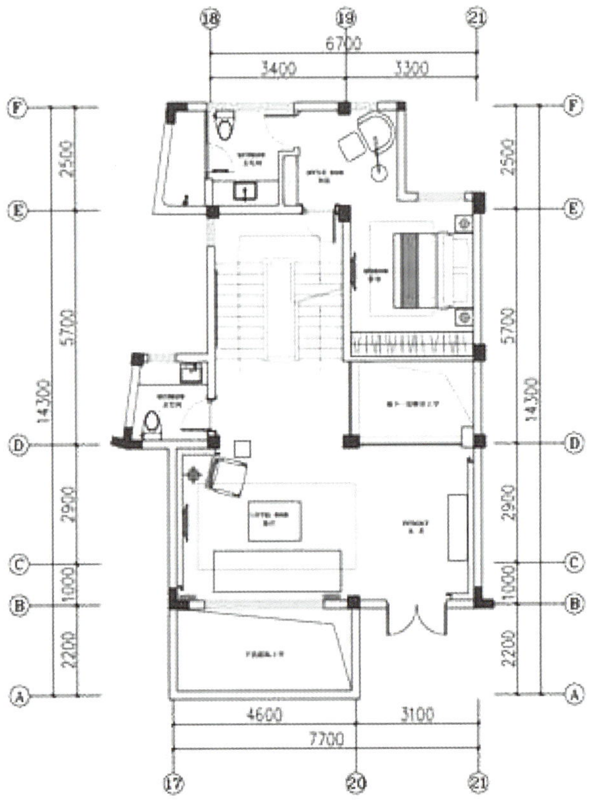

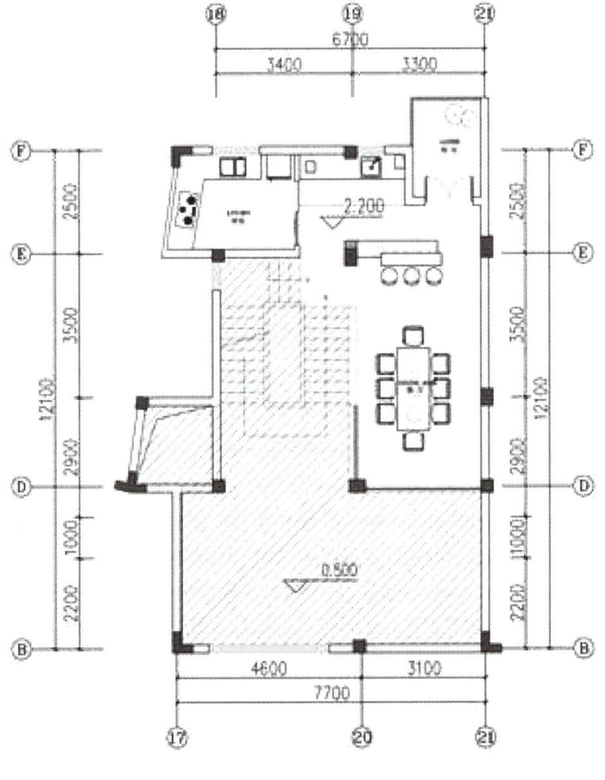

二层平面图

18
19
21
6700
3400
3300
F
E
D
B
2500
3500
2150
3950
12100
5.600
4600
3100
7700
17
20

三层平面图

18
19
21
6700
3400
3300
F
E
D
B
2500
3500
2150
3950
12100
8.970
9.000
4600
3100
7700
17
20

四层平面图

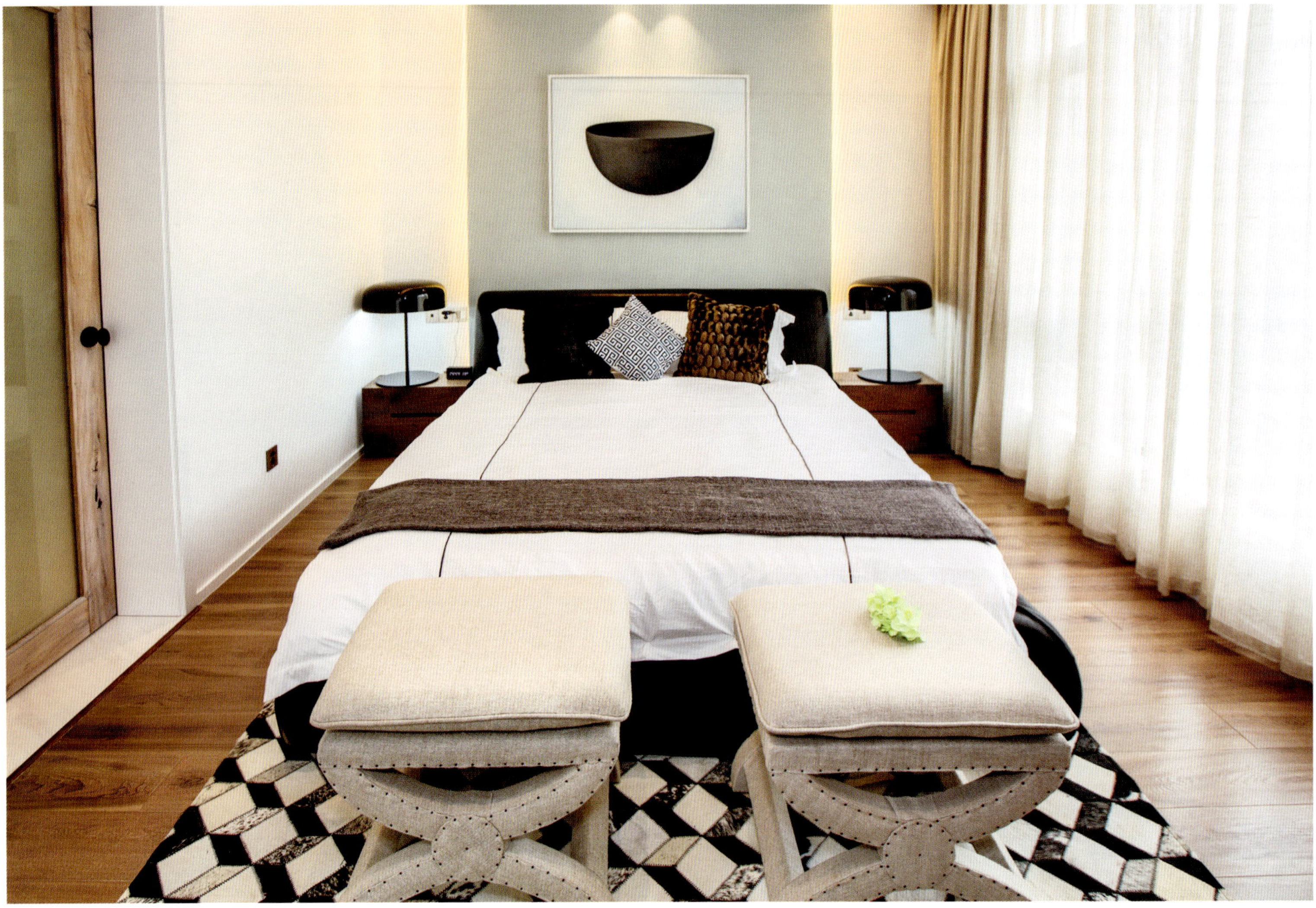

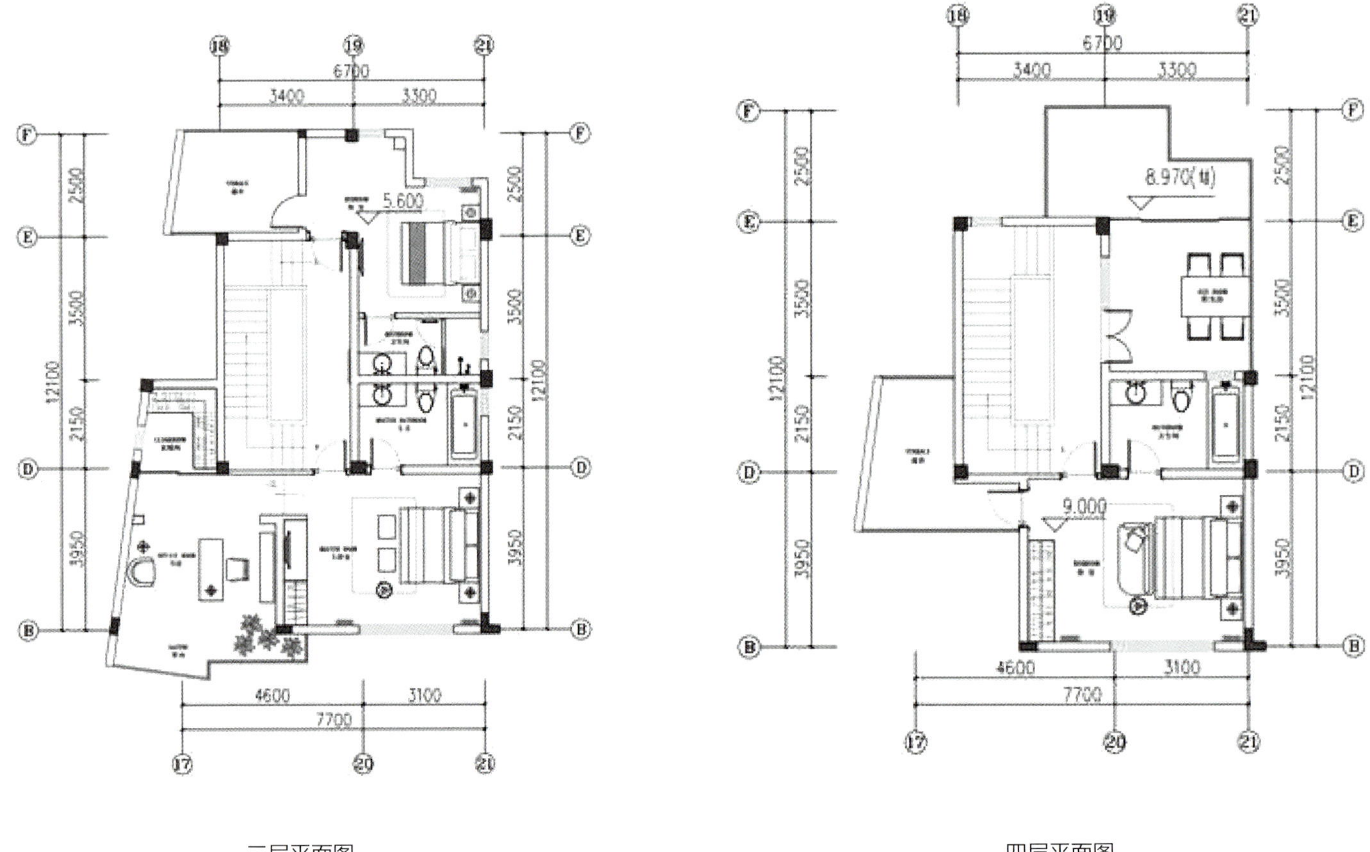

Dentro di te
CENTURY
DESIGN HOTELS YEAR BOOK 09

时代云
TIMES CLOUD

项目名称 _ 时代云 / **主案设计** _ 余霖 / **项目地点** _ 广东省珠海市 / **项目面积** _1780 平方米 / **投资金额** _1500 万元 / **主要材料** _ 白栓拼纹板、黑麻石材机理面、仿岩肌理漆

A 项目定位 Design Proposition

如果有机会仰望大地，你会知道这世界的美好在于：可能性。

B 环境风格 Creativity & Aesthetics

一个公共空间的作用是什么？思考很久后的结论是：公共空间除了能够完整承载公众行为和梳理公众秩序（功能流线）外，更大的价值在于从感性上给予受众一些想象力与思考的可能性。因此，公共空间是一种明确的声音，它告诉你或者奇异，或者美好，或者性感，或者震撼，或者平静。缺少这种声音的公共空间是失败的。在此项目中，我们试图传递的声音是情绪化的：如果一个商业空间无法提醒人们可能性的重要。

C 空间布局 Space Planning

这里是时代地产销售会所，在全球地价最昂贵的国家之一中国，销售着在珠海这片投资热土上他们建造的房子，每天有无数的人在这里，急切地，紧凑的购买他们未来的生活。作为地产产业链的另外一端——设计方，我们希望他们真正懂得只有在自由中才能获得真正的美感。

D 设计选材 Materials & Cost Effectiveness

所以，我们需要一个用朴素的木材，沙石，简单的工艺，阵列式的机理和构成，传递出一个关于“美”的“可能性”。这也是在整个项目当中所贯穿的技术。一切，回归自然主义的隐喻。

E 使用效果 Fidelity to Client

请带着情绪和想象去看待它，和你的生活。

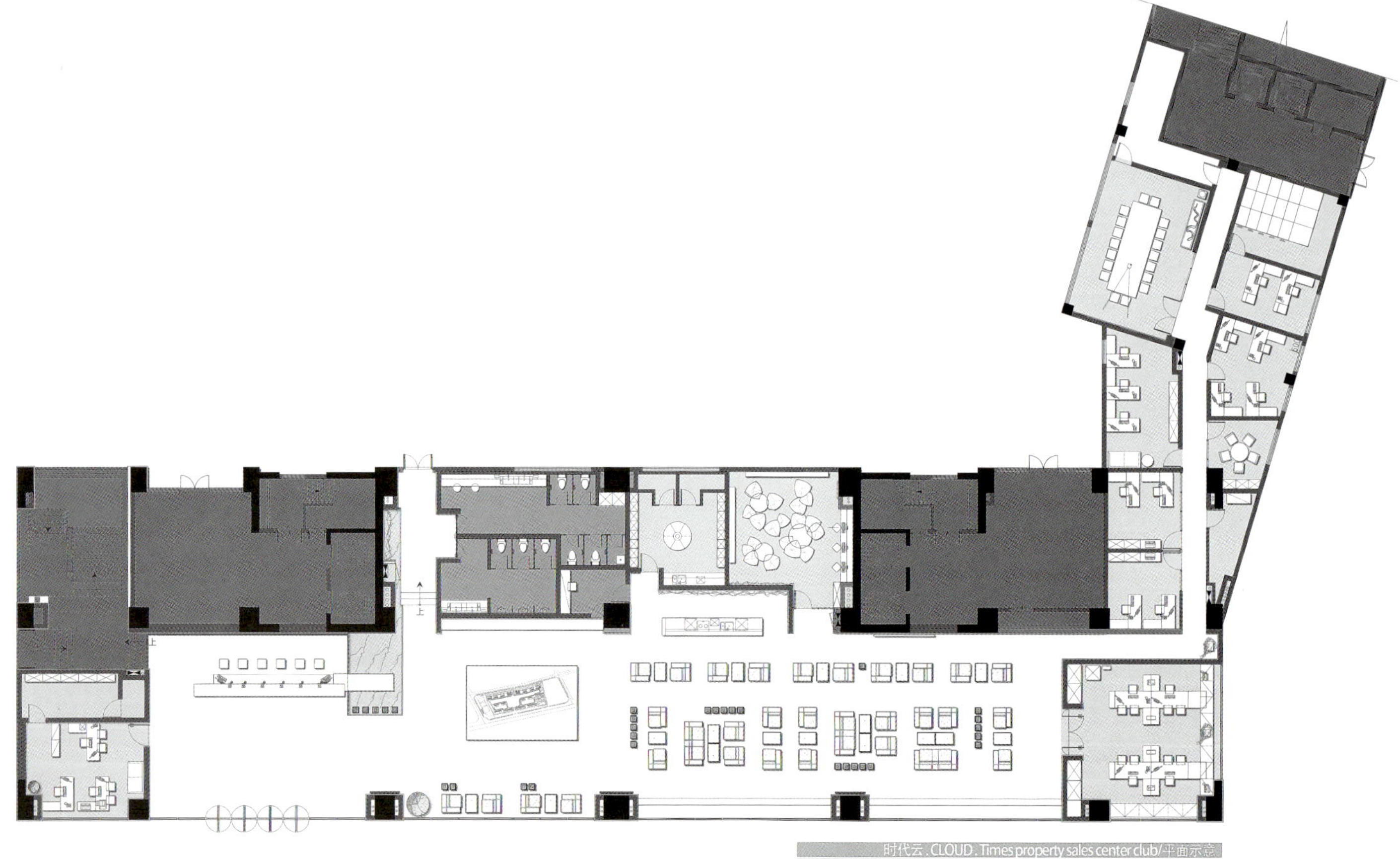

一层平面图

杭州万科郡西别墅
VANKE JUNXI VILLA

项目名称 _ 杭州万科郡西别墅 / **主案设计** _ 葛亚曦 / **参与设计** _ 葛亚曦、彭倩、蒋文蔚 / **项目地点** _ 浙江省杭州市 / **项目面积** _640 平方米 / **投资金额** _352 万元 / **主要材料** _ 高级定制

A 项目定位 Design Proposition

郡西别墅，居万科良渚文化村原生山林与城市繁华怀抱内，背山抱水，拢风聚势，是万科风格精工别墅的巅峰作品。设计独具匠心，以返璞归真的居住品位将财富阶层的信仰与文化内涵，以及当地最具代表的玉石文化相结合，通过现代手法重新演绎当代艺术精髓，提炼出居住空间的完美交融气质。

B 环境风格 Creativity & Aesthetics

泛东方文化的传统元素为该居所塑造了富有艺术底蕴的尊荣姿态。设计萃取杭州当地西湖龙井的清汤亮叶与桂花的清可绝尘等自然传统文化精髓，辅以罐、钵、瓶、水墨画等东方文化中式元素，回归内在的价值观与文化诉求的同时自然将中式力量呈现。融合并济的多元创新手法，碰撞出了崭新的装饰风格，给人以低调、内敛的艺术品位。

C 空间布局 Space Planning

空间共分为三层。一层门厅以深咖色和米色为主，稳定、质感、暗藏奢华，仪式感油然而生。加上铁艺吊灯，精致瓷器及拉升空间的花艺，增显气场。客厅为满足主人社交的公共空间，质感奢华的绿色和灰色沙发，中式地毯、奢华的摆件和点缀其间的精致花艺，严谨和骄傲的背后，透露着仪式和稀缺感的力量。沙发背后的竖式水墨画，意境清新淡远，给此空间平添了文化历史感。 二层为私密的卧室空间，其中主卧以内敛的灰色和墨绿为主色调，墨色花纹壁纸、整齐的画框墙面，简约洗练的边柜，细节所到之处无不体现主人的艺术品位，烘托出空间的品质感。主卧衣帽间在黑色调的基础上加入灰色和金色点缀，呈现出主人的精致与品位。 负一层门厅是整座居所的风格浓缩，藏蓝色中式案几、橙黄色现代风格油画、橙色将军罐、精致的花艺、中国传统的石狮和现代镂空铁艺塔在同一空间融合共生。多功能厅以柔软质感的布艺沙发，线条简约的大理石茶几，兼具东方的静谧安逸和简约利落的现代风。

D 设计选材 Materials & Cost Effectiveness

材质的选择则摒弃了常用的低反光、粗朴质感的材料，而使用较为细腻、缜密的木及金属等等，空间的整体气质显得更为精致与高贵。

E 使用效果 Fidelity to Client

以当地传统元素诠释的郡西别墅，在原空间基础上布置、细化与整合，借以行云流水的空间动线形成配合空间的布局。

PICKARD CHILTON
LANDSCAPE INFRAS

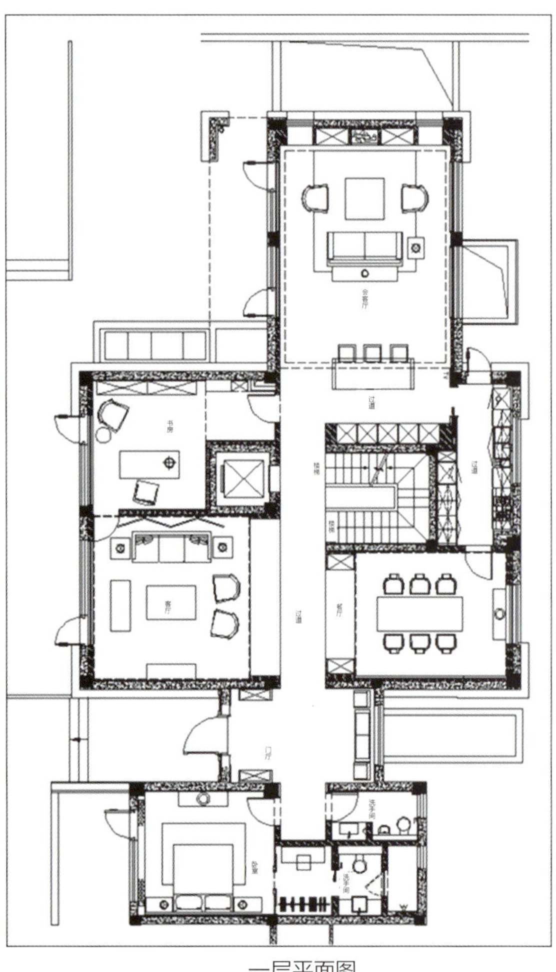
一层平面图

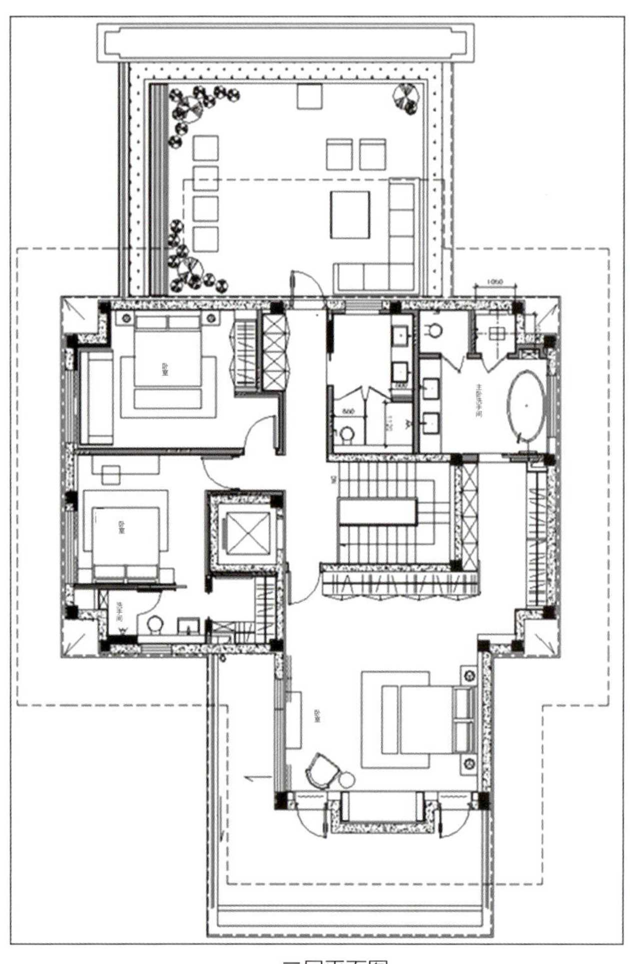

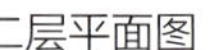

二层平面图

Expo Express
Furniture
Day&Night

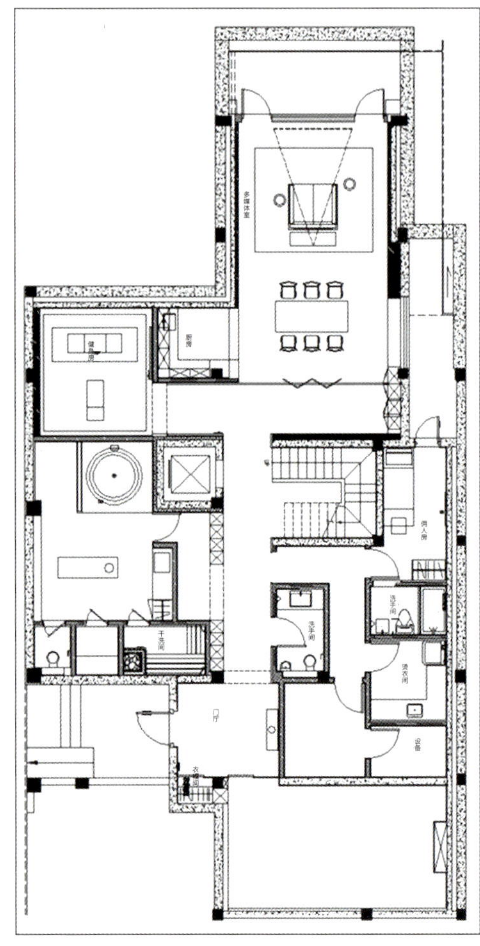

地下一层平面图

三亚保利凤凰公馆销售中心

POLY SANYA PHOENIX MANSION SALES CENTER

项目名称 _ 三亚保利凤凰公馆销售中心 / **主案设计** _ 陈正茂 / **项目地点** _ 海南省三亚市 / **项目面积** _175 平方米 / **投资金额** _500 万元 / **主要材料** _ 达明墙纸、科勒洁具、西顿照明

A 项目定位 Design Proposition

设计背景：本项目位于海南三亚市，作为保利地产在海南的开篇力作，此次产品设计聚集各方精英，倾力塑造保利进入三亚的形象标杆。为配合三亚湾，设计定位为自然风现代风格的方向，创造一个视野开阔，采光及景观极佳的环境，最大限度地将空间延伸到玻璃窗边，入口接待区地面大面积采用了仿古木地板拉丝面的处理，石材自然面的接待台，并一直从入口延伸至模型区的艺术吊灯，引人入胜，令天花与地面大自然环境的呼应，在进入窗边的洽谈区，通透屏风的使用，使空间有分有合，形成开放和半开放的空间组合形式，空间的节奏在平面布局及材质的变化中在灯光影托下得到了充分的表现，利用了三亚的自然环境和建筑完美的融合在一起的设计手法得到充分的表现。

B 环境风格 Creativity & Aesthetics

售楼处面积不大，但是景观十分好，我们尽量把外景透过巨大的落地玻璃将景色引进室内，达到借景让室内外形成统一的现代南亚风格。

C 空间布局 Space Planning

布局上因为面积不大，多以我们想让空间尽量开放来做运用屏风的半围合及隔断来营造空间节奏，让其在功能分区得到一个比较丰富的空间感受。

D 设计选材 Materials & Cost Effectiveness

选用贴近自然地麻质、布面、哑光木饰面及原石面处理的石材，都是很自然的材料局部点缀金属让其在材质上有很好的碰撞点，让人眼前一亮。

E 使用效果 Fidelity to Client

得到客户、业主及同行的一致好评。

物业部
休息区
销售部
男更衣室
女更衣室
资料室
餐厅
过道
办公室
财务室
女卫生间
男卫生间
过厅
签约室
大堂
总体模型
VIP洽谈
洽谈区
8850
2200
3550
5300
19900
3850
5000
8100
8400
25350

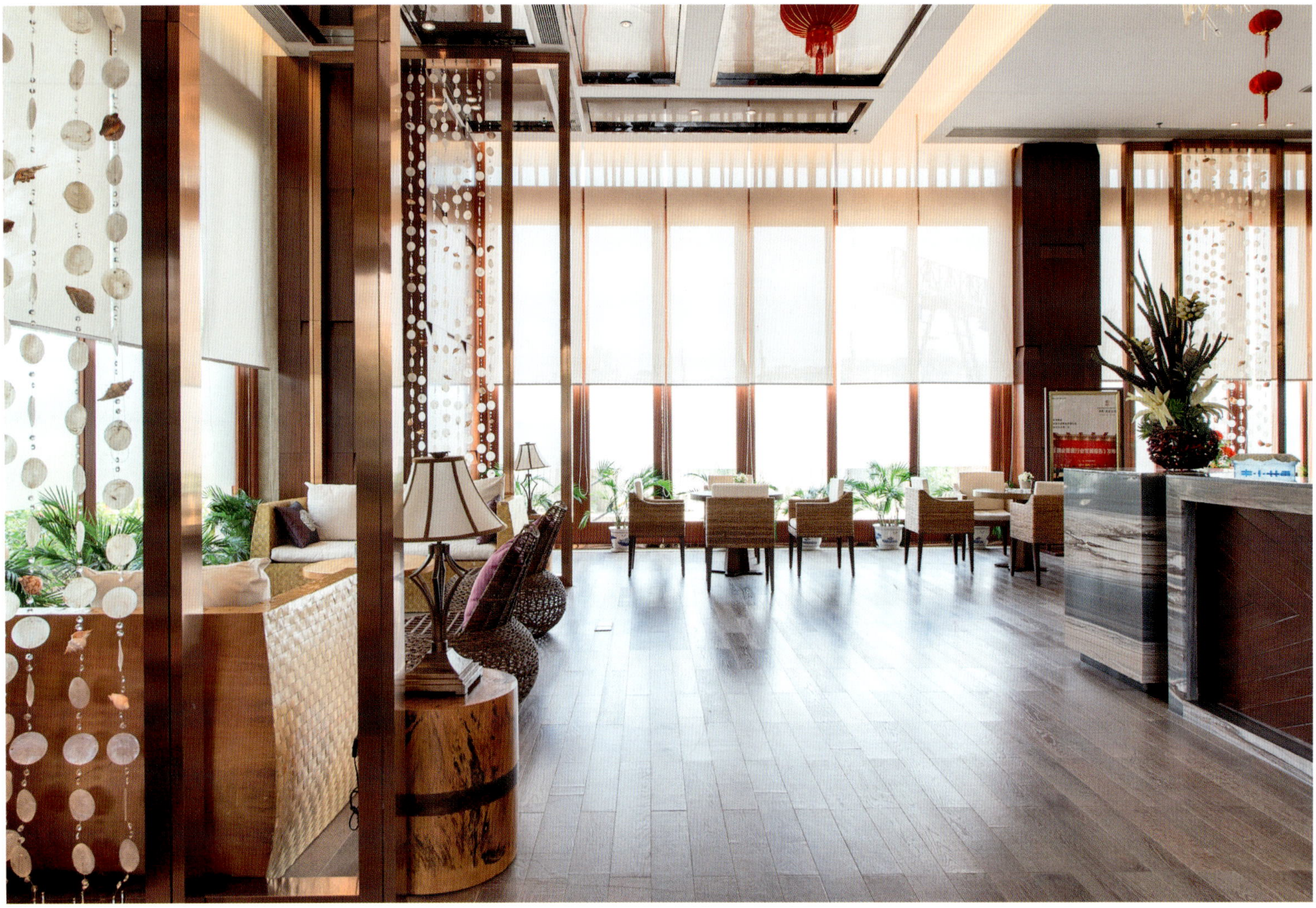

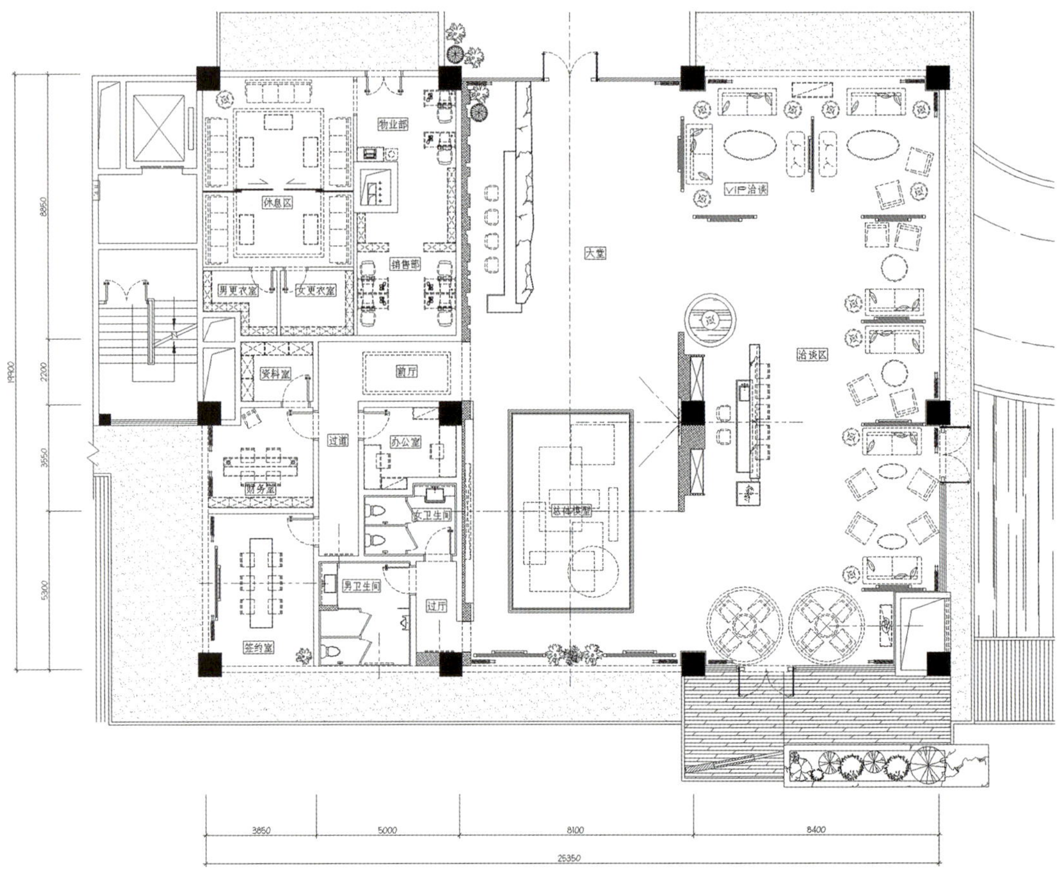

一层平面图

瑞居·绿岛
RUI JU, GREEN ISLAND

项目名称 _瑞居·绿岛 / **主案设计** _赵学强 / **参与设计** _李涛 / **项目地点** _四川省成都市 / **项目面积** _1117 平方米 / **投资金额** _1100 万元 / **主要材料** _grc 材料、本杰明乳胶漆、马斯登水晶灯

A 项目定位 Design Proposition

项目位于大成都唯一真正岛屿上（毗河上游）。作为房地产开发项目，首先要肩负完善城市配套和前期产品展示的功能，发挥销售过程中对房价的拉升作用。同时设计必须延展到售楼之后的使命，使得项目能够成为引领城市生活的榜样，加大空间的利用深度。

B 环境风格 Creativity & Aesthetics

项目建筑和室内都由本公司独立完成，没有室内外之分。风格创作上以 Art Deco 为基础，以更加简练、现代的手法，对单一的拱形进行变异、重叠、交错，创造一个兼具传统风格和时代性的独特空间。引入多媒体影像科技，把目标客群对岛屿和欧式建筑的想象展示出来。空间里的水、光影、城堡等元素相衬相融，营造浪漫不失严谨、圣洁不失趣味的岛居生活意境。

C 空间布局 Space Planning

提取欧式建筑的核心元素，由拱开始由拱结束。秉持少即是多的核心理念，用椭圆线条完成空间所有设计，包括家具、图形、造型等等。空间组织上，利用线性柱体序列的节奏关系，达到一步一景的视觉效果。充分挖掘空间层高及环境优势，将天花、地面和墙柱浑然一体设计，同时利用空间在水面上的镜像关系，给人耳目一新的视觉冲击。

D 设计选材 Materials & Cost Effectiveness

利用 grc 材料能够做到夸张的有机造型这一特点，充分表达建筑的尺度美和造型美；大面积使用白色乳胶漆，和金箔巧妙搭配，塑造品质感同时降低造价，满足客户对成本控制和资金分配的期望及要求。辅以水晶灯的点缀、有机玻璃的应用、悬挂式玻璃幕墙驳接技术……全新的材料和手法打造一个创新的 Art Deco 空间。

E 使用效果 Fidelity to Client

通过近一年时间的运营，甲方及其销售公司一致认为项目设计对产品的价格提升起到了积极作用，同时对传统和现代之间的艺术碰撞的探索和实践，在业界引起了强烈反响。

20000
3600
5600
订做陈台（软装）
订做花瓶（软装）
接待台
成品狮子（硬装）
80″液晶电视
销售前厅主入口
M09
多媒体沙盘
接待前厅
M08
无障碍坡道
坡
下

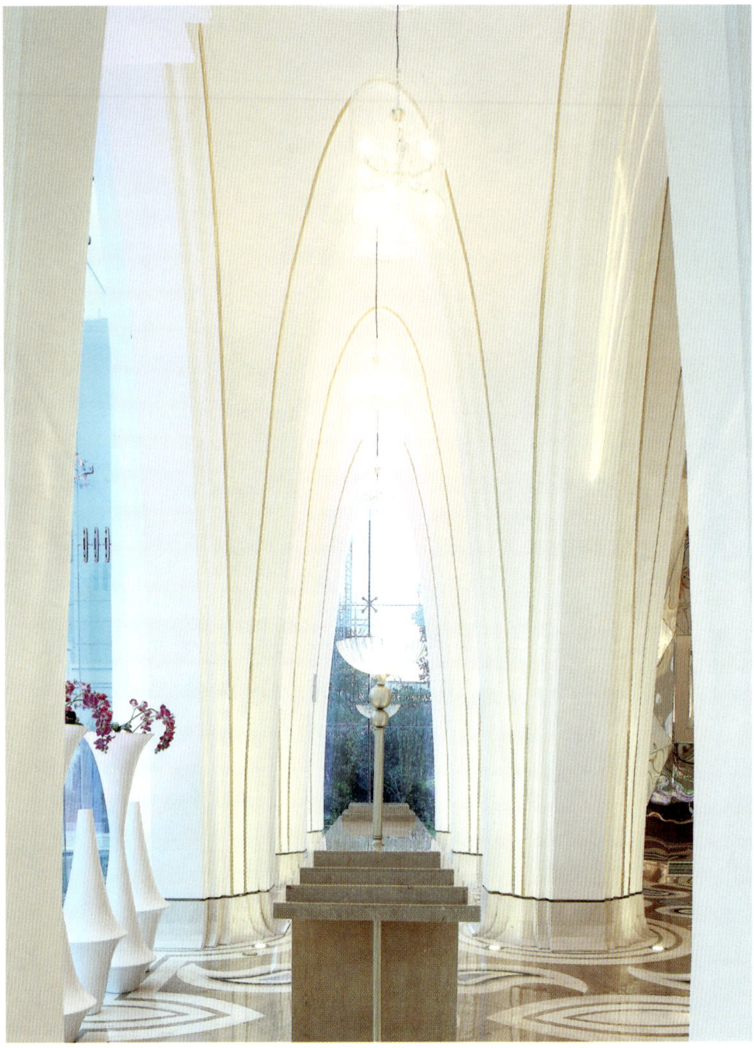

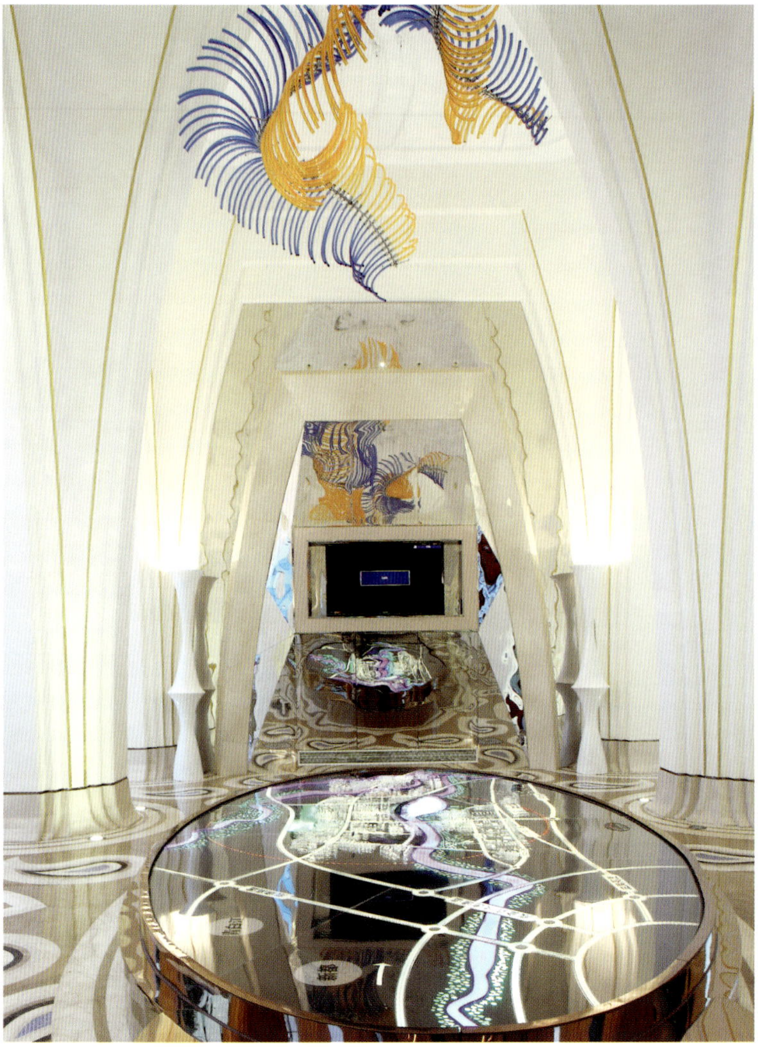

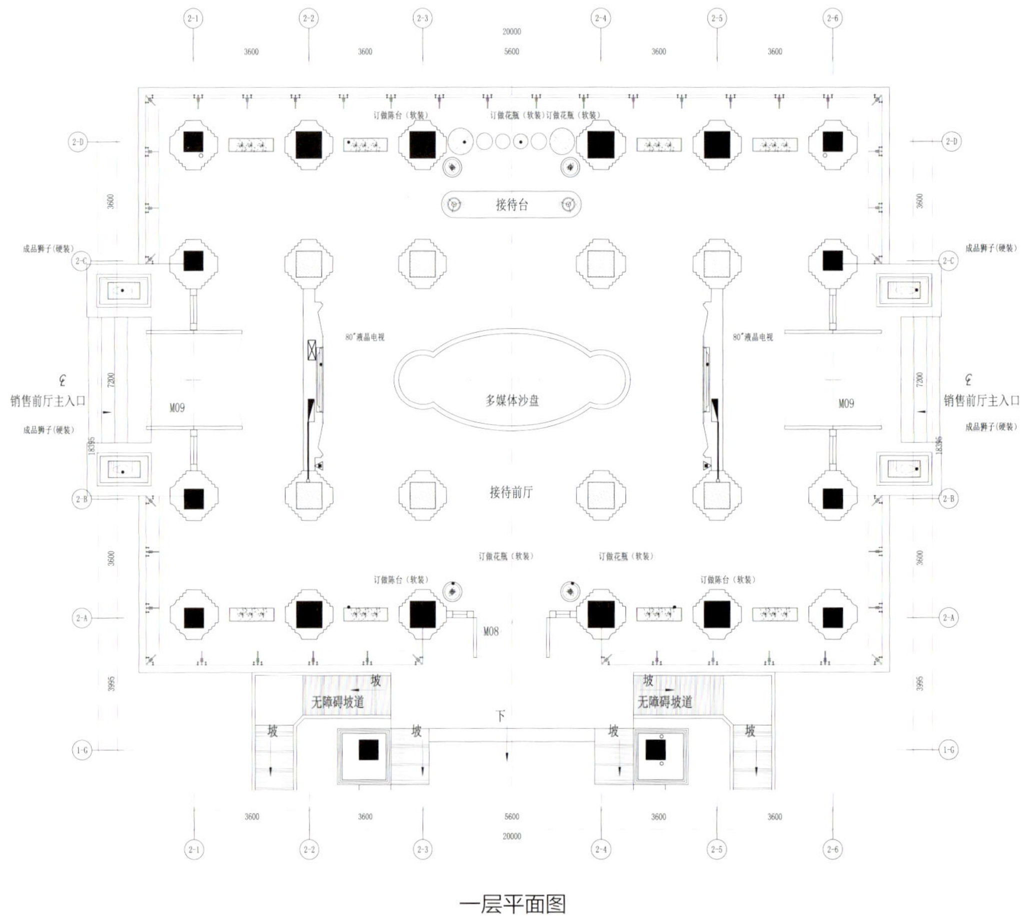

一层平面图

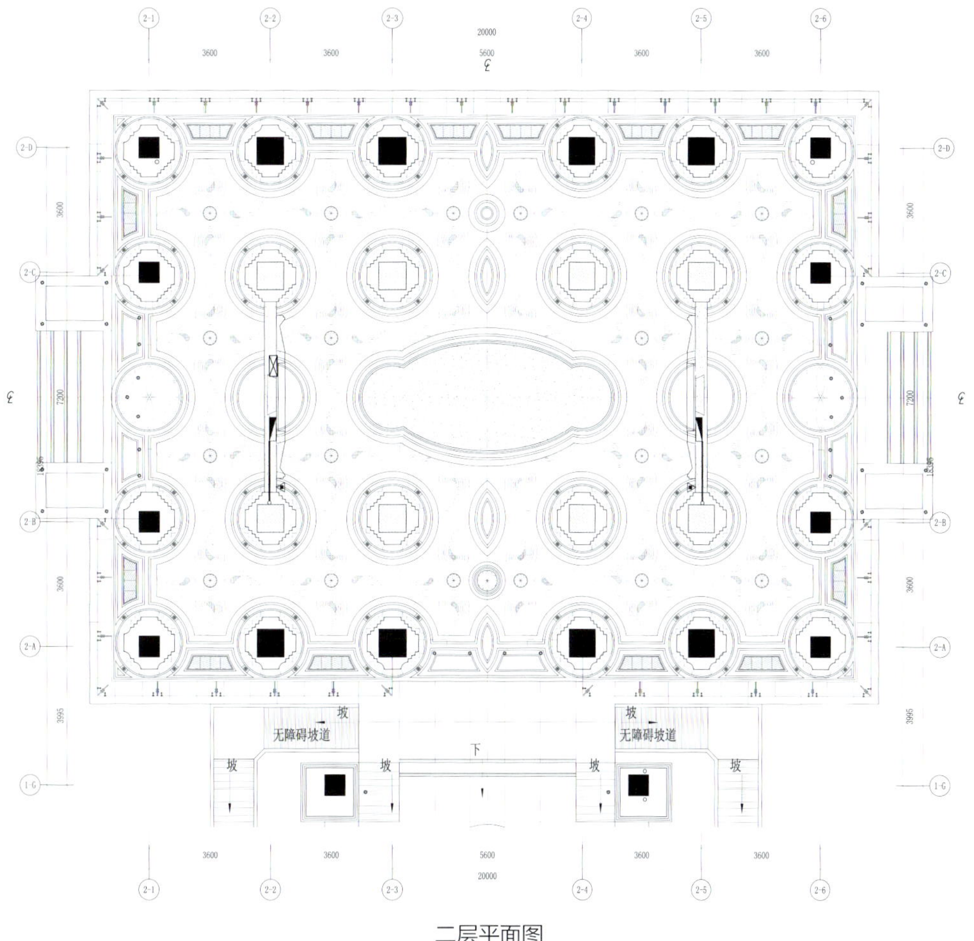

二层平面图

常州中海锦龙湾售楼处
CHANGZHOU SALES OFFICE

项目名称 _ 常州中海锦龙湾售楼处 / **主案设计** _ 桂峥嵘 / **参与设计** _Grace 丁露峰 / **项目地点** _ 江苏省常州市 / **项目面积** _460 平方米 / **投资金额** _700 万元 / **主要材料** _ 天一美加、联诺照面

A 项目定位 Design Proposition
这个项目是利用五栋联排别墅的建筑修改成临时售楼处，所以各个空间相对于售楼处的空间要求要小很多，所以为延伸空间而考虑了镜面的应用。

B 环境风格 Creativity & Aesthetics
中海锦龙湾与中华恐龙园隔河相望，将恐龙园的自然与风情纳入生活，入则宁静，出则繁华，于都市之间实现自然之境。

C 空间布局 Space Planning
我们在平面图布置以及概念的时候就决定将一层所有墙体打开做，所有剪力柱做成通高的门套，一个个门套看似分割空间，然而通过天花地坪的统一实则使各个空间连贯，借鉴了 Art Deco 的建筑元素，以及融入了孔雀尾的图案在整个空间内。

D 设计选材 Materials & Cost Effectiveness
用黑色石材与深木色来压住大面积的米色白色材料。点缀草绿色与柠檬黄的搭配使空间更活泼。灯光与门套结合的运用是本方案成功的地方。大面积 Art Deco 风格的油画，提升空间的艺术气质。

E 使用效果 Fidelity to Client
售楼处作为顾客与楼盘对话的第一道关口，它的形象设计，环境布局直接影响着顾客的情绪。好的楼盘会说话，好的售楼处同样也会招引顾客，售楼处作为最容易激发顾客购买欲望的地方，他将统领整个楼盘，缩微着整个楼盘。

洽谈区
洽谈区
洽谈区
洽谈区
水吧区
服务台
区位模型
分户模型
全景模型
接待台
TH模型
TH分户模型
vip影音播放

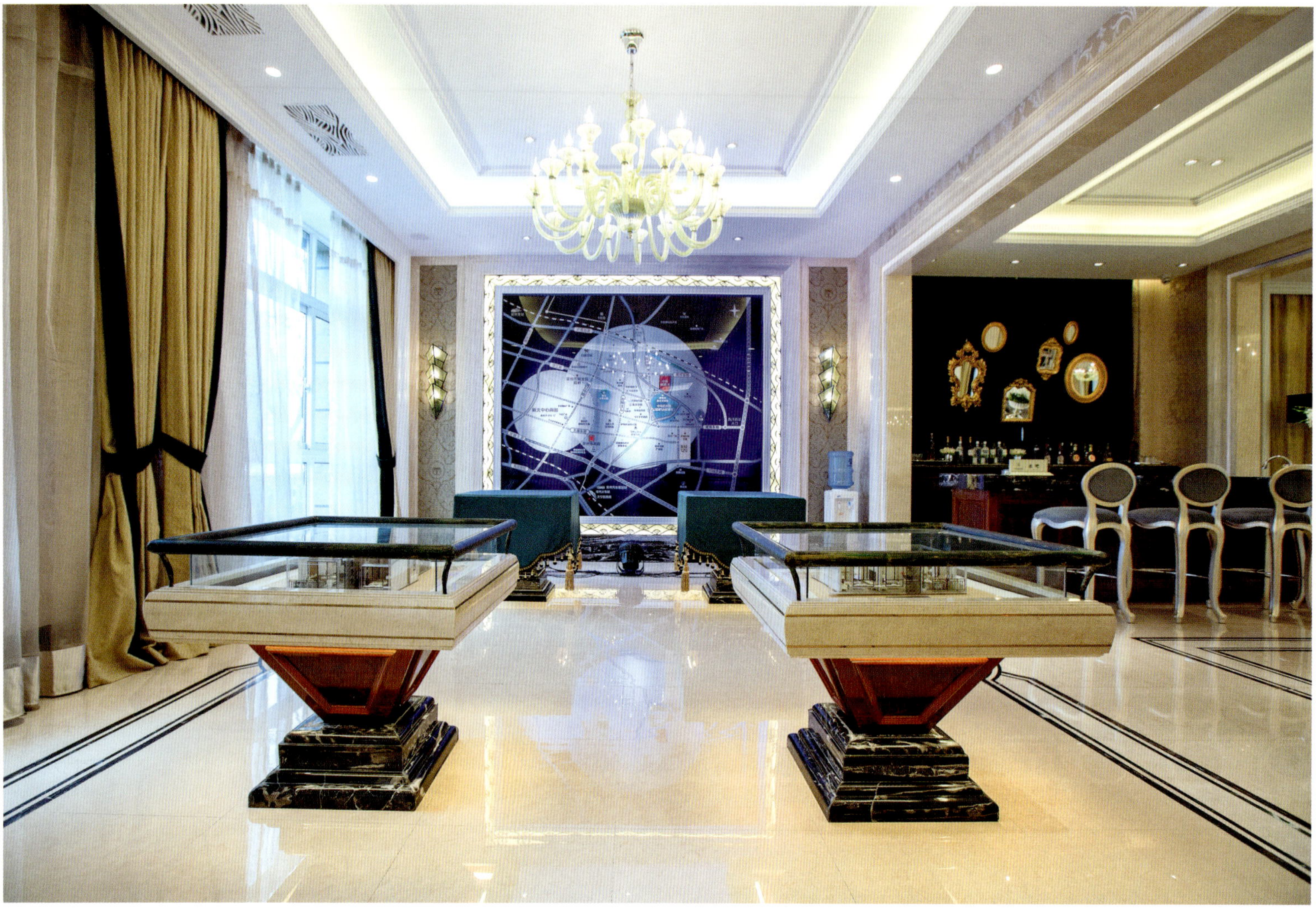

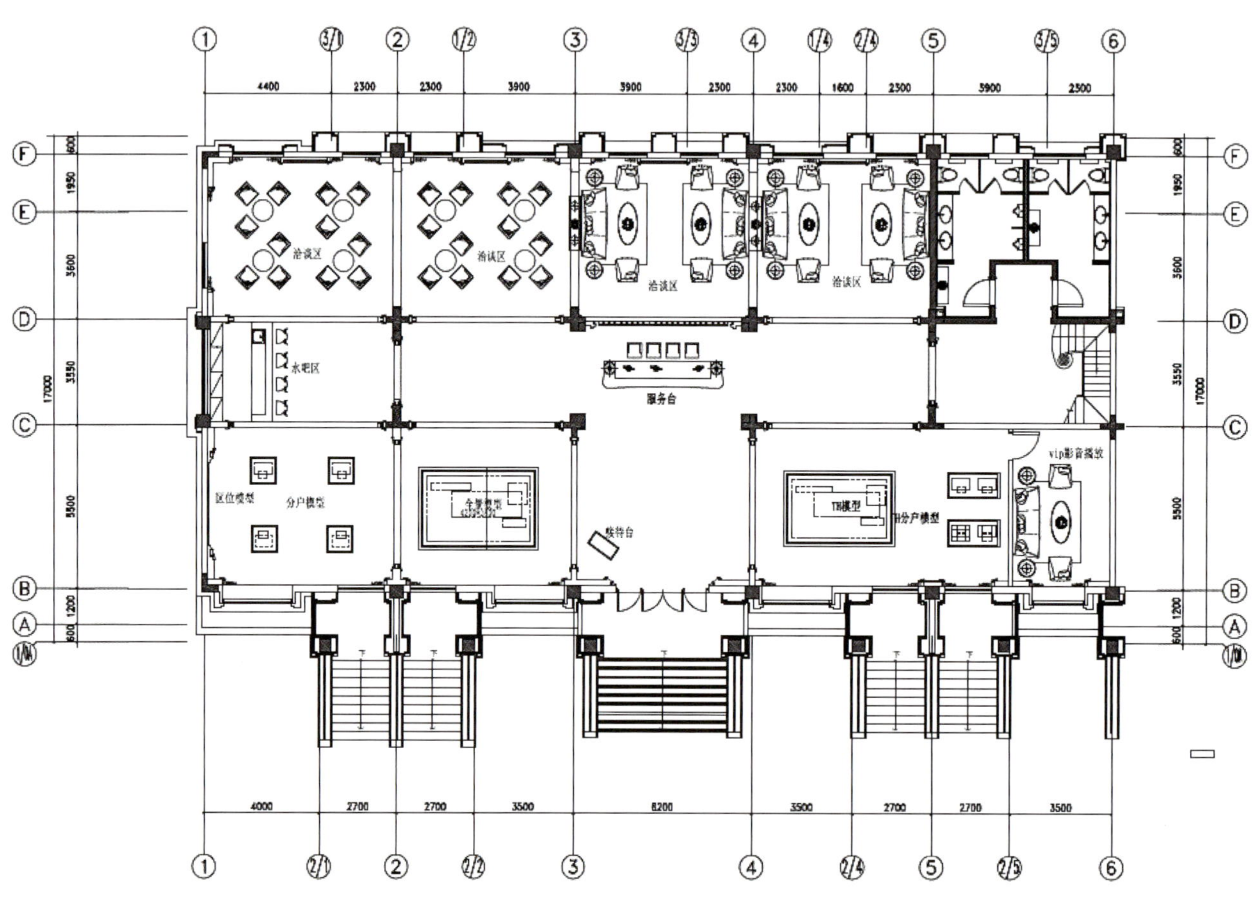

一层平面图

西情东韵

WUXI LAKE VILLA SHOW ROOM

项目名称 _ 西情东韵 / **主案设计** _ 杜柏均 / **参与设计** _ 王稚云 / **项目地点** _ 江苏省无锡市 / **项目面积** _600 平方米 / **投资金额** _540 万元 / **主要材料** _ 德国当代龙头加德尼亚磁砖

A 项目定位 Design Proposition

此项目位于无锡太湖边，紧邻湖畔能够直接在露台直接挑望太湖美景。

B 环境风格 Creativity & Aesthetics

此户型展现的是静、雅、秀、逸的和谐韵味，以白色及蓝色为基调，节制而内敛。艺术品的选择及文化哲学的高超运用皆体现了点、线、面严谨的对比呼应。欧洲家具的布置，演绎了设计师对神秘而典雅东方风情执着的认知，以中西结合的设计理念成就了复古的整体风格和大气、兼容并蓄的表达，可谓是西情东韵，展现古风新律。

C 空间布局 Space Planning

此项目有一个再整栋别墅中心位置的天井，我们为此天井打造一个欧式廊道的概念，从地下一层能够直接采光挑望最顶部，整体空间环绕着天井，一楼的客厅，餐厅及起居室都能够开门走出天井，让整体空间具有多面采光，同时在二层的布局，让每个房间都带有独立卫生间，形成三大套房及一个读书起居室，三楼则全是主人的独立空间，具备更衣室，起居室，及独立戴维浴，地下室设有车库大堂，让整体空间形成双大堂的概念，让主人无论是从一层大厅入户，或是地下车库入户都倍受尊宠，地下室为娱乐空间，设有钢琴，棋牌室，影音室，酒吧，另外还有保母房，洗衣房的空间，主人及佣人的生活动更人性化，不互相干扰。

D 设计选材 Materials & Cost Effectiveness

此项目以青花的元素为主题，大面积的混水漆户墙板欧式线条，搭配体现青花元素的马赛克及墙纸，及素雅的石材拼花，展现中西合并搭配。

E 使用效果 Fidelity to Client

此项目在整体楼盘还没开盘就已卖出，此设计手法及搭配广受大众喜爱及接受。

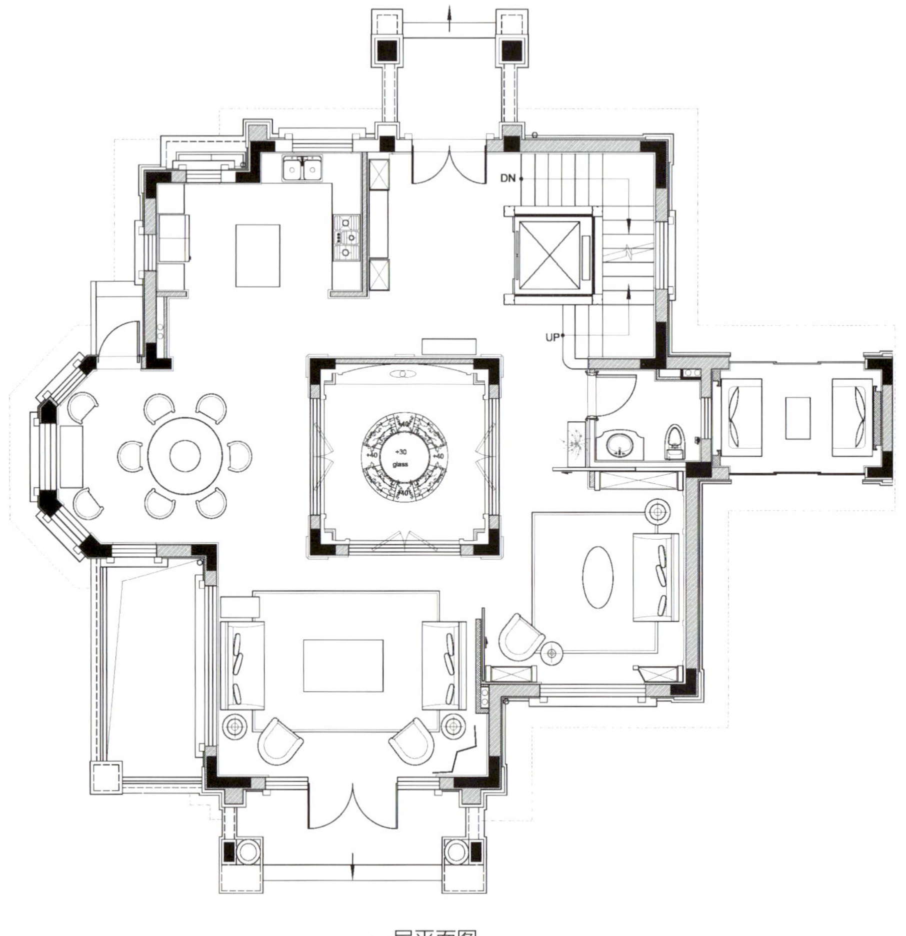

一层平面图

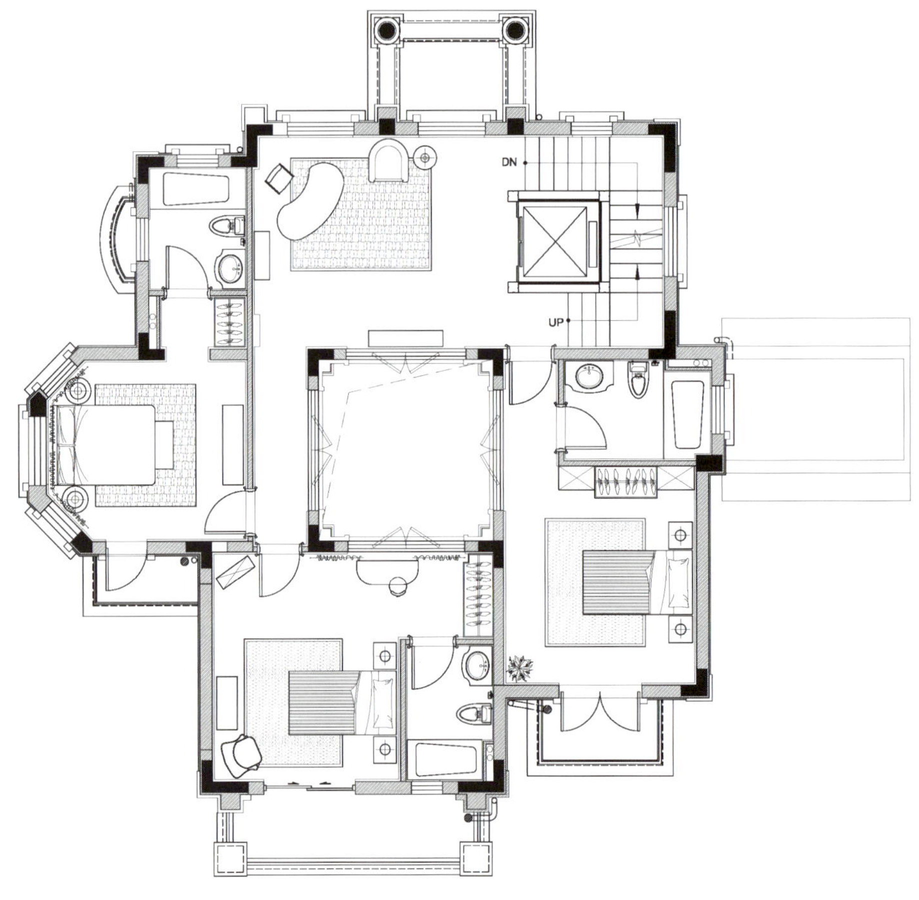

二层平面图

济南建邦原香溪谷二期 C12
JINAN JIANBANG YUANXIANGXIGU

项目名称_济南建邦原香溪谷二期C12号楼上跃户型样板间 / **主案设计**_岳蒙 / **参与设计**_霍远征、于颖、王迎、何景 / **项目地点**_山东省济南市 / **项目面积**_230平方米 / **投资金额**_130万元 / **主要材料**_科勒卫浴、木地板

A 项目定位 Design Proposition
根据此户型及面积，定位于低调但富有品质感。以有特点的软装装饰取胜。

B 环境风格 Creativity & Aesthetics
此物业所在地远离城市喧嚣，色彩上采用啡色与白色相结合，使得空间通透灵动又不失稳重。软装装饰与室外环境相互呼应，和谐统一。

C 空间布局 Space Planning
玄关处的“四个胖子”装饰画活泼有趣，打破空间的沉闷呆板。以钢化玻璃做楼梯扶手，增加空间通透感。上层卧室隔断采用斜度45°角的木质板材做隔断，使得从上向下可见，但从下向上不可见，保证了空间的通透性与卧室的私密性。

D 设计选材 Materials & Cost Effectiveness
入口处的装饰画风格跳脱，有冲击力。餐桌上的跳舞兰彰显主人活泼个性。咖啡色餐椅增添稳重感。楼梯的玻璃扶手显得空间灵动不沉闷。

E 使用效果 Fidelity to Client
极大的提高了房地产商的销售业绩，有效缓解销售压力。

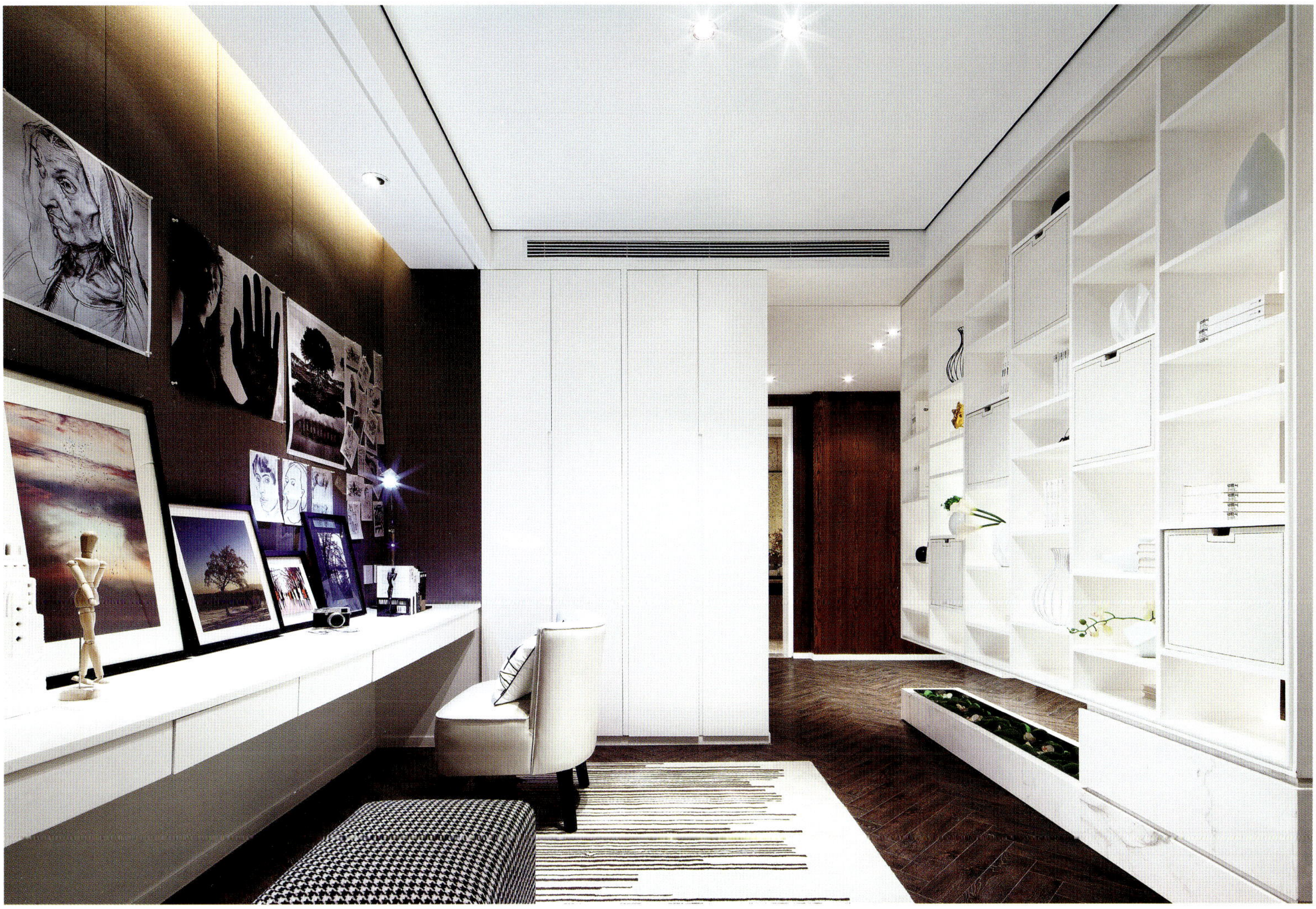

厨房
换鞋凳
餐厅
卫生间
坐浴凳
阳台
楼梯间
书房
书桌
装饰屏
沙发凳
客厅
茶几
圆几
上一步
生活阳台
储物柜

一层平面图

储物间
和室（客房）
衣柜
长辈房
1500X2000mm
坐浴凳
卫生间
楼梯间
上
下
男孩房
1500X2000mm
书桌
中空大厅
书柜
娱乐区
书架

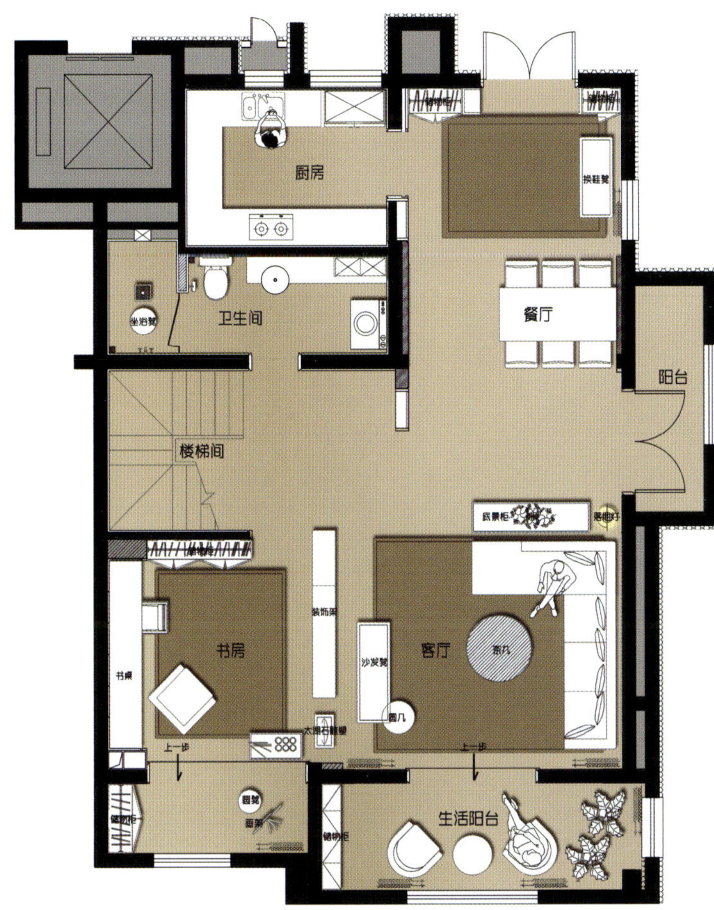

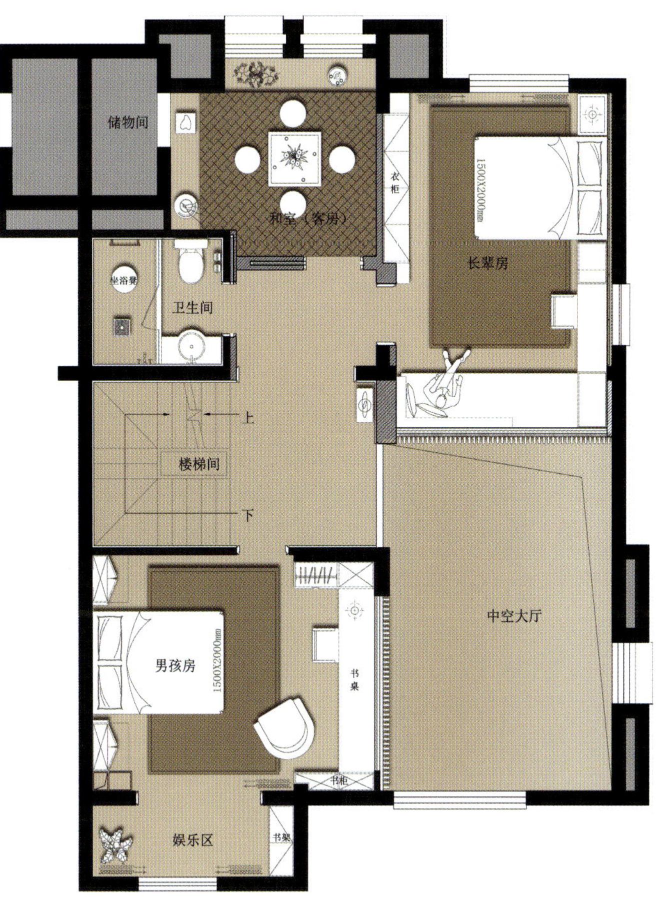

二层平面图

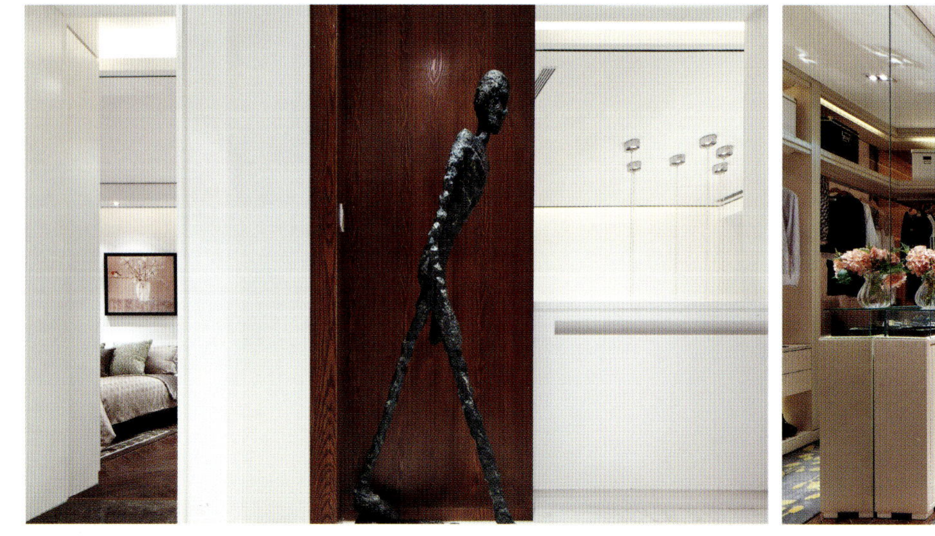

昆明中航云玺大宅·玺悦墅泰式户型

KUNMING CATIC YUN XI DA ZHAI, XI YUE SHU THAI APARTMENT LAYOUT

项目名称 _ 昆明中航云玺大宅·玺悦墅泰式户型 / **主案设计** _ 罗玉立 / **项目地点** _ 云南 昆明市 / **项目面积** _530 平方米 / **投资金额** _201 万元 / **主要材料** _ 水曲柳、榉木

A 项目定位 Design Proposition

亚热带的典雅泰式，它传统而自然，且结合了现代的奢华与舒适、绚烂与干练。整个风格里舒张中有含蓄，妩媚中有神秘，平和中有激情。在浓郁的自然泰式风情基础上，赋予它国际化，打破国界的界限。作品不是强调泰式风格，而是讲究自然、人、建筑之间的和谐舒适关系。

B 环境风格 Creativity & Aesthetics

作品致力打造感性的舒适带来的绝佳生活品质，在金碧辉煌的泰国民风浮雕，妩媚的纱幔，清凉的沙滩色藤椅，旁边配上一株绿色的椰树，仿佛身临海边，在婆娑的椰子树影下，静静地躺在沙滩上晒太阳，让我们准确无误地感受到那种东南亚的清雅、休闲的气氛。在色调上，生动还原了“风暖莺啼，花影重重”的春日美景，以黄、蓝、红、绿、褐五彩色调将自然天性和艺术气场完美的融合，加于简约流畅的线条，体现出主人对生活的强烈追求与热爱以及饱满的精神追求。

C 空间布局 Space Planning

浓郁的异国风情，在光影琉璃的反射下变得更加的动人，整个空间被色彩笼罩下鲜活起来。空间里弥漫着一股气息，无论窗户、壁纸、地毯还是小到一个花瓶，它们都有着自己的图腾和纹理。顶部的天窗与大自然结合，光线依照自然的时间流动着，和房子里的空间相得益彰。时间和空间的交错，让你更亲近自然，体验不一样的风情。你会被造物者所感动，感动带来的居住体验，得到了一份自由和舒适。

D 设计选材 Materials & Cost Effectiveness

流光溢彩、细腻柔滑的泰丝沙曼，搭配朴素清凉的藤器家具，艳丽轻柔的抱枕、精致的木雕，绚丽多姿的贝壳，渲染出内敛光彩及生机勃勃的大自然的气息。泰式三角靠垫，放置在低矮的藤椅中，不经意地让人放下身段，随性坐卧，而灯饰、蜡烛还是香座、香薰、饰盒等均伴随着平和与纯净。体现主人对生活的热爱和高品质的生活追求。

E 使用效果 Fidelity to Client

该泰式风格项目的展示，极好地诠释了“国际化的泰式风格”，给样板房参观者带来眼前一亮的惊喜，该项目在设计界和地产市场上叫好又叫座。

庭院
COURTYARD
客厅
LIVING ROOM
104
餐厅
DINING
103
厨房
KITCHEN
101
主入口
ENTRANCEV
100
卫生间
RESTROOM
102
上空
庭院
COURTYARD

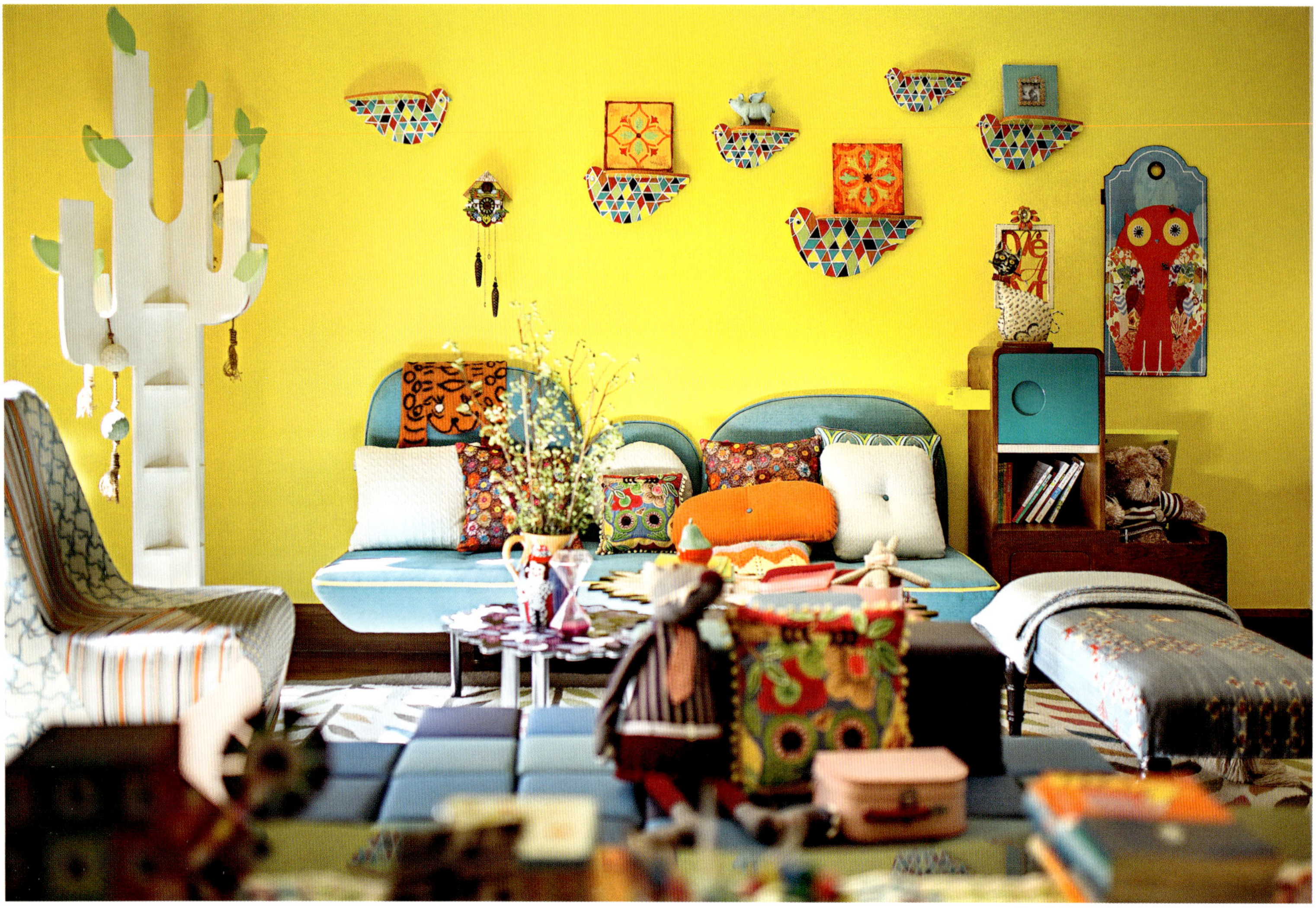

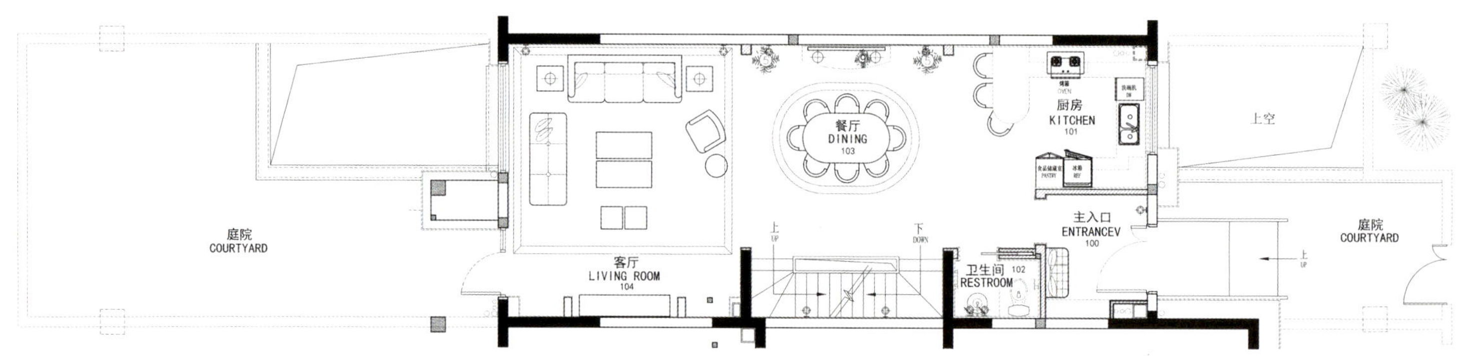

一层平面图

万科壹海城

VANKE ONE CITY

项目名称 _ 万科壹海城 / **主案设计** _ 葛亚曦 / **参与设计** _ 周薇 / **项目地点** _ 广东省深圳市 / **项目面积** _150 平方米 / **投资金额** _65 万元

A 项目定位 Design Proposition

此案以低调奢华的现化设计风格，在一个前卫、现代、蕴藏生活智慧的建筑空间里，回归自然、环保的本性。男女主人对时尚敏感、洞悉潮流，对于生活有着与众不同的精神诉求。所以，时尚摩登、现代简约又不乏艺术人文理所当然成了他们对于家的审美要求。

B 环境风格 Creativity & Aesthetics

进入这套 150 平方米的住宅，窗外就是美丽的海景。简洁而明净的开放式客厅、餐厅，墙体是时尚的浅灰色调。阳光从一侧的落地窗照入，使得室内白色的天花及原木的地板愈发显得素净和谐，深咖色的窗帘则渲染出稳重、大气的氛围。整个空间时不时会有灰蓝、孔雀蓝等不同程度的蓝和姜黄色跳入视线，极具时尚魅力的波普元素也被运用于其中，此外，你会发现连灯具的姿态都显得与众不同。色彩的对比和元素搭配让空间变得前卫而独特，拥有着不同寻常的魅力。

C 空间布局 Space Planning

女主人的工作室，墙体延续了客厅灰蓝与姜黄的色彩组合。黑色的整面矮架上摆满了主人的原创设计作品和各种收藏品，粗犷的原木桌面搭配钢结构的桌腿，简练的设计语言中体现了艺术的品位，飘窗上倚靠着一个圆木桩，让这个角落倍感温馨和有趣。整个空间，艺术与自然的融合，如此地美妙和细腻。在主卧中，设计师选择以纯粹的蓝色来呈现私密空间的舒适与内敛。三面墙体均以花朵状的壁纸铺陈，为避免繁琐，背景墙保留了和书房一致的灰蓝色。灰、白、蓝的色彩在床品、地毯、窗帘、挂画上形成了近乎完美的搭配。另一侧的客房，以浅灰和咖啡色系为主基调，绒面的铆钉衣柜高贵而雅致，简洁而富有层次感的床品，暖色调的运用可以让客人感受宾至如归的舒适。

D 设计选材 Materials & Cost Effectiveness

在装饰品上，大多也选用的取材自然的物品，原木、泥土、陶瓷、石头、等等。而在空间的质感上，我们同样追求更加质朴无华的感受。所以，棉麻织物和低反光材料被大量的使用。

E 使用效果 Fidelity to Client

空间中的一切都是令人难忘的，每一处细节的考究都将都市菁英特有的国际化生活方式融入其中，既摩登又包容，既有个性又不乏深度。

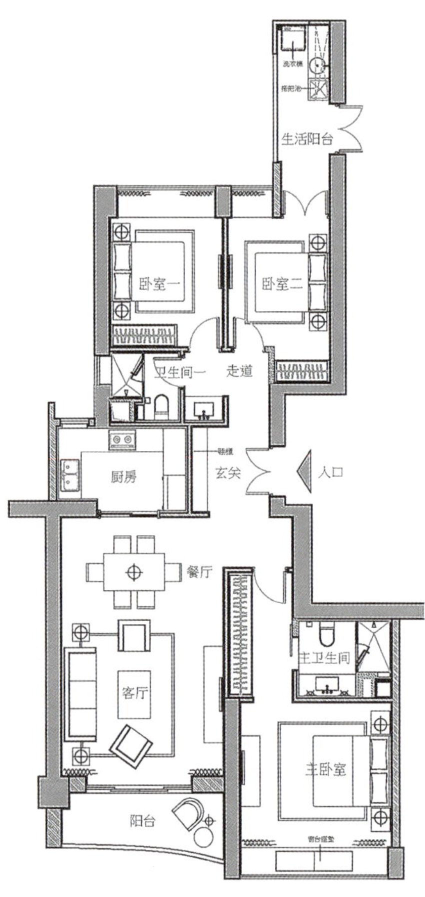

一层平面图

绍兴金地兰悦销售展示中心

SHAOXING JINDI LANYUE SALES CENTER

项目名称 _ *绍兴金地兰悦销售展示中心* / **主案设计** _ *李扬* / **项目地点** _ *浙江 绍兴市* / **项目面积** _ *510 平方米* / **投资金额** _ *260 万元*

A 项目定位 Design Proposition

绍兴自古以来就是文化名城，文人辈出！本案地处绍兴腹地，世界文化遗产运河边，核心的人文板块。楼盘取名兰悦，设计师故以兰为主题，展开本次方案的设计制作。

B 环境风格 Creativity & Aesthetics

无论是沙盘区、洽谈区，还是入口接待区等都紧扣“兰悦”主题，营造出高贵、优雅的空间氛围。

C 空间布局 Space Planning

入口接待区巨幅抽象油画和巨型装置艺术品的垂吊，均取灵感于当代艺术作品，设计师希望通过抽象油画，装置的引入增加空间的时代感和趣味性。

D 设计选材 Materials & Cost Effectiveness

沙盘区中空位置运用传统国画兰花为题材，通过现代的工艺将画的题材晕染在绢丝上拼贴于凹凸造型墙面，配合古铜、夹绢玻璃、米灰色大理石等材质和灯光的烘托，力求表现出灵动雅致，又震撼的销售空间主体。给客户全新的购房体验。洽谈区，VIP 室从地毯的内容到墙面的配饰，墙纸的选择。都围绕兰而展开，紧扣主题。

E 使用效果 Fidelity to Client

售楼处投放使用后，引发当地的强烈反响，成为了销售的优质道具。很多客户果断下单的同时，很多业内人士，设计师也前去参观。

办公家具成品选购
装饰案几软装采购
沙发组合由软装设计选样
接待台现场制做
沙盘成品定制
装饰案几由软装设计选样
台盆成品选型
小便斗成品选型
坐便器成品选型
装饰案几由软装设计选样
代理公司办公室
仓库
员工通道
办公室
代理公司办公室
签约VIP
储藏室
迎宾厅
沙盘区
服务控制台
强弱电机组间
茶水制作间
清洁间
卫生间过道
财务收款
洽谈区
销控室
看房通道
女卫
男卫
北
办公家具成品选购
由软装设计选样
储藏柜成品选购
服务台现场制做
台盆成品选型
由软装设计选样
储藏柜成品选购
浅淡座椅由软装设计选样
办公家具成品选购
沙发组合由软装设计选样
由软装设计选样

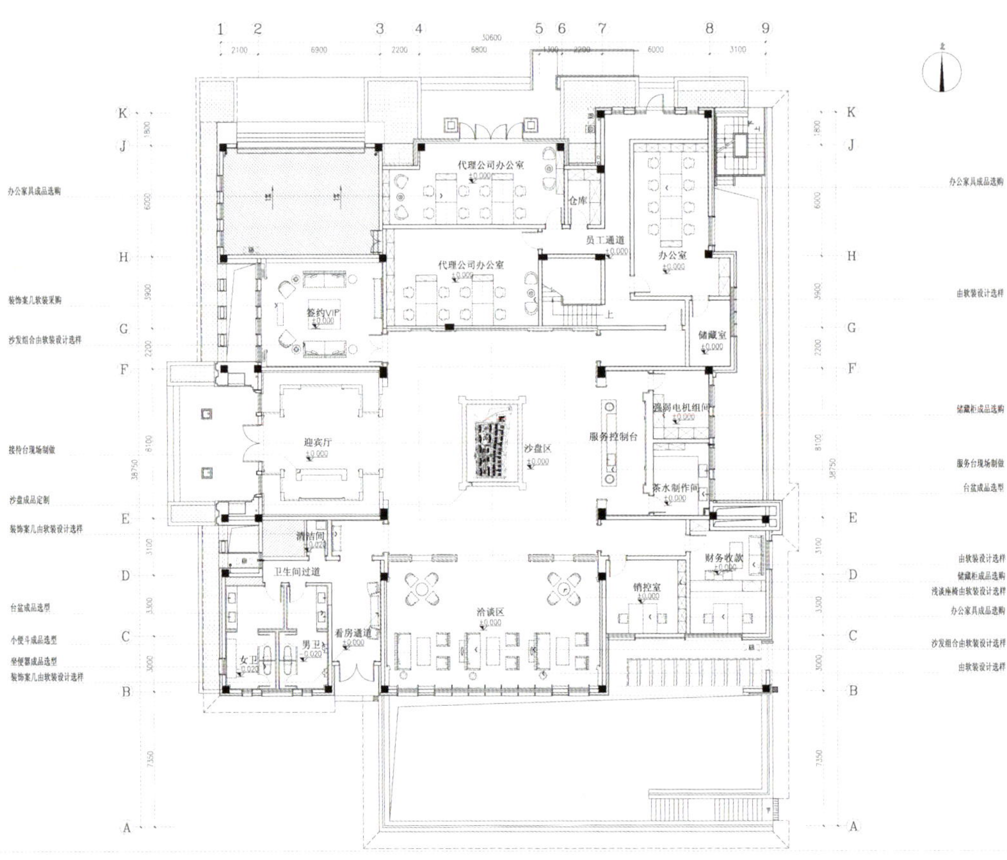

一层平面图

莱蒙水榭湾销售中心

LAIMENG SHUIXIEWAN SALES GALLERY

项目名称 _ 莱蒙水榭湾销售中心 / **主案设计** _ 刘红蕾 / **项目地点** _ 广东省惠州市 / **项目面积** _2000 平方米 / **投资金额** _1230 万元 /
主要材料 _ 华枫木业、达丰石材、雅伦格石材、星胜石材、尼罗格兰瓷砖、TOTO 洁具、品上灯具

A 项目定位 Design Proposition

项目是现代感的山海城市休闲度假风格建筑。设计运用现代装饰风格表达创新理念，不同空间场景从不同角度诠释南法气质。

B 环境风格 Creativity & Aesthetics

设计形塑了一个大隐于市之空间场域。应用现代简洁的设计语汇，营造急剧张力的空间感受，用强感召力引领宾客步入室内。波浪起伏的木铝板天花造型，水波纹的大理石地面铺装，极具地域特色白色拱形门，自然形态的叶子玻璃天窗造型，与天窗下洒落的漫天气泡灯构成室内空间与建筑结构的微妙结合，并化作建筑景观的延伸。设计不仅考虑到严密的空间组织、丰富的空间材质控制与色彩应用效果，更在 FFE 饰品设计中选取自然材质，融入海的元素和法国南部极具代表性的文化艺术特征进行意趣天然的创作。

C 空间布局 Space Planning

以自然元素为主进行创新重组：造型如海风过处时掀起波浪的天花是木纹的自然质感，侧面是白色亚克力材料，形成自然柔和的间接光源，促成整个空间的亮点与视觉的引爆点。而在平面图中，天花又是与建筑天窗玻璃浑然一体的舒展枝叶；在地面铺装上引用“水滴”概念，大理石中间向四周由浅至深变化，如同水滴撒在地面又缓缓四散；玻璃天窗下错落有致地悬挂多组大小不一的气泡灯，将地面与天花融为一幅自然界的悦然场景，犹如海面上升起的袅袅水雾。

D 设计选材 Materials & Cost Effectiveness

善用原本的旧有素材再配以新的空间思维，“新与旧”调和出一个充满想象空间的场域。

E 使用效果 Fidelity to Client

不仅极大提升了作为销售中心的展售作用，也成为该区域一处新风景，引人入胜。

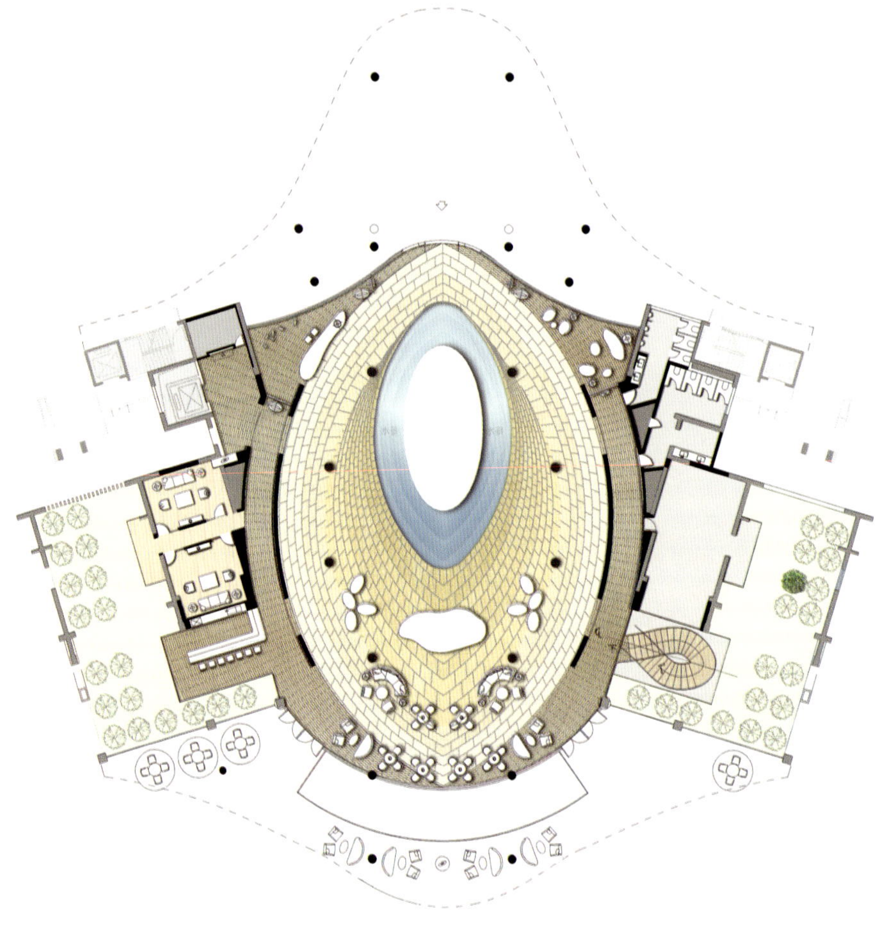

一层平面图

宜宾永竞售楼部

YIBIN YONG JING SALES

项目名称 _ *宜宾永竞售楼部* / **主案设计** _ *张晓莹* / **参与设计** _ *范斌、张鹏* / **项目地点** _ *四川省宜宾市* / **项目面积** _ *1000 平方米* / **投资金额** _ *约 511 万元* / **主要材料** _ *黛诺伊墙纸等*

A 项目定位 Design Proposition

这个项目是当地最高档的楼盘，主要吸引的目标人群为高端人士。楼盘定位是具有设计语言的东方调性，且这种调性能迎合市场需求。

B 环境风格 Creativity & Aesthetics

对设计控制非常严格，设计源于当地盛产的竹的形式。

C 空间布局 Space Planning

整个空间布局内敛，以楼盘为中心发散对称，中心有多个点位，并引入了新颖高科技虚拟 3D 楼盘。

D 设计选材 Materials & Cost Effectiveness

室内设计材料拼法和接缝都采用当地生产的竹节结构完成。采用同一色系的不同材质的石、木、金属等。

E 使用效果 Fidelity to Client

设计与楼盘本身的品质相符，有效地吸引到中高端目标人群，能够适应市场需求。

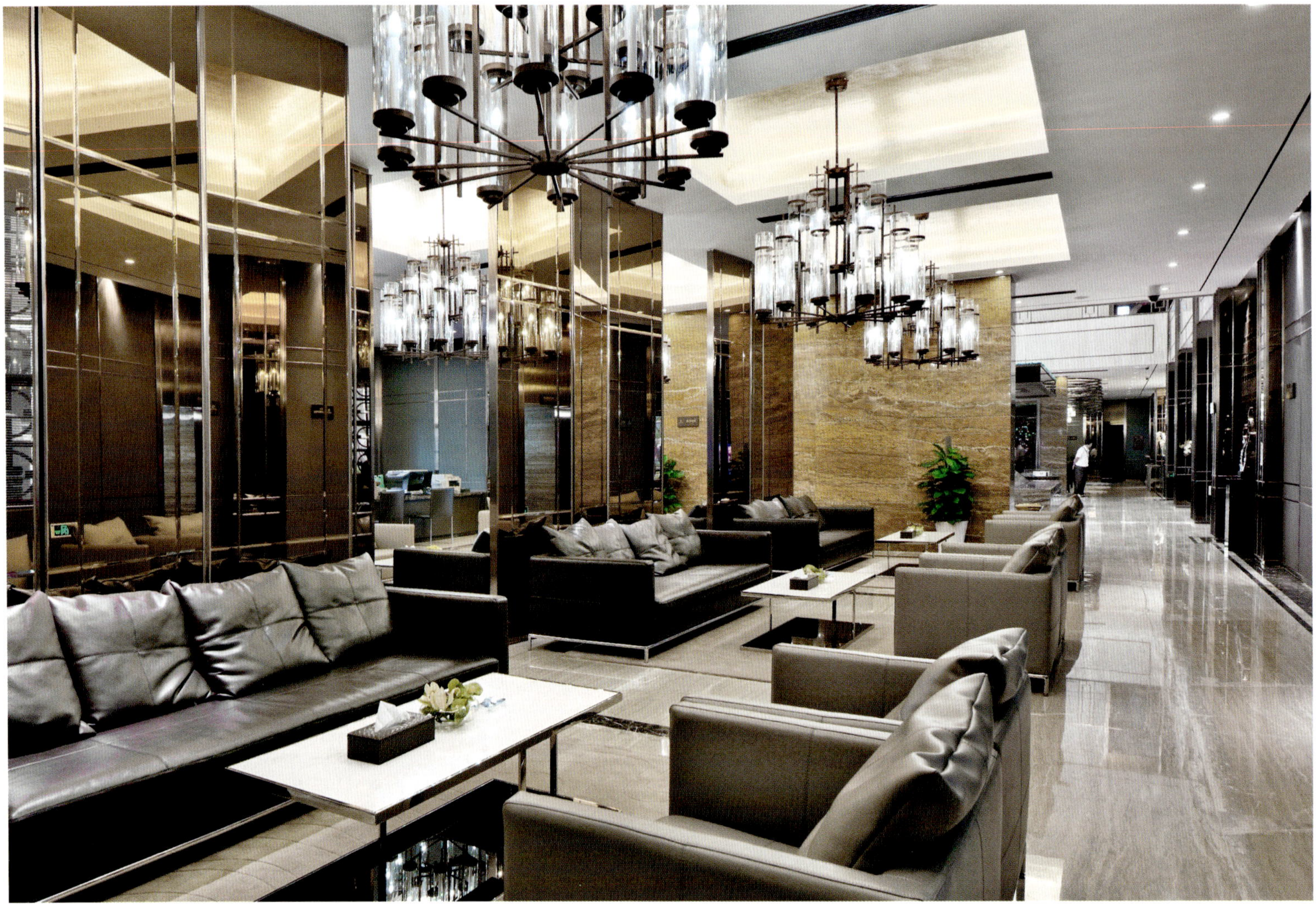

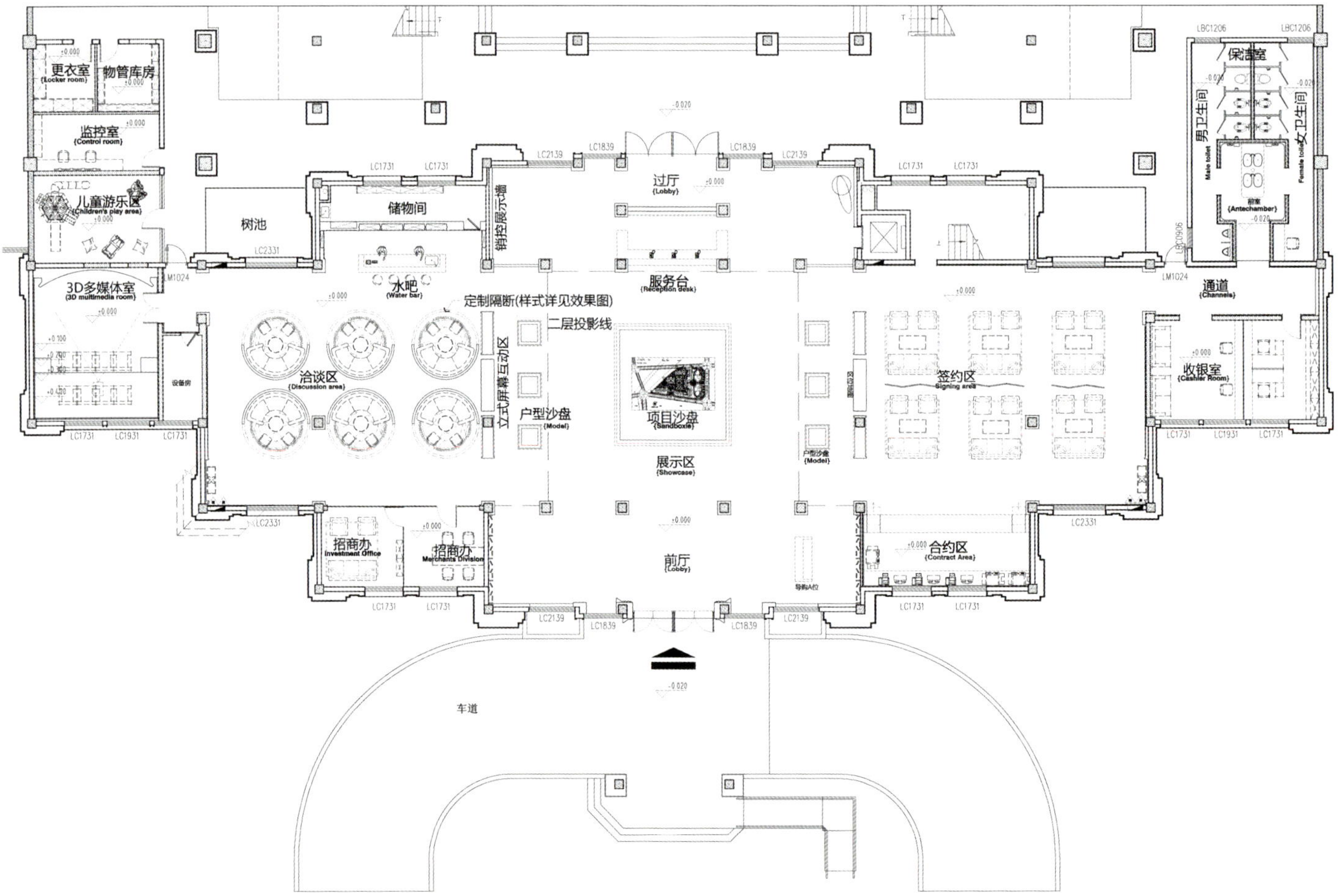
更衣室
(Locker room)
物管库房
监控室
(Control room)
儿童游乐区
(Children's play area)
3D多媒体室
(3D multimedia room)
树池
储物间
销控展示墙
水吧
(Water bar)
定制隔断(样式详见效果图)
二层投影线
洽谈区
(Discussion area)
立式屏幕互动区
户型沙盘
(Model)
过厅
(Lobby)
服务台
(Reception desk)
项目沙盘
(Sandboxie)
展示区
(Showcase)
前厅
(Lobby)
招商办
(Investment Office)
招商办
(Merchants Division)
签约区
(Signing area)
合约区
(Contract Area)
保洁室
男卫生间
(Male toilet)
女卫生间
(Female toilet)
前室
(Antechamber)
通道
(Channels)
收银室
(Cashier Room)
车道

一层平面图

武汉光谷“芯中心”独栋办公样板

WUHAN OPTICAL VALLEY "CORE CENTER" SINGLE-FAMILY OFFICE MODEL

项目名称 _ 武汉光谷“芯中心”独栋办公样板 / **主案设计** _ 王治 / **参与设计** _ 何璇、陈戈利 / **项目地点** _ 湖北省武汉市 / **项目面积** _2000 平方米 / **投资金额** _380 万元

A 项目定位 Design Proposition

“芯中心”位于中国光谷——武汉东湖高新技术开发区内，紧邻凤凰山高架桥，项目周边具有丰富的光电子信息产业集群，是国家级重点开发区，也是未来武汉科技新城的核心所在。本案立足与处于创业成长阶段的高新科技型企业，倡导新型办公模式，为成长中的企业打造个性独特的全新商务平台，兼具日常办公、商务接待及小型聚会等功能，与传统写字楼的紧张工作节奏拉开差异，让高速发展的商业精英有一片属于自己的天地。

B 环境风格 Creativity & Aesthetics

中国元素的现代演绎，项目整体客户群体属于知识结构高、眼界开阔的新时代创业精英，加之高科技光电子及 IT 行业划分，所以本案在整体设计手法上采用现代简约风格为主基调，体现干练、高效的行业特点；同时提炼传统中式元素进行点缀，让空间蕴含亲切的文化气息，增强认同感和归属感。

C 空间布局 Space Planning

将原建筑结构中的中庭打造成整个项目的视觉中心，中式天井，配以空中天桥，为整个建筑增添了丰富的动线环境和沟通趣味，辅以竹、卵石，让人的身心得到休憩。

D 设计选材 Materials & Cost Effectiveness

倡导低碳、环保理念，采用无缝软木地板，软木饰面板等材料，在回归质朴的同时增加了几分亮色，使人倍感温暖与舒适。

E 使用效果 Fidelity to Client

该案作为整个项目的样板楼，竣工验收之后就得到了甲方的高度认可及购房客户的好评，开放不到两个月，就被业主直接整体购买。

Arletta
CITY
The Hotel Book
CENTURY

21000
6600
6600
7800
入口
会议前厅
大堂
休息区
会议室
庭院
电梯间
电表间
卫生间
茶水间
停车位
停车位

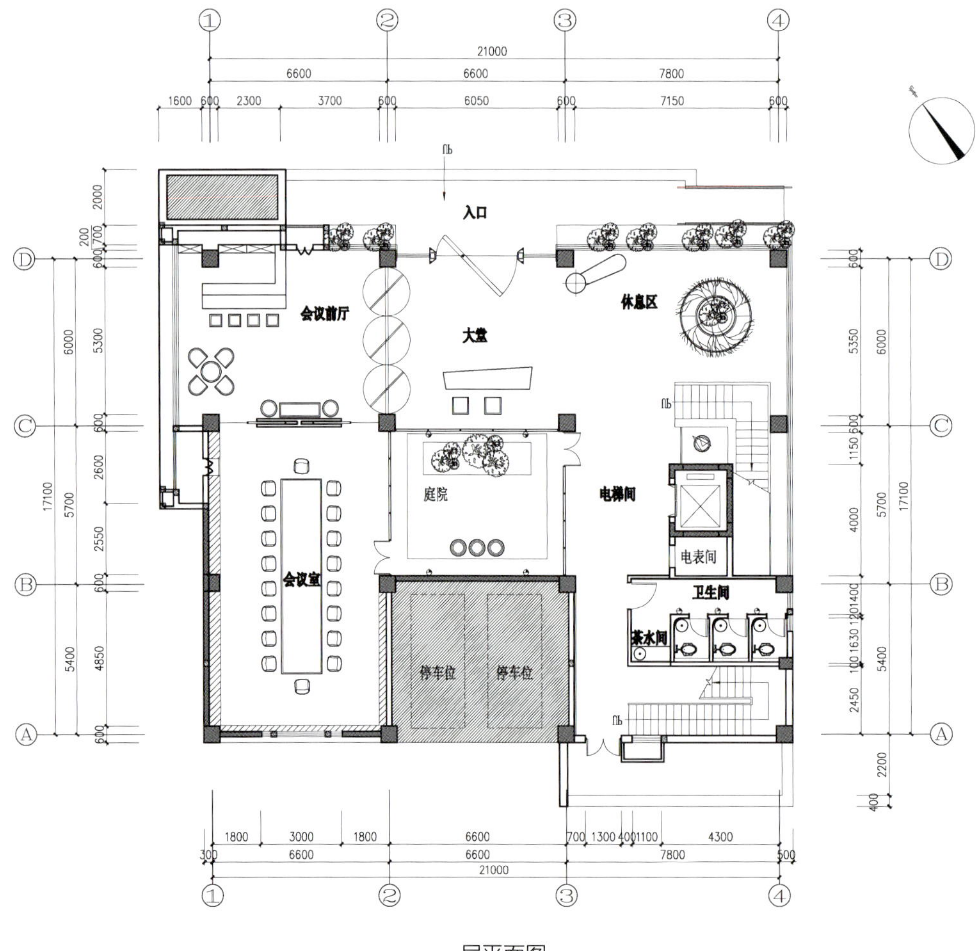

一层平面图

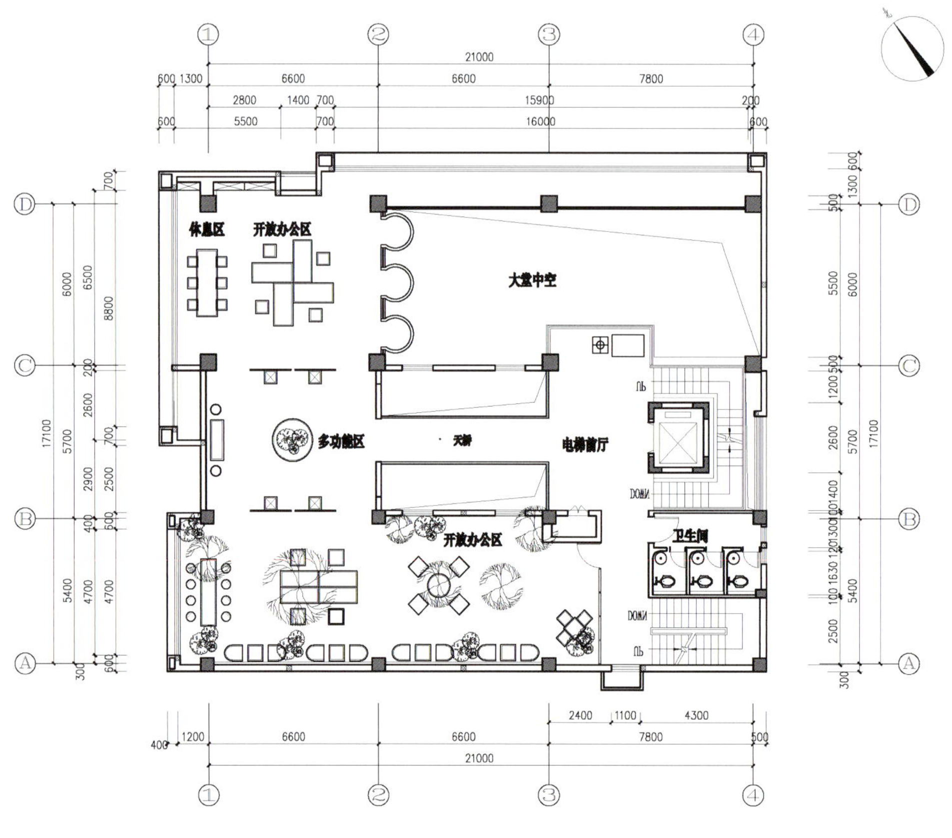

二层平面图

办公室二
开放办公区二
咖啡厅
咖啡厅中空
洽谈区
庭院中空
前台接待
电梯前厅
UP
DOWN
卫生间
开放办公区一
办公室一
21000

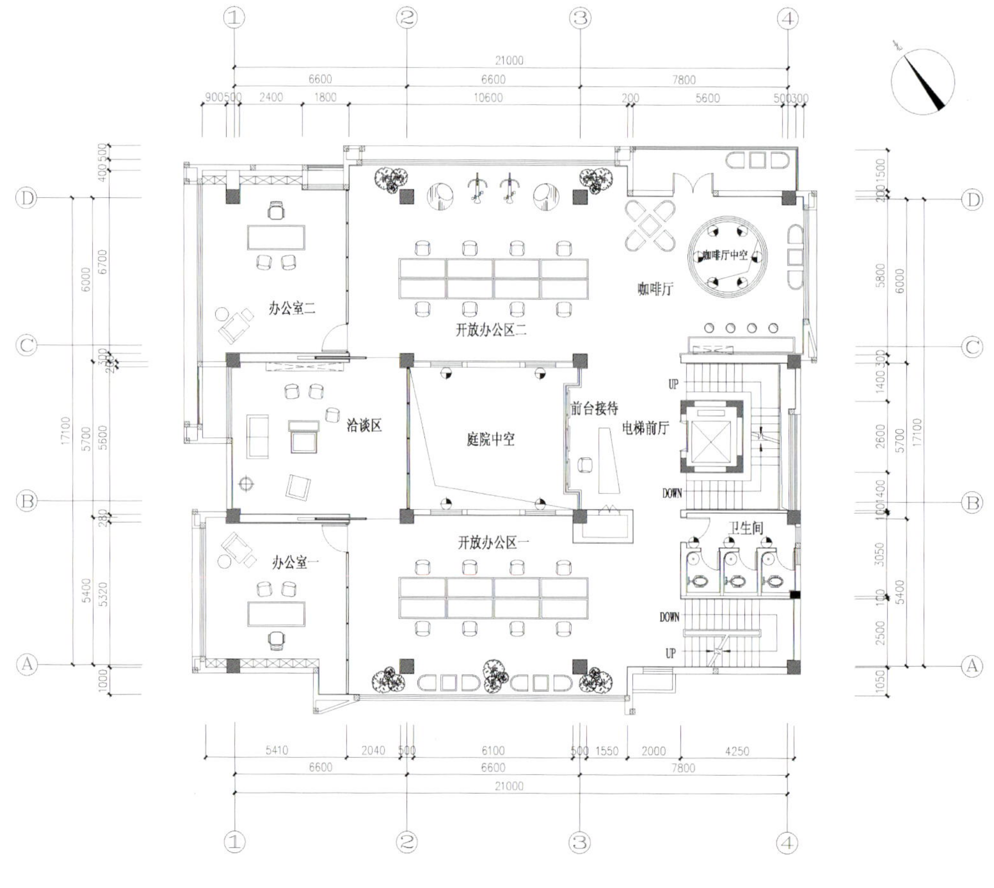

三层平面图

Arletta

深圳花样年幸福万象售楼处

SHENZHEN FANTASIA HAPPINESS VIENTIANE SALES OFFICES

项目名称 _ *深圳花样年幸福万象售楼处* / **主案设计** _ *韩松* / **项目地点** _ *深圳市罗湖区* / **项目面积** _ *350 平方米* / **主要材料** _ *铂金米黄、木饰面、黑镜、不锈钢*

A 项目定位 Design Proposition

深圳的生活，
有太多的现实，
有太多的残酷，
有太多无休止的奔跑，追逐，
有太多的欲望魔鬼……

B 环境风格 Creativity & Aesthetics

我们也许，
无法选择财富，
无法选择成功，
也许无法选择喧嚣与否……
但是，
我们可以选择自由，
选择随心而动的生活……

C 空间布局 Space Planning

在建筑空间的设计上，城市组通过科学的手段实现一个人与人、人与建筑互动的空间媒介。

D 设计选材 Materials & Cost Effectiveness

新颖。

E 使用效果 Fidelity to Client

很好。

储藏间
户型模型
沙盘
销控台
洽谈区
户外休闲区
储藏间
上
19800
3800
7900
8100
3780
7900
8100
1400
19780

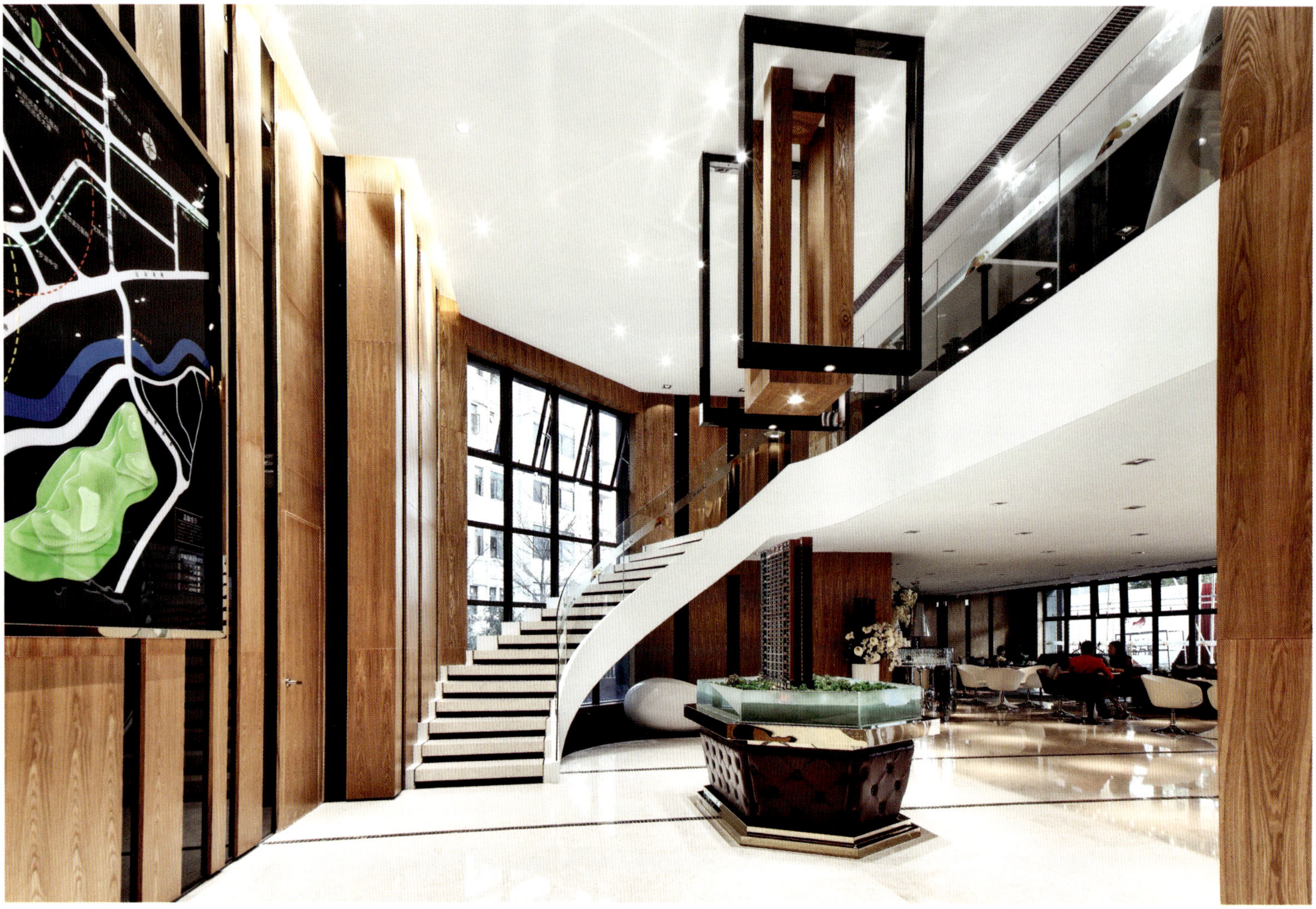

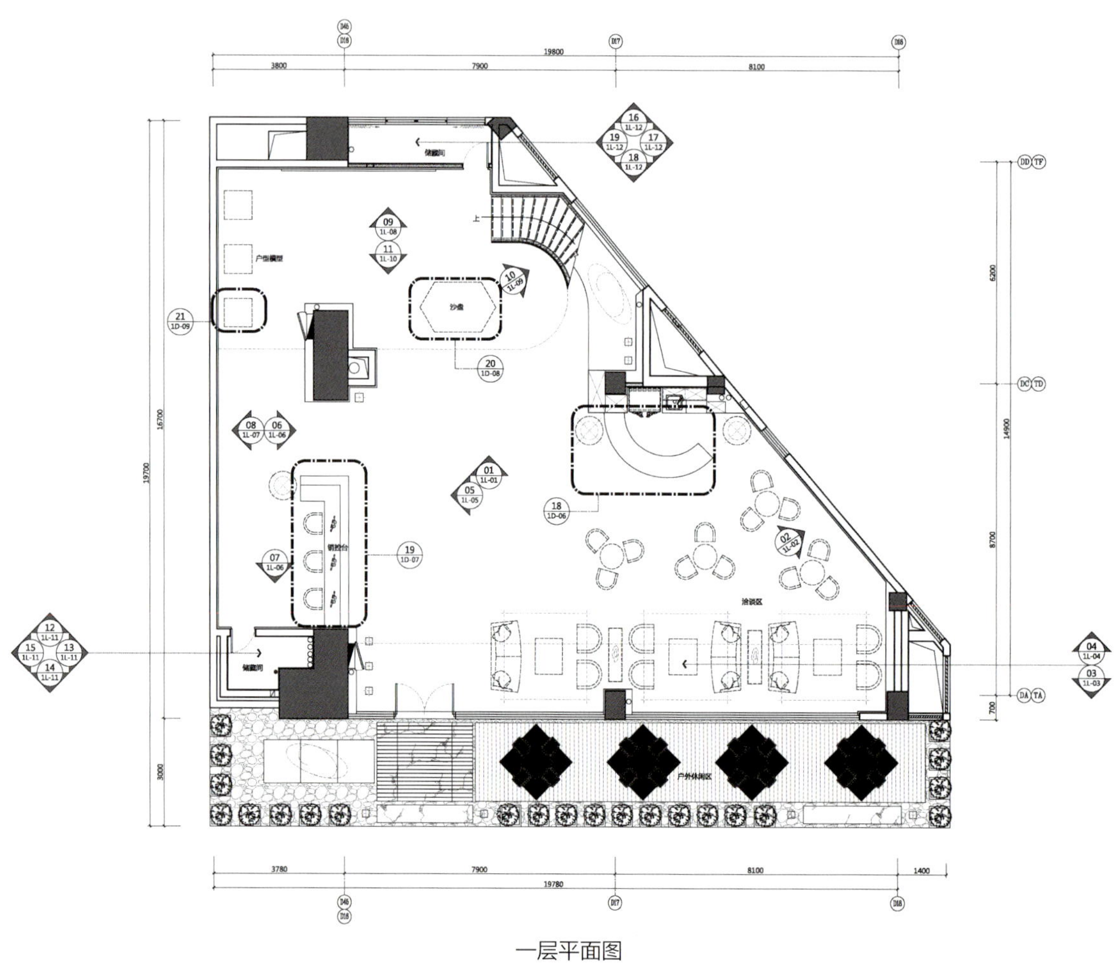

一层平面图

19819
3799
7900
8119
户型模型
沙盘
经理办公室2
财务室
经理办公室1
打印区
卫生间
16600
6800
15500
8700
700
3800
7900
8119
19819

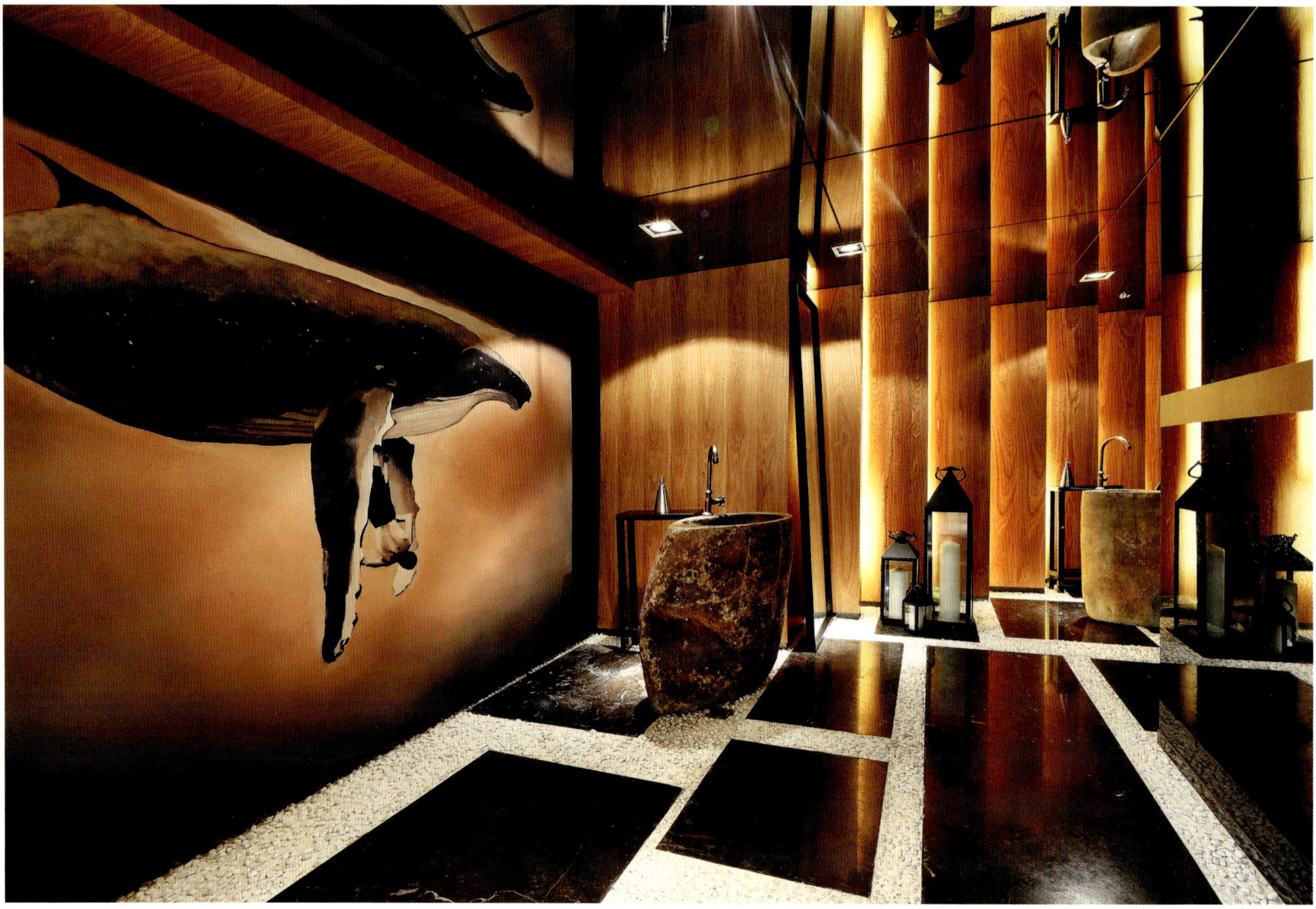

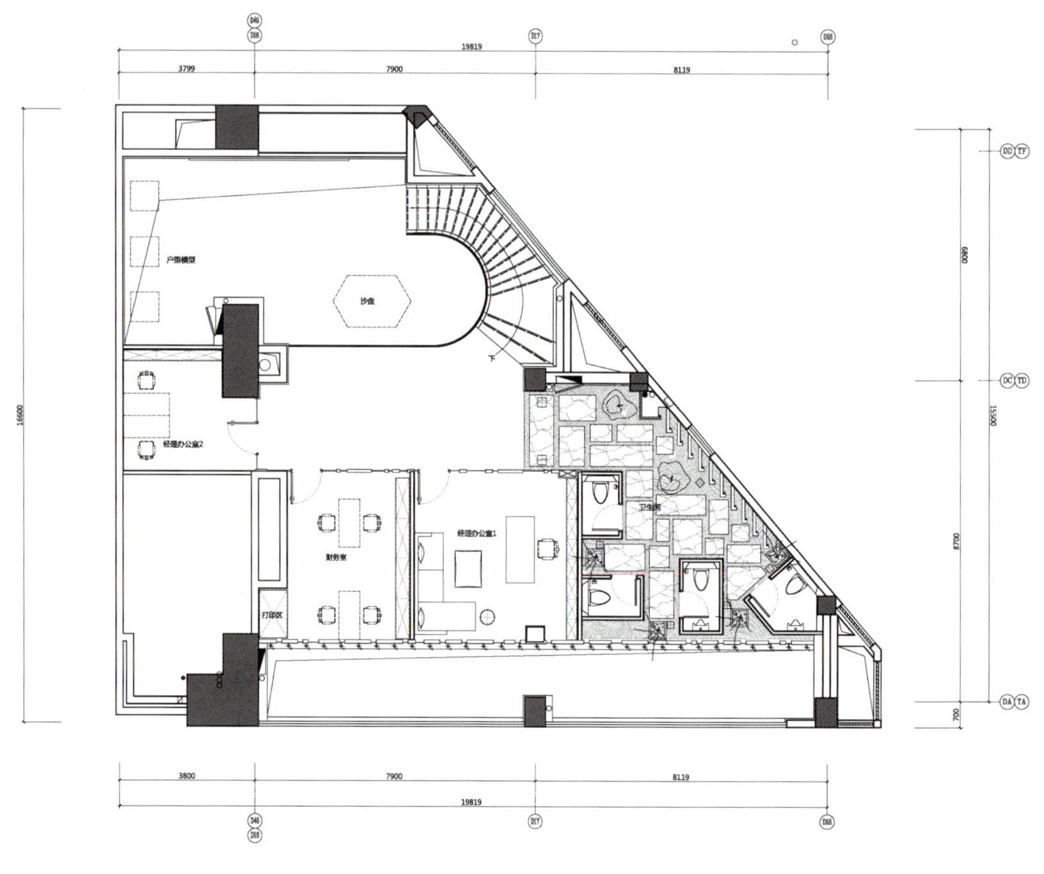

二层平面图

Leisure
休闲空间

北京银泰生命汇会所
Life Infinity

良适小饮
LIANGSHI DRINK

臻会所
Excellence club

大隐于市的四合院
Quadrangle Dwellings

美的君兰国际高尔夫俱乐部会所
Midea Junlan International Golf Club

济南蓝石溪地农园会所
Jinan Bluerock Creek Plantations Club

瑞丽高尔夫会所
Ruili Golf Club

惠州中信紫苑·汤泉茶馆会所
Huizhou Zi Yuan Tang Quan Tea Club

维多利亚高级美发会所
Vitoria Hair Salon

长沙橘洲度假村
Orange Island Resort Changsha

北京银泰生命汇会所

LIFE INFINITY

项目名称 _ 北京银泰生命汇会所 / **主案设计** _ 孟可欣 / **项目地点** _ 北京市 / **项目面积** _2 000 平方米 / **投资金额** _2000 万元 / **主要材料** _Toto

A 项目定位 Design Proposition

与同类竞争性物业相比，作品独有的设计策划、市场定位：本案位于北京 CBD 国贸商圈，银泰中心柏悦酒店 6 层。会所专项服务于高端人群的生命管理。对于风格把握，尽量低调内敛。手法运用东方禅意美学，含蓄、委婉而回旋。

B 环境风格 Creativity & Aesthetics

与同类竞争性物业相比，作品在环境风格上的设计创新点：在“减”中求变，删减不必要的枝节，直接揭示事物的本来面目。控制空间中的不必要元素，从而直指人心。

C 空间布局 Space Planning

与同类竞争性物业相比，作品在空间布局上的设计创新点：注意疏密的变化，路线上的曲径通幽，收放自如。

D 设计选材 Materials & Cost Effectiveness

与同类竞争性物业相比，作品在设计选材上的设计创新点：对于选材体现单纯与自然，材料选择主要运用花岗岩和柚木。花岗岩体现的单纯而更多体现柚木自然。

E 使用效果 Fidelity to Client

与同类竞争性物业相比，作品在投入运营后的出众经营效果：喜欢这种宁静和惬意。

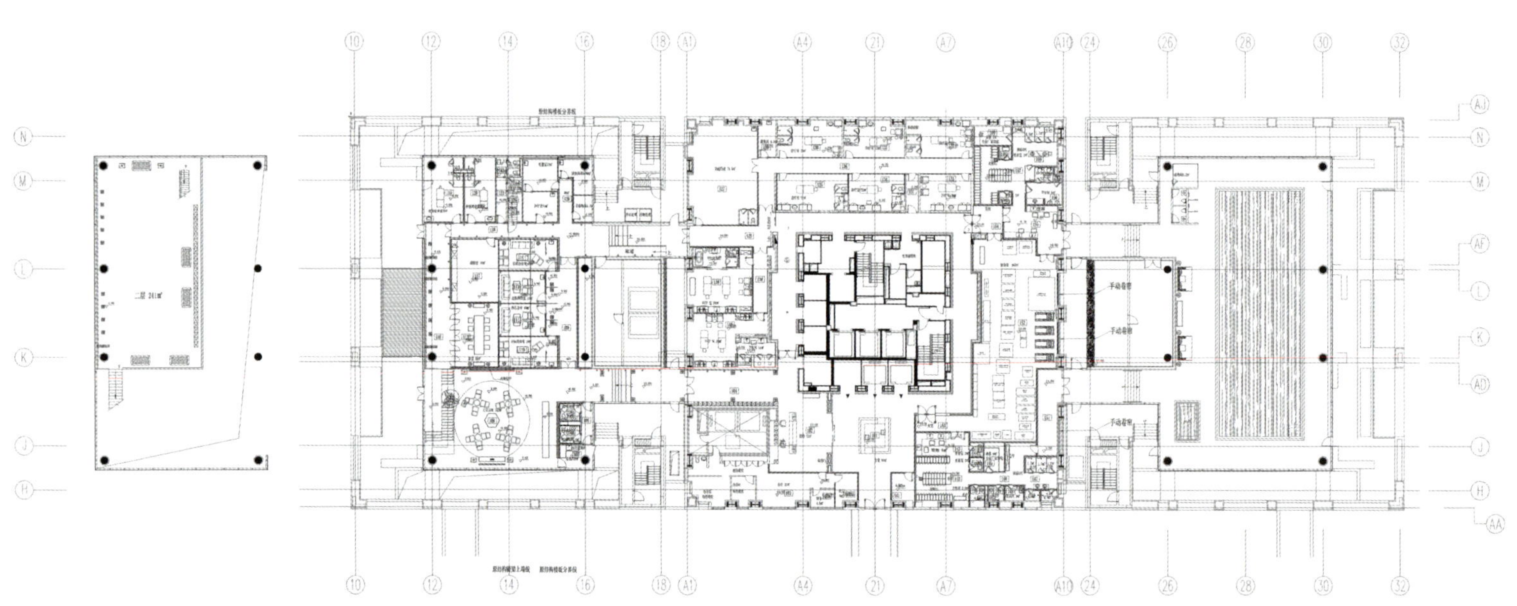

一层平面图

EXIT

良适小饮
LIANGSHI DRINK

项目名称 _ 良适小饮 / **主案设计** _ 刘峰 / **项目地点** _ 北京市 / **项目面积** _330 平方米 / **投资金额** _450 万元 / **主要材料** _ 大理石

A 项目定位 Design Proposition

“良适”之“小饮”，筑空间以养物，塑气场以修心，于现世中安然怀古。以“饮”为媒，研习器物、空间与人的微妙平衡，塑东方情怀之无形为有形。

B 环境风格 Creativity & Aesthetics

良适小饮在材料的选择上以“时间感”为脉，尽量选用越用越好看的实木、铜板，以便留下时间和使用者的“痕迹”和记忆。木质材料是此次空间设计的主要材料之一，因为比较符合良适的“温暖设计”的理念，厚重而具有亲和力。

“良适”以巧妙的空间营造理念，将来自亚洲的顶级设计用品聚于一堂。秉承“适度”哲学，我们深度携手春在、喜研、木美、哲品等原创生活品牌以及众多优秀中国创意人，合力把抽象的东方美学还原给真实的生活日用

C 空间布局 Space Planning

空间设计以“曲径”设计脉络，在设计中强化了空间的私密性和灵活组合性。针对两人、四人、六人乃至几十人艺术活动时的灵活布置，最有效的利用了空间。开幕以来，已经顺利举办设计展览、文人雅集等数次活动。

D 设计选材 Materials & Cost Effectiveness

秉承良适美学所主导的“和时间一起完成设计”的观念，使用翻新老地板、铁管等朴素材料，将几代人的记忆之美融入设计。材料注重“时间感”，例如餐厅的老墙壁，我们认为这是“情感化设计”的经典案例。材质尽量选用越用越好看的实木、铜板，以便留下时间和使用者的“痕迹”或是记忆。

E 使用效果 Fidelity to Client

开业半年以来迅速成为北京 751 设计园区的热点地标，亦是创意人和商业品牌的论坛、聚会甚至宴请的首选地。

Liángshī
Drink / Food / Rest /

臻会所
EXCELLENCE CLUB

项目名称 _ 臻会所 / 主案设计 _ 郑树芬 / 参与设计 _ 杜恒 / 项目地点 _ 深圳 / 项目面积 _1500 平方米 / 投资金额 _1000 万元 / 主要材料 _ 高比地砖、地毯、灯饰、屏风

A 项目定位 Design Proposition

臻会所是一家喜好艺术之人而设计的私人俱乐部及餐饮休闲处，由知名商业地产深国投置业在深圳中心区开发，由 SCD 郑树芬设计事务所团队设计打造而成。臻会所位于市区繁华路段嘉信茂购物中心内，紧邻山姆会员店交通便利，热闹非凡，设计师如何做到闹中取静，如何打开这扇记忆之门呈现他们的作品呢？

B 环境风格 Creativity & Aesthetics

设计师当初与甲方接触时，甲方给出的要求简单而复杂：现代中式、低调奢华。可以说是一个深奥的主题，后来设计师与甲方进行沟通之后，创作带有浓郁的传统文化味道，方案设计长达半年，立刻得到了甲方的高度认可，有种“众里寻他千百度，那人却在灯火阑珊处”的感觉。

C 空间布局 Space Planning

走进臻会所，看到如此的设计空间：水墨壁画、唐朝侍女屏风、雕塑等经典配饰，似乎给是那传说中鲜为人知的时空隧道，中式条几的现代改良设计，既保留古色古香的中式意蕴又不失当代的舒适生活品质，空间层次感丰富，虚实结合，着重真实体验的情感，带入观者的情绪，使得观者都像看一场多幕剧场景不同内容让观者回味思考。

D 设计选材 Materials & Cost Effectiveness

设计师从设计创作到汇报，从材料选型到施工跟进，亲力亲为，把握设计过程的每一个重要节点和环节，对空间关系的深度解构与微妙细节的细致把握，一步一景惊喜变化源源不断的呈现，无形中碰触着我们的心灵，不由自主地随着他设置的空间脚步心潮澎湃，深深地被他设计的氛围感动。

E 使用效果 Fidelity to Client

在人情味道缺失和自然感觉丧失的都市里，我们需要一点原始，天然和温馨，温润低调的木饰面，少些生硬冰冷，多几分自然舒适，每天被淡淡的木质幽香萦绕，生活如此的简单，美好！

45860
4160
7500
7630
7550
7530
7490
3560
休息区
后庭院
VIP包房01
VIP包房02
20人桌
储藏室
玄关
过道
10人桌
包房03
茶室
红酒雪茄区
办公室
员工活动区
热厨
点心房
精加工
男卫
女卫
前厅
楼梯间
储物间
9MJ2
网络机房
绿化花园
仓库
洗碗间
次加工
粗加工
储藏间
电梯厅
10080
3380
2000
6300
8330
6170
2010
12970
54122

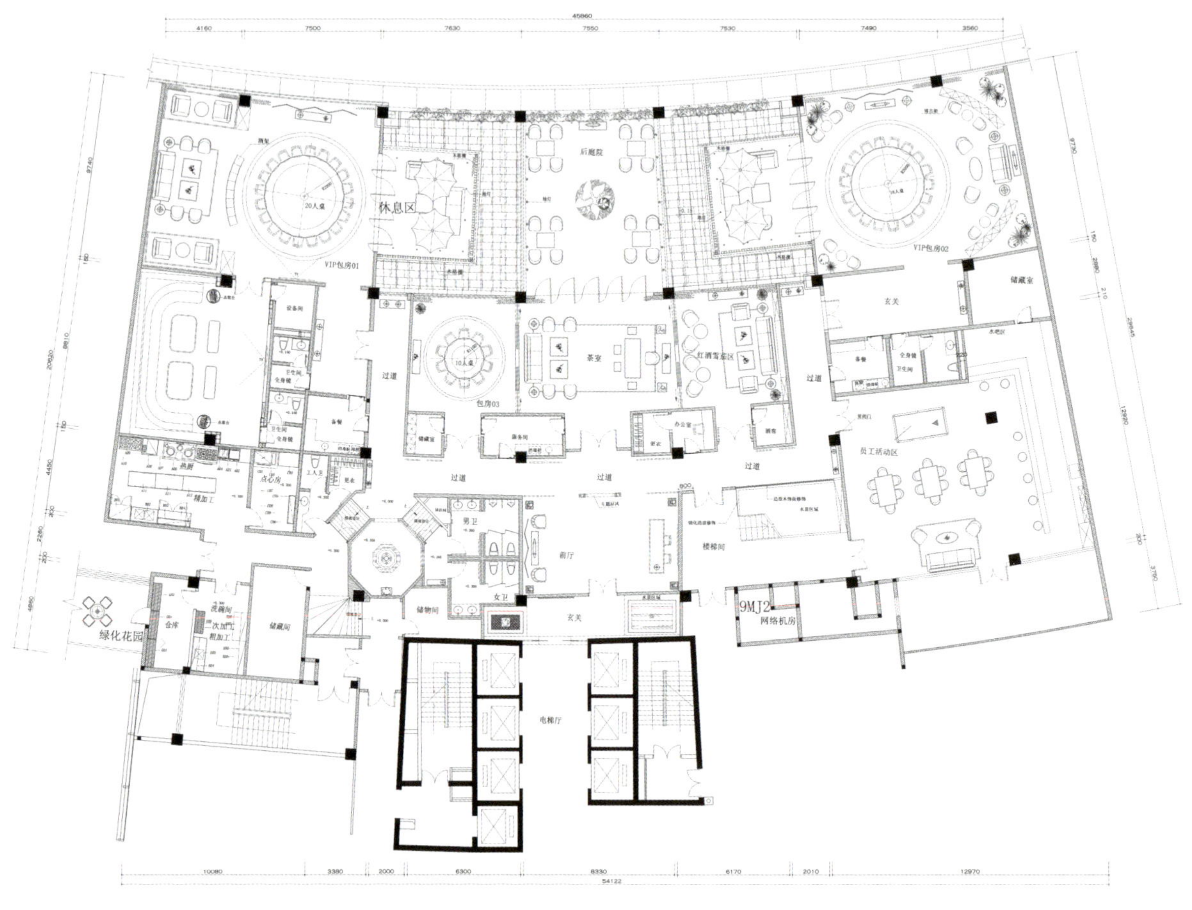

一层平面图

大隐于市的四合院
QUADRANGLE DWELLINGS

项目名称 _ 大隐于市的四合院 / **主案设计** _ 陆嵘 / **参与设计** _ 苗勋、沈寒峰、杨雅楠 / **项目地点** _ 上海市静安区 / **项目面积** _ 2000 平方米 / **投资金额** _ 1800 万元 / **主要材料** _ 科马、杜拉维特、ERCO、IGUZZINI

A 项目定位 Design Proposition

隐居、私密 打破传统四合院的内装概念。以“儒、释、道”为设计概念为依据。运用 石、木、水、光等元素融入其设计手法中。

B 环境风格 Creativity & Aesthetics

因为此项目是一个文化古建的改造项目，因此在风格上我们首先要保证古建的修旧如旧，其次就是要在环境和格调上要与四合院的整体风格相吻合。

C 空间布局 Space Planning

打破原有的四合院传统布局，在功能上首先要先满足业主的自身需求和功能。 在其保护原有古建筑的情况下我们在景观中加入了线形泉等手法。布局中我们将太极馆的空间与室外的景观相融合，使太极馆更具有禅意文化和意境。

D 设计选材 Materials & Cost Effectiveness

选材上我们更注重材料的原始特性和材料的本质特点，我们在室内大量运用了老榆木和藤编的结合，SPA 区域我们采用了石材原料的切割更凸显自然的朴实。

E 使用效果 Fidelity to Client

四合院中透出南方的精致有融入时尚元素，同事整体浓郁的传统文化氛围，使其获得更多文化时尚活动的青睐。

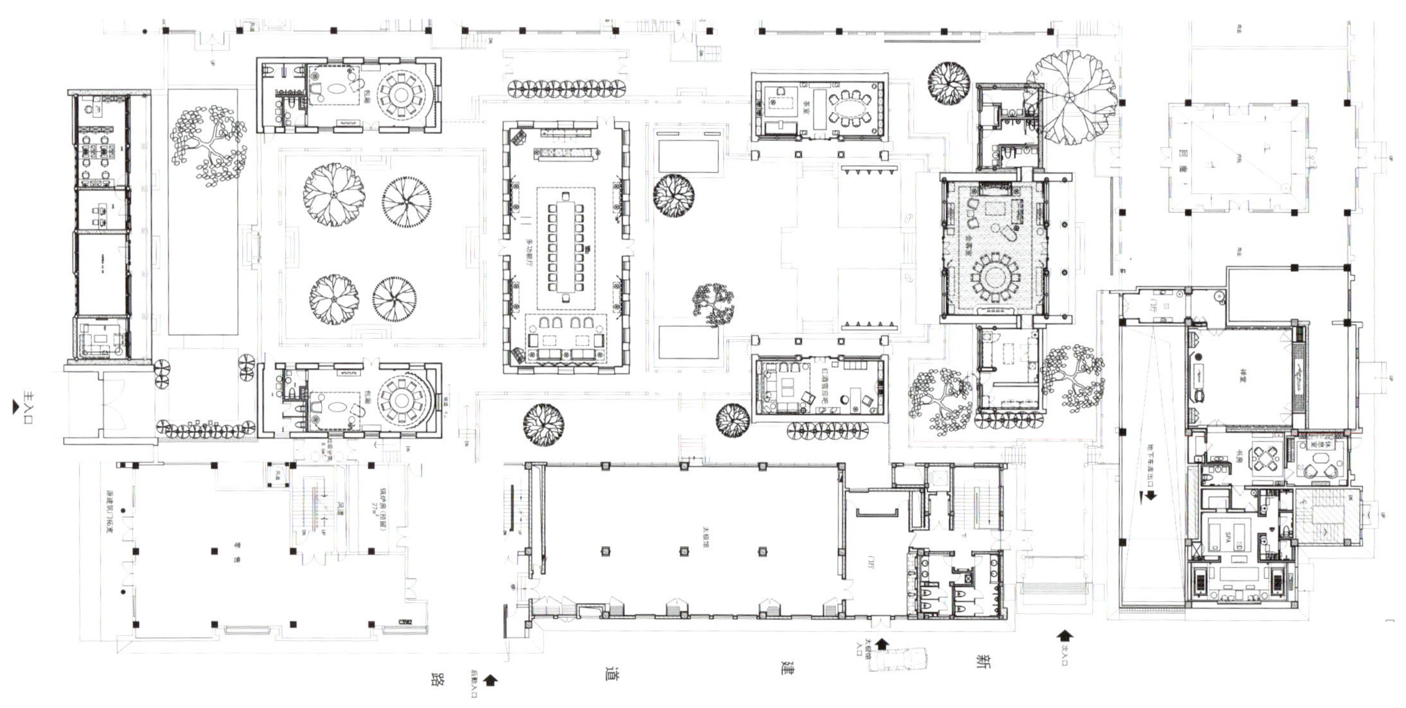

一层平面图

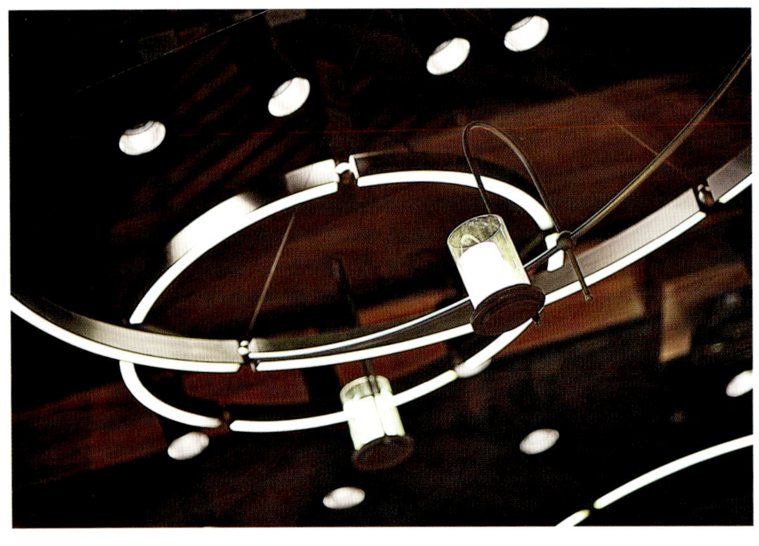

美的君兰国际高尔夫俱乐部会所

MIDEA JUNLAN INTERNATIONAL GOLF CLUB

项目名称_*美的君兰国际高尔夫俱乐部会所* / **主案设计**_*黄志达* / **项目地点**_*广东省顺德市* / **项目面积**_*18000平方米* / **投资金额**_*12600万元* / **主要材料**_*环球石材*

A 项目定位 Design Proposition

君兰国际高尔夫俱乐部，是一家只对会员开放的顶级私人高尔夫俱乐部。该项目位于顺德北滘君兰国际高尔夫生活村新九洞球场内，顺地势而起，与高尔夫球场绿茵完美结合为一体。作为建筑的一部分，高尔夫展馆、出发厅及专卖店是整个项目的点睛之笔，我们结合建筑与整体室内对部分空间进行再设计，让空间形象与建筑的高端调性相成一致。

B 环境风格 Creativity & Aesthetics

项目所在的北滘镇，一侧为天然水道，自然环境优美，加之项目内文化底蕴十足的高尔夫展馆，更多体现出高球文化及浑厚的历史氛围。因此，我们通过各种复古奢华又玄妙的室内布局，在布满石头的墙壁，贵气十足的木门，充满历史感的陈设，为尊贵的会员提供了一条斑斓的时空隧道，由此可通往十九世纪的欧洲，间隙又回到现实，让人沉漫其中，仿佛走进梦境。

C 空间布局 Space Planning

（1）设计概念与整体建筑息息相关；（2）运用适当透明度平衡光线；（3）天然与人造元素的精心配合。整个空间采用贯通的手法，设计风格延续此前的总统套房的建筑语言，简洁统一，满足高端客户的生活质量要求。尤其是在总统套房这个空间的功能策划上，由于紧邻高尔夫球场，我们将周边恬静雅致的居住环境借景到室内，给居者一种世外桃源般的享受。

D 设计选材 Materials & Cost Effectiveness

空间中通过木饰面和石材来进行穿插组合，增添空间的灵动与雅致情趣，入口左手边用粗犷的青石为材料，通过分割处理，增强楼梯的通透感；右手边两层高的石材背景，尽显大气之美。整个色调上以米白色为主，运用自然的木饰面和石材，在暖光的氛围下，映射出空间的光影与视觉效果；在家私的选型上多以提炼的直线与曲线混搭，赋予其高质量的灰色绒布面料，体现其尊贵感，另配有巧妙的挂件来丰富空间的层次及趣味，让人生在其中享受的是一种异样的空间感受。

E 使用效果 Fidelity to Client

我们通过设计完美融合了高尔夫文化和周边自然环境，让会所气质得以升华。对每一个热爱高尔夫运动的人来说，这里绝不仅仅意味着在挥杆之间、感悟力量、技巧和智慧的乐趣，也是一场美妙的设计体验之旅。

二层平面图

济南蓝石溪地农园会所
JINAN BLUEROCK CREEK PLANTATIONS CLUB

项目名称 _ 济南蓝石溪地农园会所 / **主案设计** _ 王泉 / **参与设计** _ 蔡善毅、李勉丽、徐海龙、王旖濛、张长青、徐琨 / **项目地点** _ 山东省济南市 / **项目面积** _1530 平方米 / **投资金额** _700 万元 / **主要材料** _ 天然石材

A 项目定位 Design Proposition

当今的中国建筑设计大多陷入一种焦灼和功利的状态。本设计则力图创造一种朴实悠然、平和安静的建筑质感。这是一个绿色农庄会所建筑。基地处于一片开阔的农田之中，所以设计的原始构思自然就把它想象成从大地中生长出来的房子。屋顶匍匐蜿蜒有始有终，成为设计的主题之一。这种不规则的跌宕起伏也是要表现中国传统村落天际线自由变化的特征。

B 环境风格 Creativity & Aesthetics

总平面上建筑体量呈发散状向南横向展开，在中心区设置挑高大堂，成为空间序列的最高潮。各种功能房间根据私密性和公共性的区别和等级不同采用不规则的方式构置排列，是对中国传统民居邻里之间自然组合而非整齐划一的空间特质的一种呼应，形成建筑是有机生长的状态。室外局部的檐下灰空间和类似窄巷的连接方式，也是对民居空间文化的一种借鉴。

C 空间布局 Space Planning

由于是散落的自由平面，设计时尤其考虑了自然对流通风的可能性。同时因为增加了墙体厚度，使其具备像北方地区传统建筑的良好保温性能。最大化的争取了绿色低耗建筑的节能效果。

D 设计选材 Materials & Cost Effectiveness

建筑立面质感上，力图回避机械化、成品化的现代感效率感，而重点突出人工感手工感。曾有人说过，“现代化的流水线生产方式其实是反人类的，它使人变成了生产的奴隶。而手工化的生产方式是宜人的，它赋予了人的情感在里面。”所以该建筑的建造过程中，手工的制作感也是设计的主旨之一，包括大面积自然片岩的人工砌筑、所有门窗的现场焊接卯榫打磨等。材料的选择上既考虑到低廉的成本控制，又要表现材质的肌理和真实性，如白铁皮、麦秸板、普通红砖、清水混凝土等。尤其是锈蚀钢板表面随时间的变化，更赋予出建筑一种成长性和生命感。

E 使用效果 Fidelity to Client

本项目自投入使用以来，受到了广大来访者的好评。

一层平面图

瑞丽高尔夫会所
RUILI GOLF CLUB

项目名称 _ *瑞丽高尔夫会所* / **主案设计** _ *邓鑫* / **参与设计** _ / **项目地点** _ *云南省昆明市* / **项目面积** _ *10887 平方米* / **投资金额** _ *7000 万元* / **主要材料** _ *缅甸花梨木、云南石林米黄石、大理锈石*

A 项目定位 Design Proposition

景颇族，云南 25 个少数民族之一，主要分布于《月光下的凤尾竹》• 孔雀之乡—云南省德宏州。景颇族素以刻苦耐劳、热情好客、骁勇威猛的民族风格著称。“像狮子一样勇猛”，用大长刀与恶势力作斗争。其先民与古代的氐 • 羌有关，与缅甸克钦族为同一氏族。瑞丽高尔夫会所建筑群正试图表现这些民族特质。本项目由高尔夫会所高尔夫会所、练习场及八栋带高尔夫练习打位的接待别墅，环绕、有划地坐落在高尔夫球场上方，位于云南省德宏州瑞丽江畔与缅甸隔江相望。打造服务于追求品味生活、健康人生的缅甸华侨及省内外高端人气的健康休闲会所。

B 环境风格 Creativity & Aesthetics

规划、建筑、室内一体化设计，景颇族民居特点的建筑形体，景颇族文化、德宏地域文化及景颇人文的室内环境，共同构成休闲、健康、大气，而融合地域民族文化、体现骁勇威猛的景颇精神的整体风格。

C 空间布局 Space Planning

会所空间布局结合山地高尔夫球场的特定环境，以环抱型的圆弧空间规划设计，并采用能尽揽高尔夫球场及瑞丽美景的大面积通透玻璃外墙，以及 16 米高挑坡屋顶传统建筑空间设计。充分展现会所空间的健康、大气、民族传统文化内涵，并将室内优美的大自然景观无障碍地融入室内空间之中，达到人与自然和谐共处的境界。结合山地地形特点，会所大门入口、大堂、餐厅、休闲吧、红酒吧。高尔夫商场及男女淋浴更衣室设置于二层，而出发厅、球车库、球童室及其他配套设施往下设于一层。

D 设计选材 Materials & Cost Effectiveness

因地制宜，选用缅甸花梨木为主要材料，并结合云南石林米黄石、大理锈石等当地材料，营造地域文化特色及丰富民族文化内涵的空间效果。节节高缅甸花梨木饰面造型柱，是凤尾竹元素的提炼运用；斜屋顶钢结构以缅甸花梨木饰面装饰，并保留原建筑结构造型，以及总台背景墙顶部造型，均充分体现空间的民族传统文化特性；藤编与缅甸花梨木相结合的家具设计，尽显休闲健康及地域文化韵味；而大型水晶灯及铜质大吊灯的运用，是现代气息及外来文化的融合。

E 使用效果 Fidelity to Client

项目投入使用后，得到了业主及消费者的高度认可与好评，同时提高了高尔夫球会及周边物业的价值。

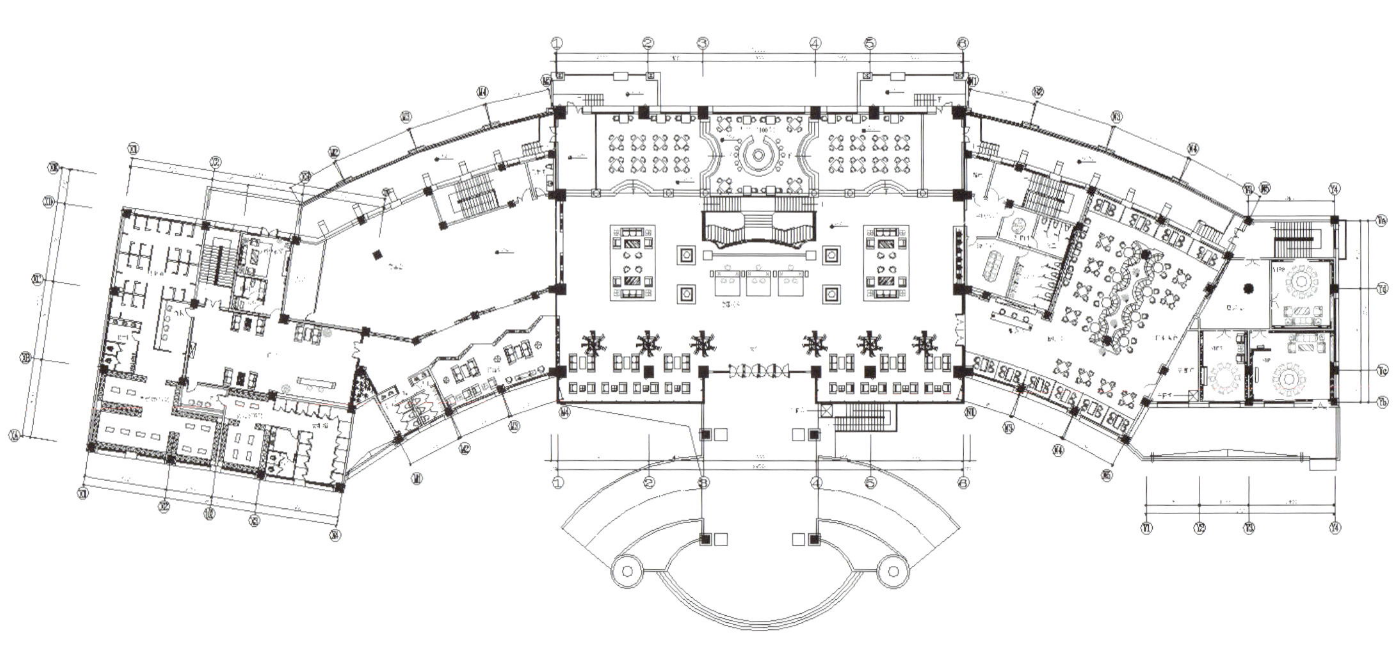

一层平面图

惠州中信紫苑汤泉茶馆会所

HUIZHOU ZI YUAN TANG QUAN TEA CLUB

项目名称 _ 惠州中信紫苑·汤泉茶馆会所 / **主案设计** _ 邱春瑞 / **项目地点** _ 广东省惠州市 / **项目面积** _540 平方米 / **投资金额** _500 万元

A 项目定位 Design Proposition

项目属于旅游地产住宅综合项目第三期，高端定位，茶馆作为本次项目的第一道门槛，无论在形式上还是用户体验度上都需要达到极致。对于商业地产而言，在提供绝佳的服务的前提下，不知不觉让客户慷慨解囊，最终售出自己的产品。以此为基础，设计师把原有“暗藏杀机”的营销中心用富有禅茶文化的会馆作为“掩饰”，让客户无形中感受到本项目存在的无限价值。

B 环境风格 Creativity & Aesthetics

设计师以禅的风韵来诠释室内设计，不求华丽，旨在体现人与自然的沟通，为现代人营造一片灵魂的栖息之地。并借助一代文豪苏东坡历史为背景，营造出室内空间萧瑟、凄凉、踌躇满志、略带悲伤的一种复杂的情怀。借以中国文化代表之一——茶作为引子，不同的茶室提供不同的茶，普洱、龙井、碧螺春、铁观音等，让浓郁的茶香萦绕在室内空间里。

C 空间布局 Space Planning

建筑原本属于别墅住宅类型，在空间布局上就不符合商业空间要求，在此基础上设计师对室内空间布局从新分割和再组合，但是同时又要保留部分居家生活的元素。为使空间的通透性较强，大量运用可开可合的格栅门作为空间之间的分界基准；为引进自然景色和天光，茶室整个墙面打通，用格栅和麻质卷帘作为装饰；室外布局也有细心考究，运用中式庭院布局，前后安置人造水景区，呼唤出了中式传统中的婉约、宁静、内敛、深沉、虚实。

D 设计选材 Materials & Cost Effectiveness

材料的选择需要应景，是室内空间产生感情的基奠。设计师营造的是一种苦涩的室内空间味道，那么就要让材料本身说话。比如，大理石选择比较粗糙的黑岩石，亚光木饰面，麻质硬包等。

E 使用效果 Fidelity to Client

反响很大。

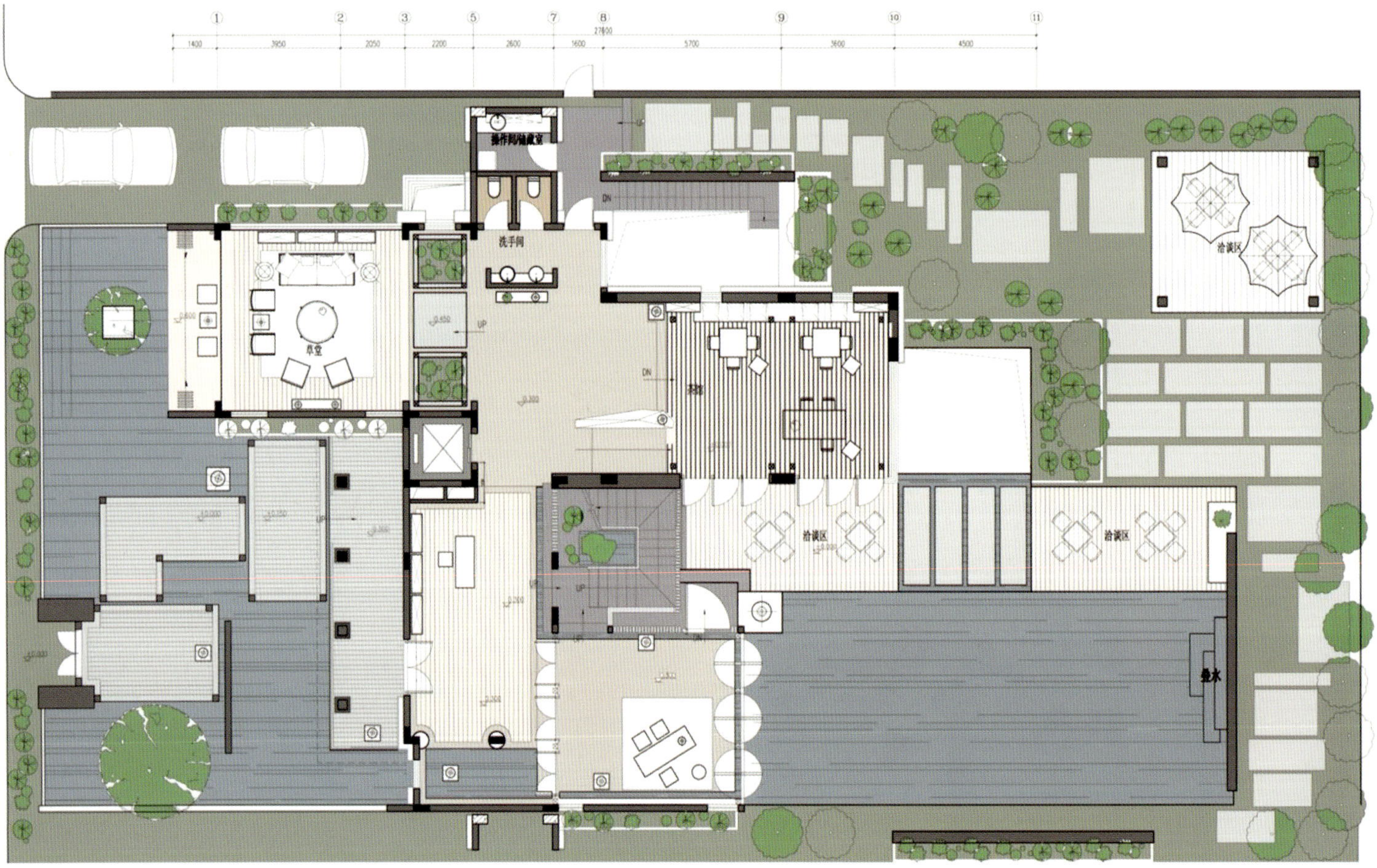

一层平面图

洗手间
暗藏电子显示屏
VIP茶室
项目总规
洽谈区
茶馆上空
DN
UP
项目总规
五证/合同范本陈列
汤泉山居图数字投影区
设计师展示墙

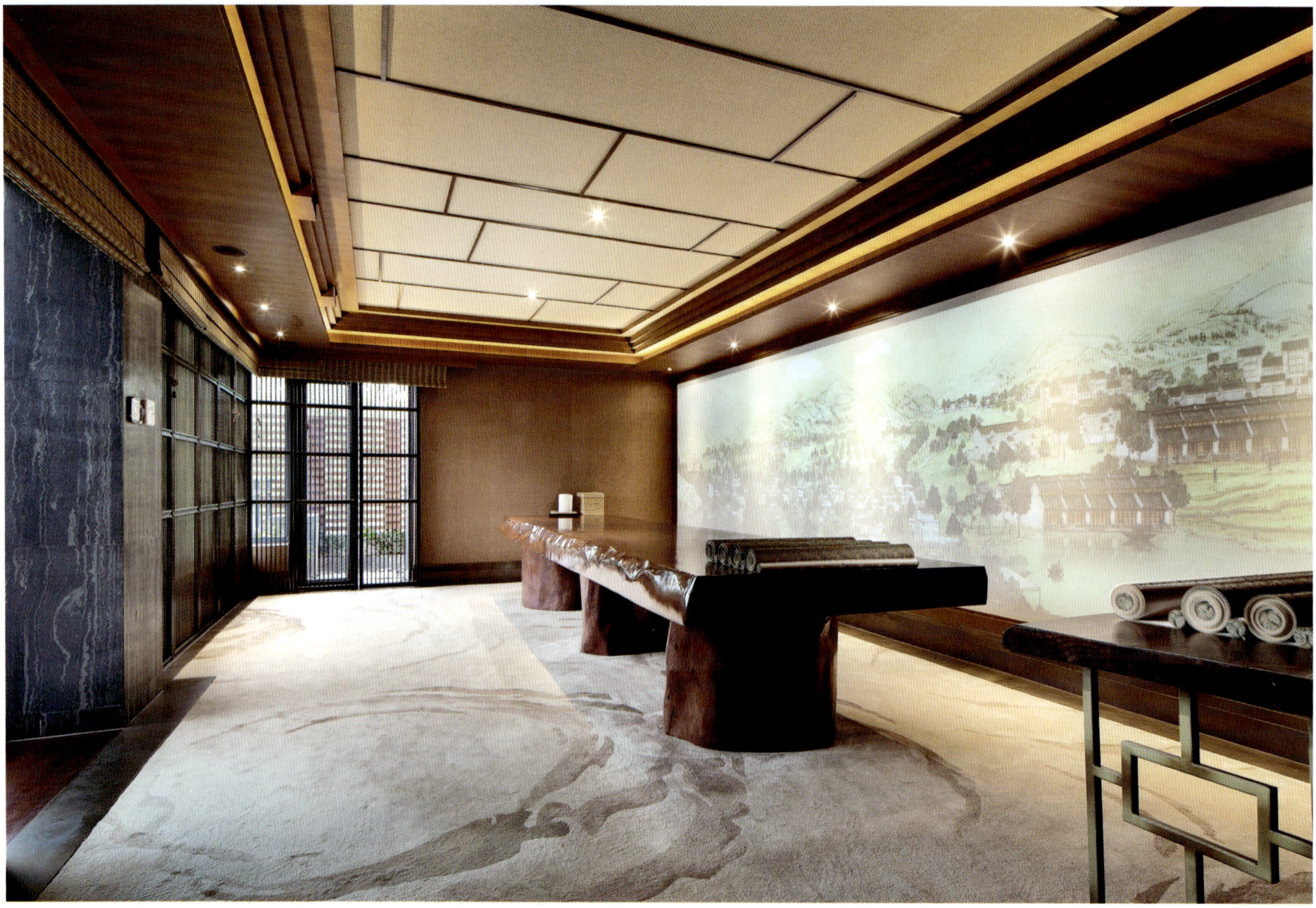

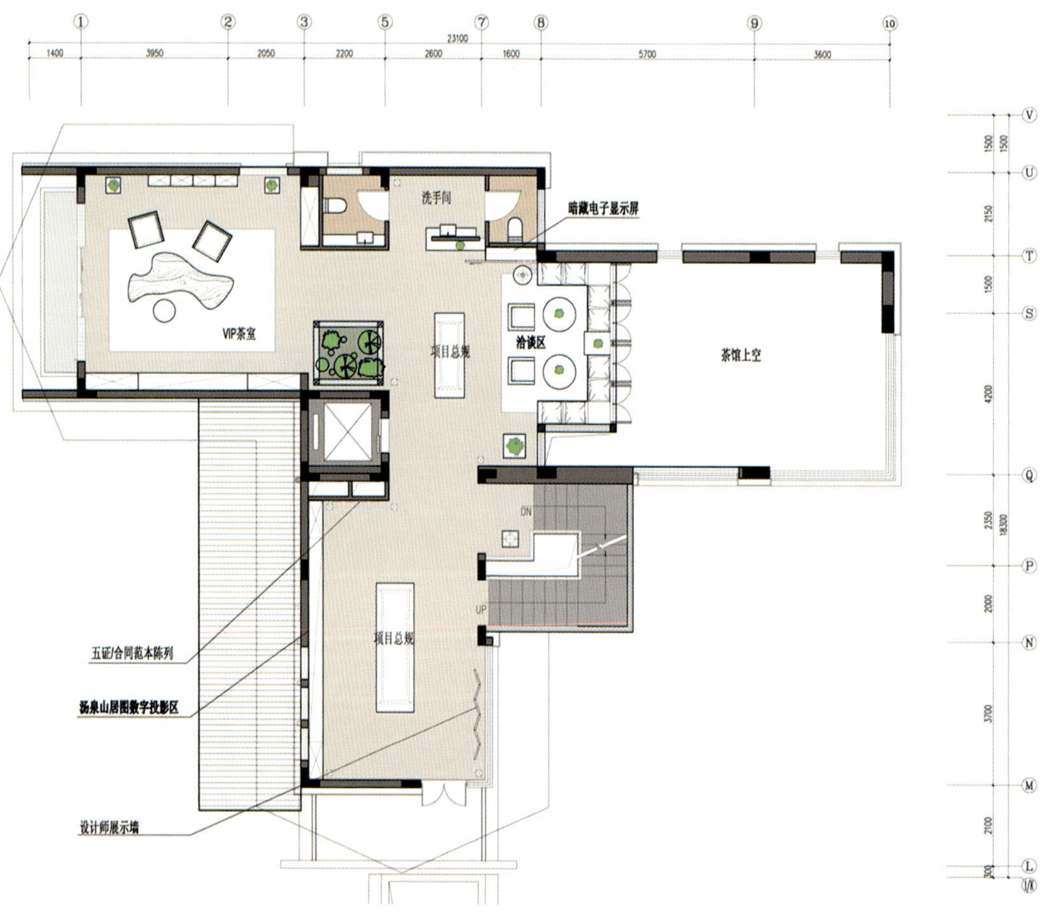

二层平面图

23100
1400
3950
2050
2200
2600
1600
5700
3600
洗手间
墨池
书画区
阳光茶室
东坡书院
露台
DN

三层平面图

维多利亚高级美发会所

VITORIA HAIR SALON

项目名称 _ *维多利亚高级美发会所* / **主案设计** _ *赖伟成* / **项目地点** _ *云南省昆明市* / **项目面积** _ *600 平方米* / **投资金额** _ *120 万元* / **主要材料** _ *建隆达石材*

A 项目定位 Design Proposition

摒弃常规的美发场所设计与规划，给客户创造更高端、时尚、休闲、放松的美发场所，更给人一种温馨与惬意，来到这里可以畅所欲言，是朋友间的对话与信任！

B 环境风格 Creativity & Aesthetics

本案的设计灵感来源于中国水墨画的意境美，从画中找出表现手法，找到神的表现，简洁的线与留白色彩关系的整体对比，将对现实与自然的提炼，通过结构形式的简化，当代的手法，实现了作品的内在平衡。刚与柔，虚与实的对比，营造出空灵、清丽、明快，抒情的意境。线在空间中穿插，又富有变化及律动，情韵自然。以单纯、留白有力的块面，飞舞的线条，将复杂的事物归纳、锤炼成单纯、素净的造型，形成一种具有中国文化精神和现代形式美感的风格。和谐而清新的色调，宁静而恬淡的境界，使本案的设计产生一种有抒情诗般的感染力。

C 空间布局 Space Planning

整体风格采用了“镂空借景”、“镜面反射”等设计手法，让空间相互渗透。流线更加的合理化，将较低的空间作为储物空间，形成一种高低落差，做到了“一步一景”的空间。

D 设计选材 Materials & Cost Effectiveness

设计师主要采用镀膜钢板、玻璃镜面、石材为主材来展开设计，现场设计制作吊灯等灯具，使整个设计更加的独特，更能突出设计师对细节的注重。

E 使用效果 Fidelity to Client

客户非常喜欢，业主也很满意，得到了美发行业界的好评！

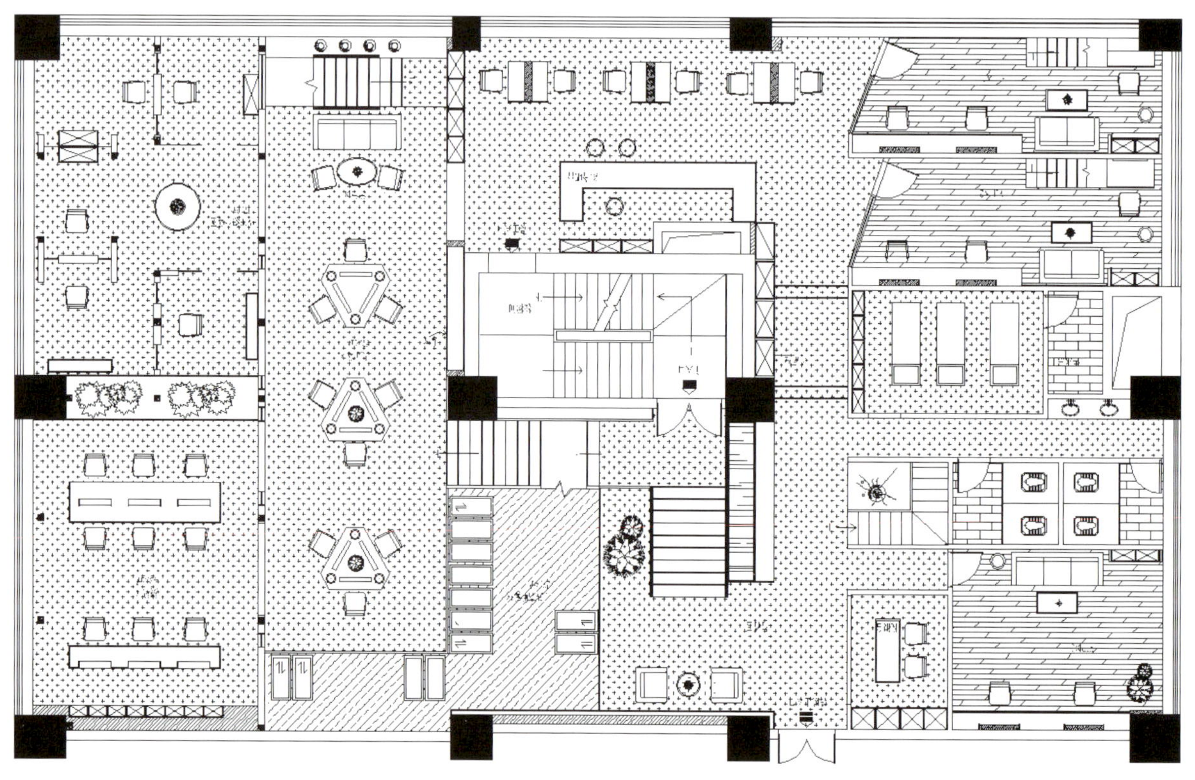

一层平面图

长沙橘洲度假村

ORANGE ISLAND RESORT CHANGSHA

项目名称 _ 长沙橘洲度假村 / **主案设计** _ 陈志斌 / **参与设计** _ 王亦宁、谢琦、司马雄、娄检、谭丽 / **项目地点** _ 长沙市 / **项目面积** _12000 平方米 / **投资金额** _1100 万元 / **主要材料** _ 环球石材

A 项目定位 Design Proposition

按照岛居生活和优质个性化运营的理念结合，享受尊贵服务体现身份象征。

B 环境风格 Creativity & Aesthetics

基地内绿地和景观极其优美自然，并拥有沙滩排球场及超过 600 米的沿江人造沙滩浴场，可以良好的形成室内外互动。

C 空间布局 Space Planning

本案位于长沙橘子洲尾（北段），占地约计 200 亩，现分五栋独立建筑以景观相连。 其中，水会是长沙橘洲度假村的主体运营项目之一，总体使用面积约 10000 平方米，其中室内亲水运动、健身、休息区域建筑面积约为 4000 平方米，室外露天运动、调整、商务区域约为 1500 平方米。烧烤吧室外与室外总面积为 600 平方米。

D 设计选材 Materials & Cost Effectiveness

作品采用桃心木染色、爵士白石材、仿古面西班牙米黄防滑砖、镜面不锈钢、琉璃马赛克、艺术墙纸、夹绢丝玻璃、巴西樱桃木地板、手工提花地毯。

E 使用效果 Fidelity to Client

最大限度的发挥区域内建筑与沿江沙滩泳场的互动与交流，充分的引导客户享受区域内的所有空间。

收银台
Cashier Desk
总服务台

一层平面图

素业茶苑

ON TEA

项目名称 _ *素业茶苑* / **主案设计** _ *黄通力* / **项目地点** _ *浙江 杭州市* / **项目面积** _ *220 平方米* / **投资金额** _ *60 万元*

A 项目定位 Design Proposition

业主陈女士是一位温婉的江南女子，是 1999 年杭州市十佳茶艺小姐之一，2006 年首届全国茶艺师职业技能大赛冠军得主，多年来致力于茶文化的研究和推广，希望能建立一个既能传播茶道文化的专业培训机构，更能成为志同道合心灵相惜的朋友闲来谈心交流经验的雅舍。

B 环境风格 Creativity & Aesthetics

本案原址为杭州茶厂的旧厂房改造，建筑外立面保留着先前的红砖黛瓦，内部为传统“人”字顶厂房结构，最低层高 4150mm，最高点 5800mm，以 4 组人字钢梁支撑整个屋顶，因此在设计过程中最难的是要先解决空间布局及结构改造，以满足业主所需的多项功能。设计师巧妙的利用人字顶的构造，采用钢架架构，将房屋搭建成上下两层，错落有致的布置了门厅玄关，二个中式包厢，二个日式和室，二组卡座，一个大型中厅培训室，一组茶艺操作台，茶具茶叶等产业展示区，收银台，仓库等等，最大程度的实现土地资源的利用率。

C 空间布局 Space Planning

如果空间布局是设计的躯干，那风格定位就是设计的灵魂，本案的名称为“素业茶苑”，素业既可以理解为干净的做人做事，亦可理解为希望成就一番事业。无论任何行业都应如茶一般清澈纯粹，设计亦是如此。

D 设计选材 Materials & Cost Effectiveness

设计师运用了原木材质。未采取过多的加工，而是依据材料的原始特性来装饰墙面，环保而自然。增强了以原色氤氲的视觉感官，突显了简洁古朴的线条设计，将淡雅沉稳的空间布局和优柔润泽的光影效果完美结合，自成一处。

E 使用效果 Fidelity to Client

很好。

12960
6330
6330
300
6180
6180
300
720
2200
1560
2200
1560
2200
1400
240
3520
3760
4500
12080
660
2200
1560
2200
1560
2200
1400
240
3520
3760
4500
12080
品茗区
品茗区
卫生间
消毒间
景观区
储藏室
储藏室

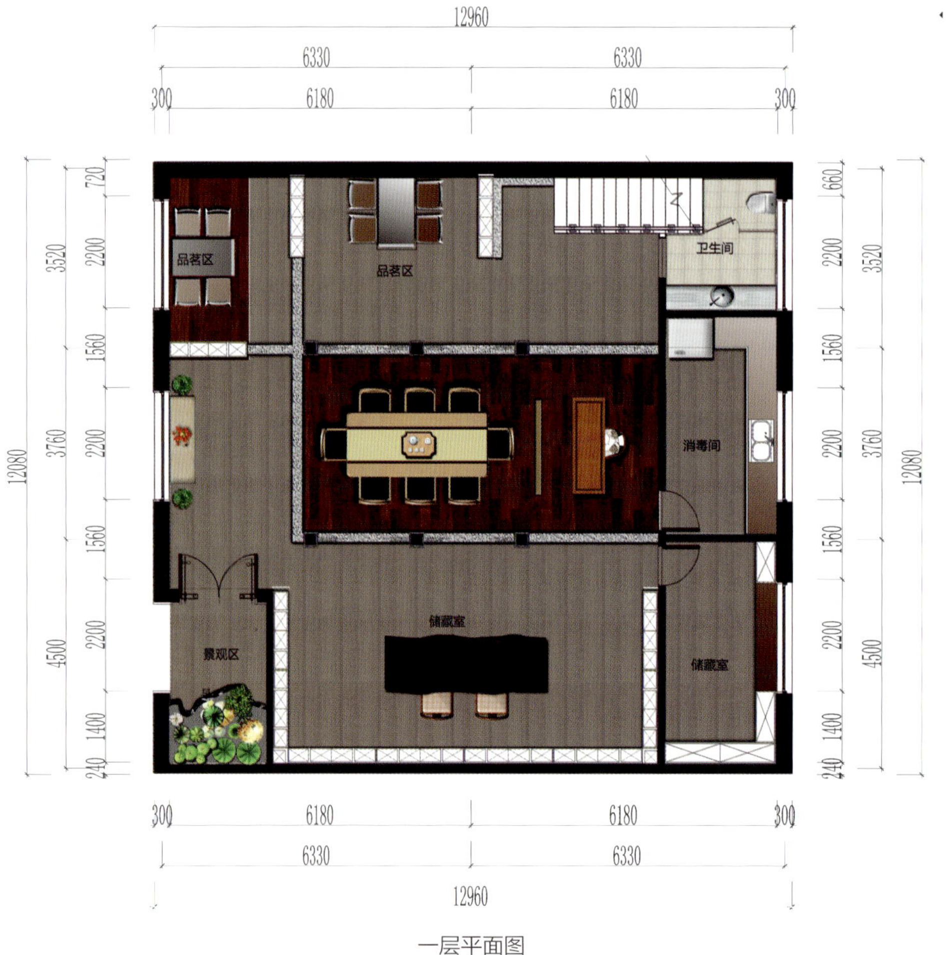

一层平面图

12960
6330
6330
300
300
720
2200
1560
2200
1560
2200
1400
240
3520
3760
4500
12080
660
中式包厢
展示空间
走廊
中式包厢
和室
和室
7512
4848

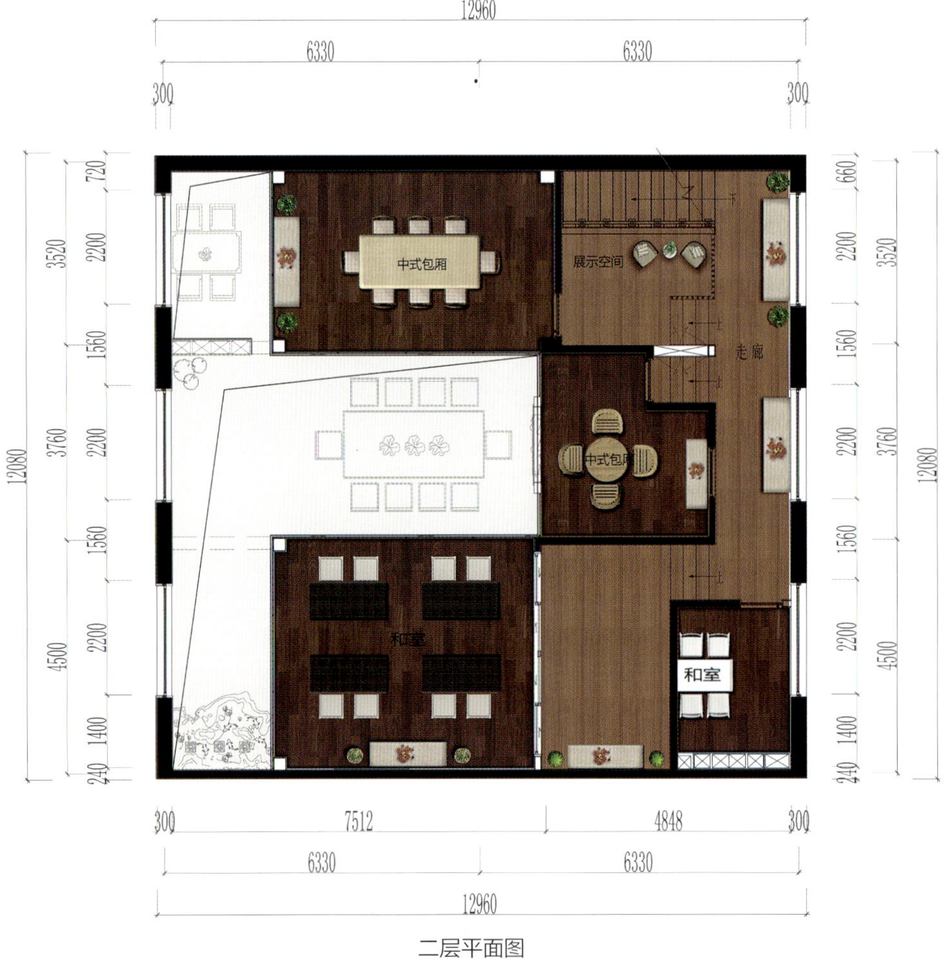

二层平面图

稍可轩

A PORCH

项目名称 _ *稍可轩* / **主案设计** _ *孙铮* / **项目地点** _ *石家庄市* / **项目面积** _ *900 平方米* / **投资金额** _ *81 万元*

A 项目定位 Design Proposition

琴，亦称瑶琴、玉琴、七弦琴，为中国最古老的弹拨乐器之一，古琴是在孔子时期就已盛行的乐器，有文字可考的历史有四千余年，据《史记》载，琴的出现不晚于尧舜时期。本世纪初为区别西方乐器才在“琴”的前面加了个“古”字，被称作"古琴"。

B 环境风格 Creativity & Aesthetics

古琴文化地位 在中国古代社会漫长的历史阶段中，“琴、棋、书、画”历来被视为文人雅士修身养性的必由之径。古琴因其清、和、淡、雅的音乐品格寄寓了文人风凌傲骨、超凡脱俗的处世心态，而在音乐、棋术、书法、绘画中居于首位。“ 作为乐器，古琴具有悠远、深沉、高雅的音色品质和丰富的艺术表现力。

C 空间布局 Space Planning

琴馆空间塑造 整个空间塑造以黑白灰为主添加了一些木色给冰冷的空间添加一些活力与人的亲近，通过徽派建筑特色和现实空间用现代的手法做一个结合。入口处正对墙面是白色的墙面上部有瓦片装饰的假窗，内衬灰镜制造别有空间的假象，窗下是不锈钢做的标示向外支出，加上标示本身背部灯光让它感觉像是在飘着，透出一股莫名的幽静与空灵。

D 设计选材 Materials & Cost Effectiveness

正对口宽大厚重的石条桌上面放置一块奇石更是衬托了琴馆的品质。路面是青石地板，其他地面全是白色的石米勾勒出相对规矩的纹理，两侧是徽派建筑典型的墙面造型，将建筑原有的基础设计给藏了起来，避免整个空间显得过于工业化。白墙灰瓦加上墙头的青石板，顶面是木作过梁，阳光疏淡的散落在白墙上有几条木梁留下的阴影，是整个空间更加的纯净、空寂、亲切。

E 使用效果 Fidelity to Client

在走廊可以打开窗子去感受微风拂过水面的感觉，阳光悠然散落水面的晶莹，甚至可以用手去触碰那静静的水面再给它添一份涟漪，去满足一下北方人那亲水的情节。穿过走廊可以看到的是一个几乎闭合的庭院，这里采用的是枯山水的做法，在这里带给你的是另一番视觉盛宴。透过门窗可以看到别致雅韵的琴室，听着耳边响起的深沉悠远的琴声，使人眼前不禁的跳出一抹化不开的梦幻楼阁，仿佛置身世外桃源远离了城市的喧嚣，心被涤荡的分外清澈。

一层平面图

杭城最漂亮的禅茶馆古一宏

THE MOST BEAUTIFUL ANCIENT YIHONG HANGZHOU ZEN TEA MUSEUM

项目名称 _ *杭城最漂亮的禅茶馆古一宏* / **主案设计** _ *林森* / **参与设计** _ *吕杰* / **项目地点** _ *浙江省杭州市* / **项目面积** _*556 平方米* / **投资金额** _*200 万元* / **主要材料** _ *木格栅*

A 项目定位 Design Proposition

本案位于杭州白塔公园内，该公园位于老复兴路，毗邻钱塘江边；是西湖文化遗产的实证，是京杭大运河文化遗产的端点，还是108年前杭城第一条铁路的始发站所在地；这里是一个有着深厚历史底蕴的主题性公园。

B 环境风格 Creativity & Aesthetics

古一宏红茶产自宜兴，宜兴古称阳羡，怡然自处幽幽太湖之西濒，威仪坐观群山天目之起伏，山清水秀居所，世外桃源福地，集天地灵气孕育，聚日月精华洗礼，固所产宜兴红茶既得源远流长之美名，更具弥香沁脾之美誉。

C 空间布局 Space Planning

中国茶文化的形成有着丰厚的思想基础，儒家以茶修德、佛家以茶修性、道家以茶修心；传统文化的表达和传递，更注重的是空间意境和现实的体会；本案在设计手法上没有过多的修饰，整体简洁、清秀、同时却处处散发着属于传统文化的底气和神韵；这就是本案设计要表达的一种人文境界、一种艺术境界——“茶禅一味”。

D 设计选材 Materials & Cost Effectiveness

格栅作为本次设计的主要元素，让东方禅意得到了更好的体现。竹制实木条排列在空间中随处可见， 配合特殊工艺处理的大块面白墙以及人造水景，浓厚的意境呼之欲出。墙面层叠造型是以宜兴地貌为 原型，在文化上强调红茶文化之本源，在空间中“源”的延引形成了特有的符号，有较强的品牌识别性。

E 使用效果 Fidelity to Client

室内是建筑空间的延伸，在原有的建筑结构上相辅相成，形成了独立的房中房； 既满足了功能上的需求，更让整个空间层次变的丰富， 二楼折转的过道穿插其中，增加了私密感的同时给人有几分神秘。

TEACU

TEACU

N
过道
消防栓
卫生间污水
厨房污水
上进水
煤气管引至2楼
配电箱
厕所1
厕所2
保洁房
厕所3
多功能厅
楼梯间
造景区
造景区
包厢
包厢
展示区
过道
18500

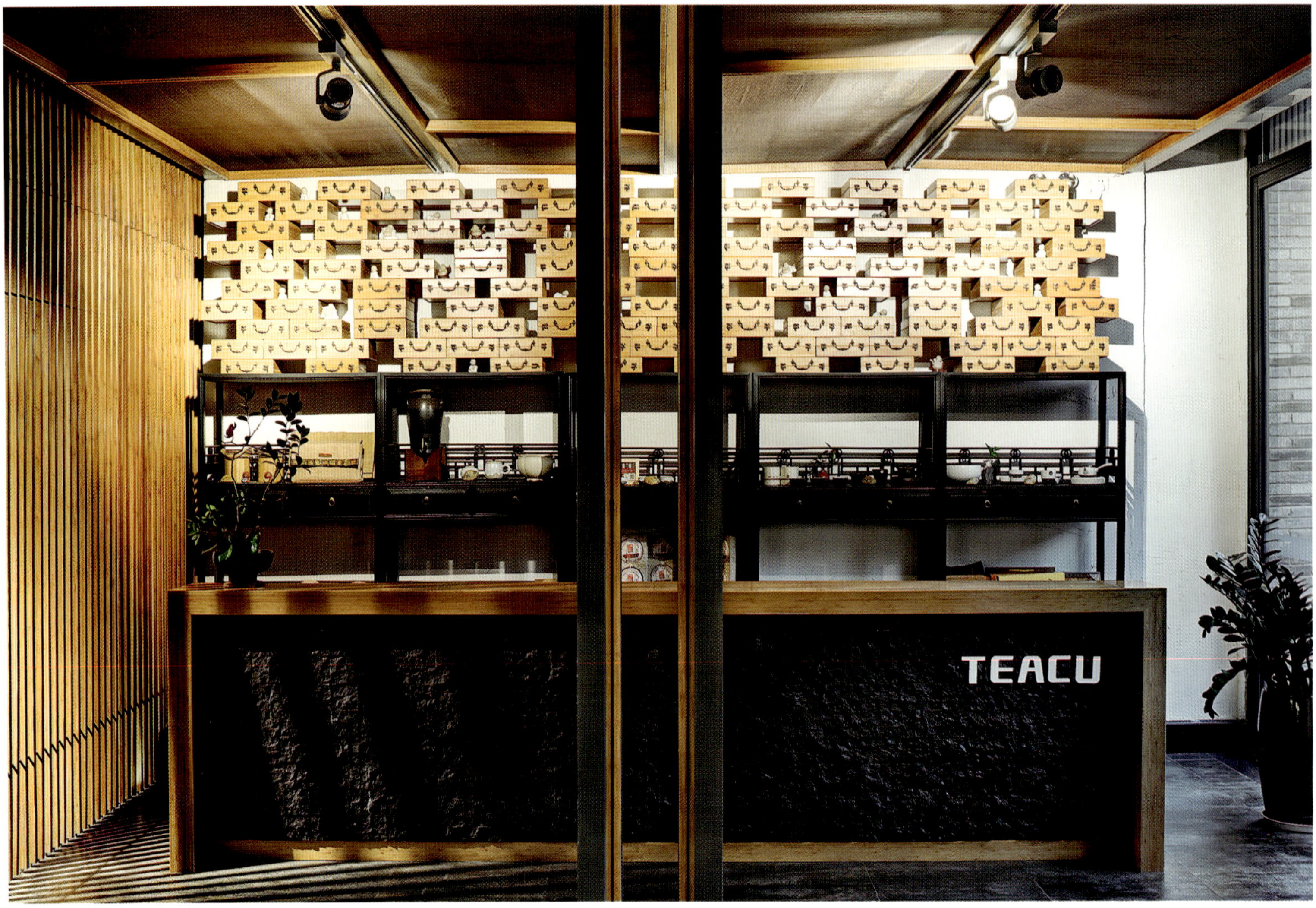

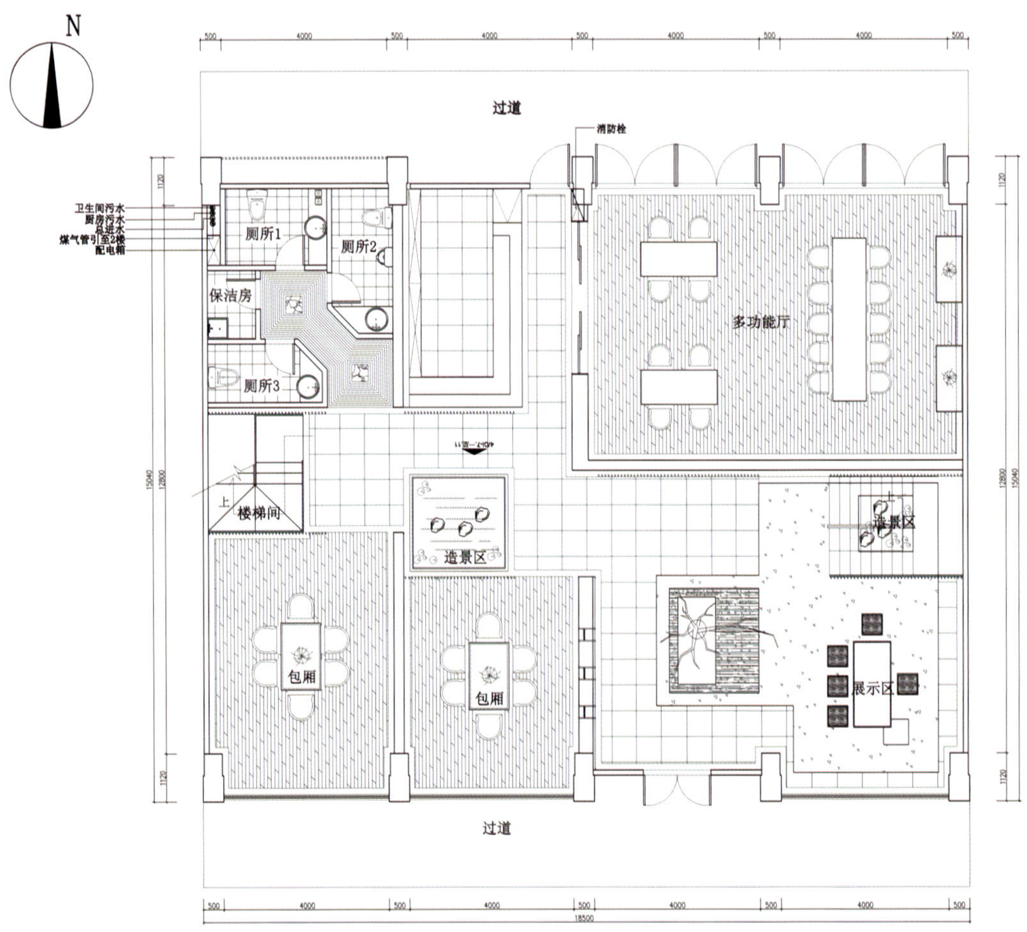

一层平面图

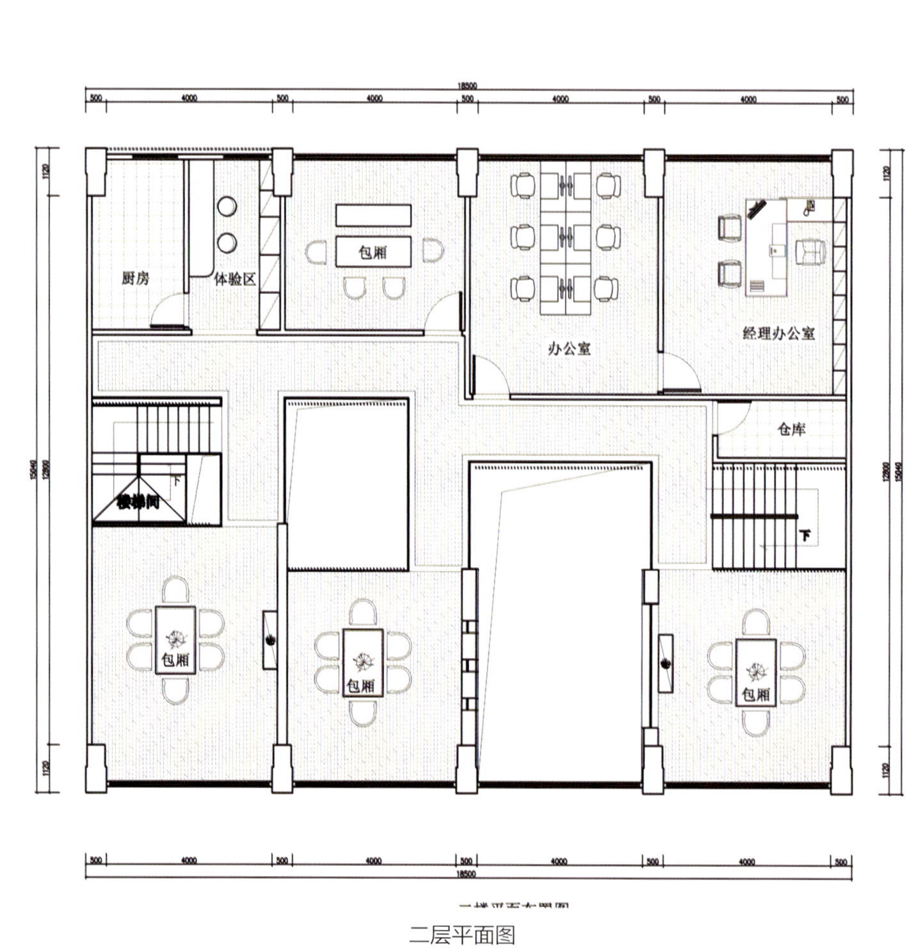

二层平面图

私人会所
PRIVATE CLUB

项目名称 _ 私人会所 / **主案设计** _ 陈轩 / **参与设计** _ 邹咏 / **项目地点** _ 吉林省伊通 / **项目面积** _2600 平方米 / **投资金额** _1500 万元 / **主要材料** _ 科勒、TOTO、汉斯格雅，原木、马赛克、理石

A 项目定位 Design Proposition
本设计倡导绿色、自然、人文的设计理念。

B 环境风格 Creativity & Aesthetics
形成了气与秀，灵与透的韵味。

C 空间布局 Space Planning
借用中国传统形式布局，呈现一种对称的视觉空间。

D 设计选材 Materials & Cost Effectiveness
结合智能科技产品，充分融合了现代舒适的人性化精神。

E 使用效果 Fidelity to Client
实现了本案生态仓的设计理念。

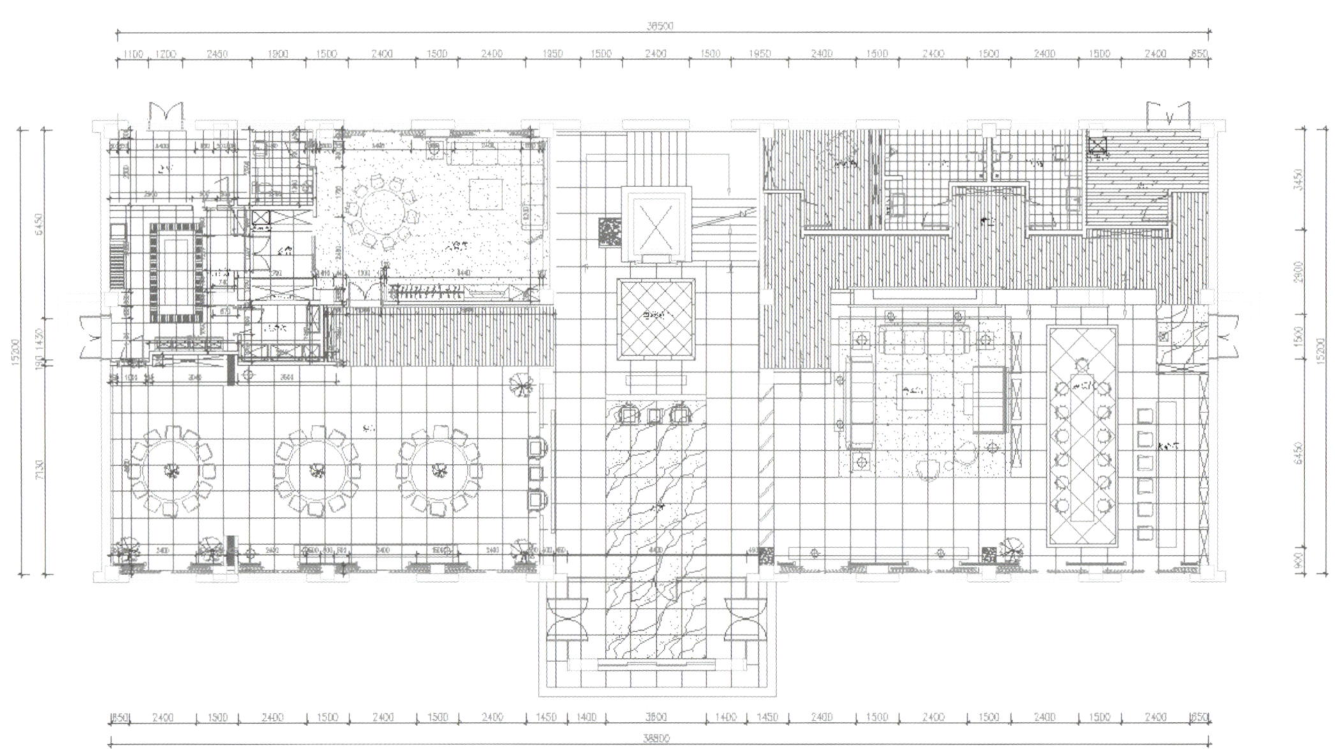

一层平面图

41800
5100 950 2400 1400 2500 1400 2500 1500 2400 1500 2400 1500 2400 1500 2400 1500 2400 850 5100
6300
2700
7300
15800
6300
2050
7450
15800

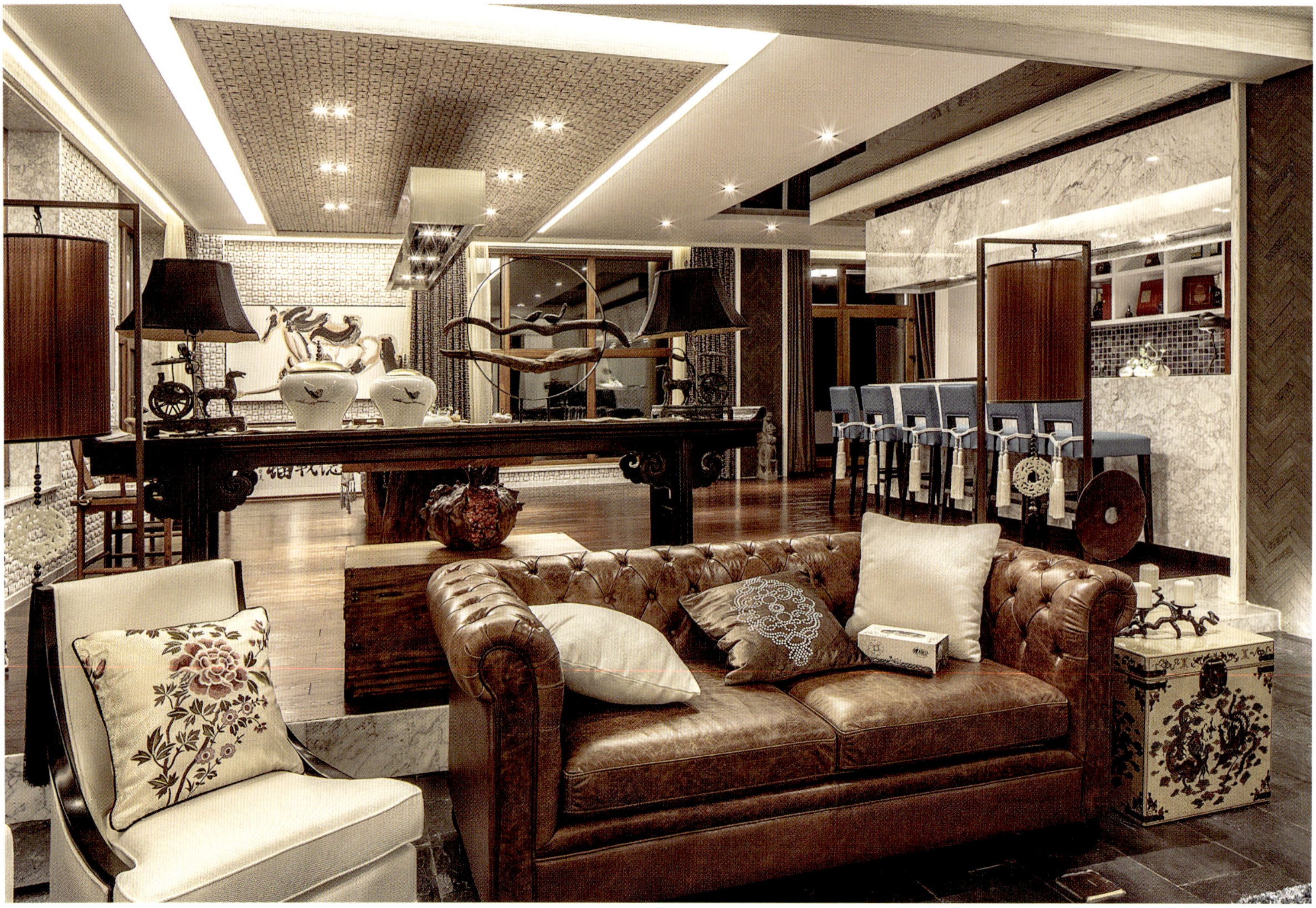

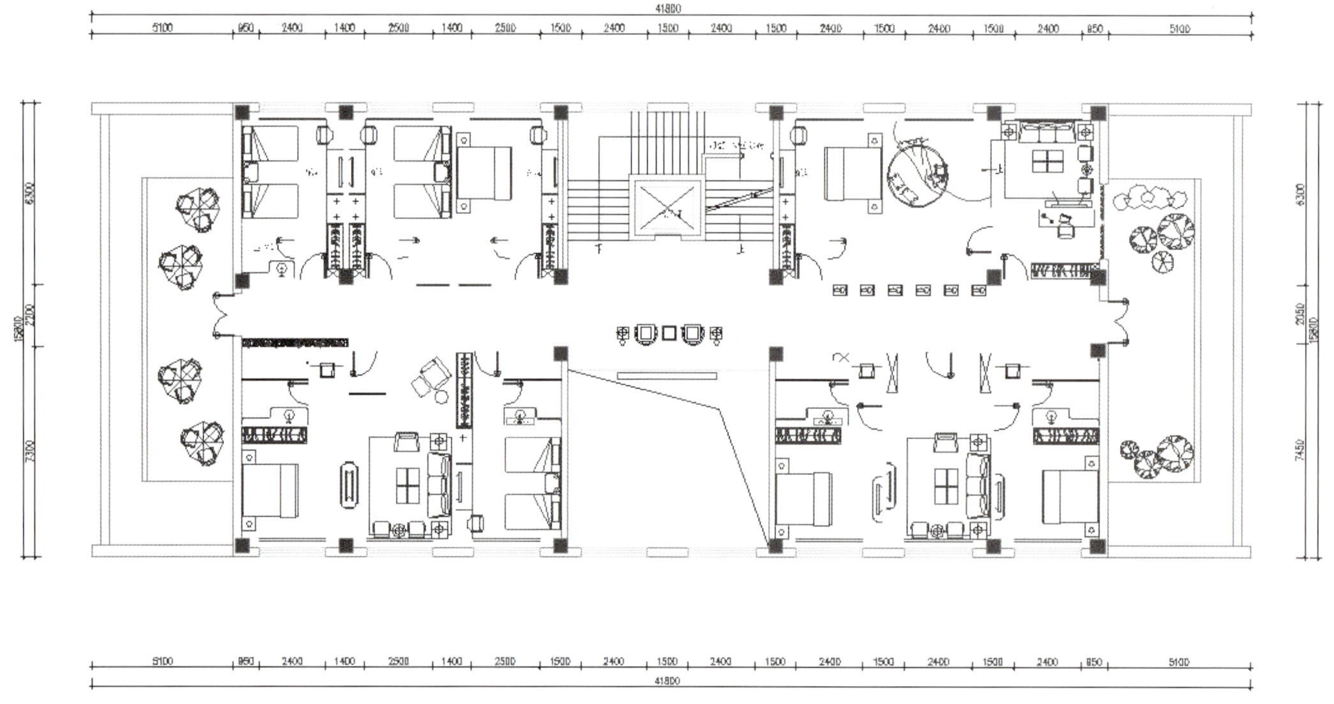

二层平面图

印象客家溯源会所

HAKKA IMPRESSION TRACEABLE CLUBS

项目名称 _ *印象客家溯源会所* / **主案设计** _ *张清华* / **项目地点** _ *福建省福州市* / **项目面积** _ *900 平方米* / **投资金额** _ *150 万元* / **主要材料** _ *波尔多灰泥、青石、木雕板、杉木板*

A 项目定位 Design Proposition

印象客家溯源文化会所是以展现客家文化内涵为主题的原生态客家风情餐饮文化会所。经营定位以客家原生态美食为主，客家土特产，工艺品，字画为辅的中高端会所。

B 环境风格 Creativity & Aesthetics

客家人在祖辈万里迁徙的磨练及山区恶劣生存环境下的锻冶所产生的客家精神是设计的思路源泉。环境结合定位，围绕客家文化，讲究原生态融汇勤俭，开拓，质朴的客家精神，传承客家河洛文化的经典大气，做到文化，原味，私密相结合的三项特点。

C 空间布局 Space Planning

因为设计之前就参与了会所的定位，顾客群的分析，环境分析，控制投资造价分析，所以在一开始的空间布局就遵循功能结合客家文化，借助客家土楼的空间建筑语言，讲究纵线与横线，交叉点的相互关系，同时还考虑空间与空气的自然流通。

D 设计选材 Materials & Cost Effectiveness

装修施工选材上也是以环保原生态的材料为主，如青石，青砖，灰泥，砾米粒，并保留一些建筑原始的护坡墙的麻石。没有过多的装饰，纯粹的空间，旨意去呈现客家人的精神面貌。

E 使用效果 Fidelity to Client

体现出了客家人质朴的本性，更好的开拓，质朴的客家精神，传承客家河洛文化的经典大气，真正做到文化，原味，私密相结合。

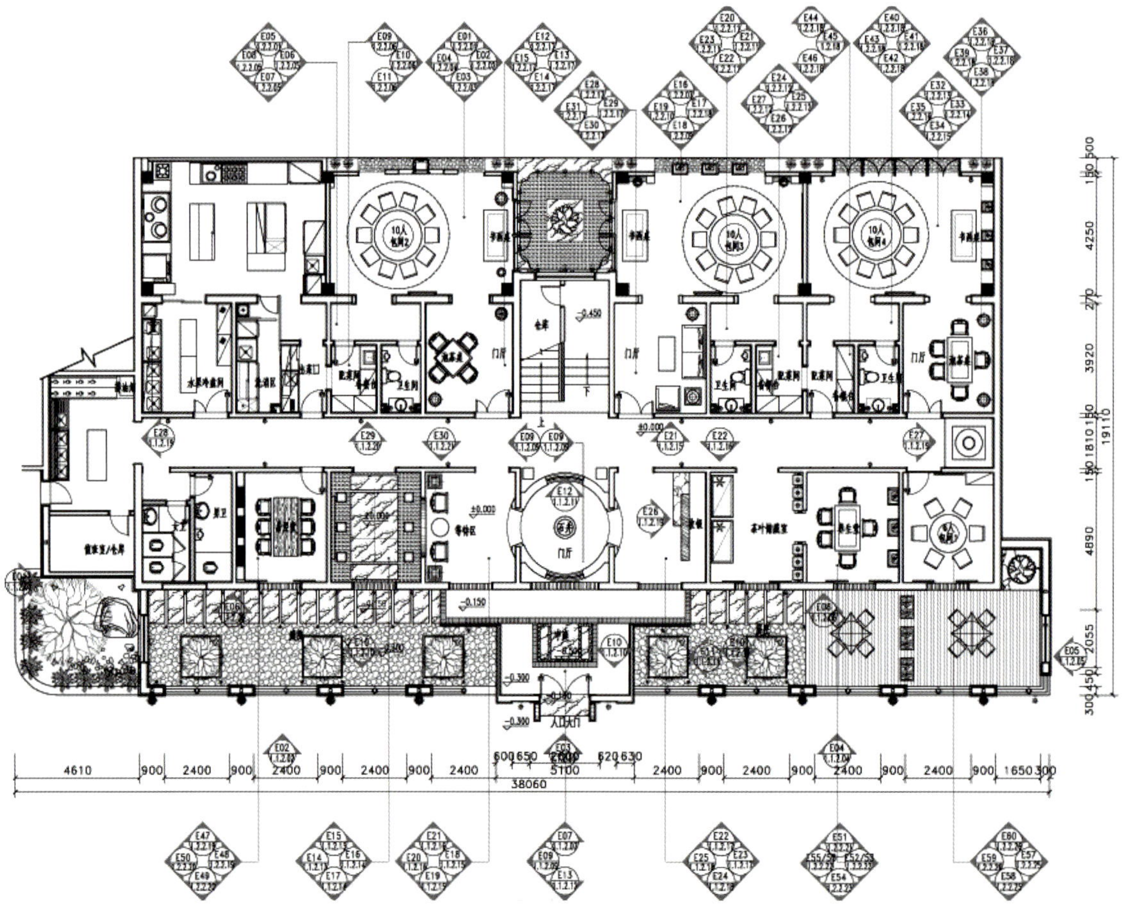

一层平面图

Entertainment
娱乐空间

天幕酒吧 The sky bar

菲花国际派对空间·台州 PHEBE international party space · Taizhou

得康会所 DeKang Club

重庆环球5号会所 World No. 5 Club

剧ING剧漫吧 JU COFFEE

银河世界会所 Galaxy world, Xi'an

来福士广场雅诗阁酒店尚酒吧 Rang Bar of Ascott Hotel in Raffles Plaza

Amazing club

拥抱酒吧 ABRAZO

白鹭洲啤酒屋 Bailuzhou Beer House

天幕酒吧

ELLA PARK

项目名称_天幕酒吧 / **主案设计**_陈武 / **参与设计**_张春华、吴家煌、代浩 / **项目地点**_广东省深圳市 / **项目面积**_1460平方米 / **投资金额**_2000万元 / **主要材料**_文化石、中国黑、卡里冰玉、火烧面黑麻、水磨石、白色氟碳漆、木饰面、实木地板、马赛克

A 项目定位 Design Proposition

ELLA PARK 坐落于深圳福田购物公园酒吧街，是福田 CBD 的新宠儿。 延续迈阿密音乐节派对的娱乐文化，1500 平米颠覆酒吧概念，打造高端时尚精英人士的娱乐领地。

B 环境风格 Creativity & Aesthetics

整体空间以白色为主色，点缀以绿色和黑色，清新时尚的配色为喧闹的娱乐空间注入一股清流。本土复古的调性，半封闭的现代空间、表现不一样的构思景象。 整体布局上设计师巧妙地使用地坪差区隔空间，抬高外围地基，自然地分隔出卡座空间，呈现两个连续而独立的区域。

C 空间布局 Space Planning

随着建筑空间观念的日益深化以及科学手段的不断提高，“回归自然”、“沐浴自然之温馨” 已是现代建筑环境学发展的主流。通过开放式的结构设计可于无形中模糊室内外的视线，塑造亦内亦外、相互渗透的不定空间。当开放式空间理念被应用到娱乐空间之中，它所带来的积极心理效应，给夜场空间带来无限的刺激性。

D 设计选材 Materials & Cost Effectiveness

ELLAPARK 的设计理念来自江南园林和传统工艺，新中式的感觉，自然纯朴复古。木制大门，实木地板，原始的藤艺桌椅，给空间注入温暖的气氛，让身处其中的人们沐浴在新中式的清风里。

E 使用效果 Fidelity to Client

以领先的超炫科技设备应用，首创 900 平震撼 3D 天幕，强烈刺激感官。缔造购物公园娱乐新地标。白色基调在迷幻多变的灯光下，尽显时尚、现代，高雅的格调，独特的风格，令人耳目一新。

ELLA
Entertainment Park
ELLA
Entertainment Park

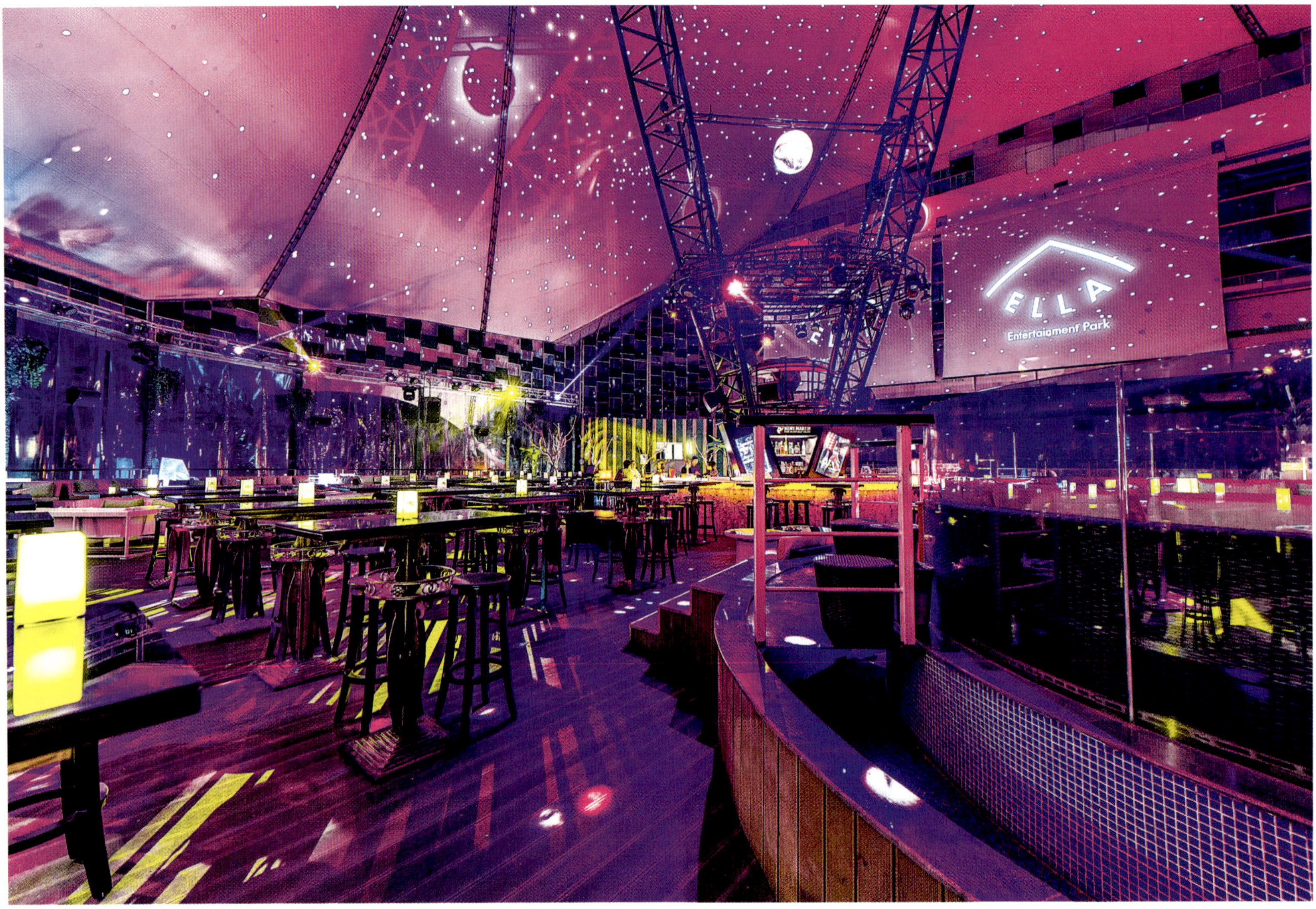

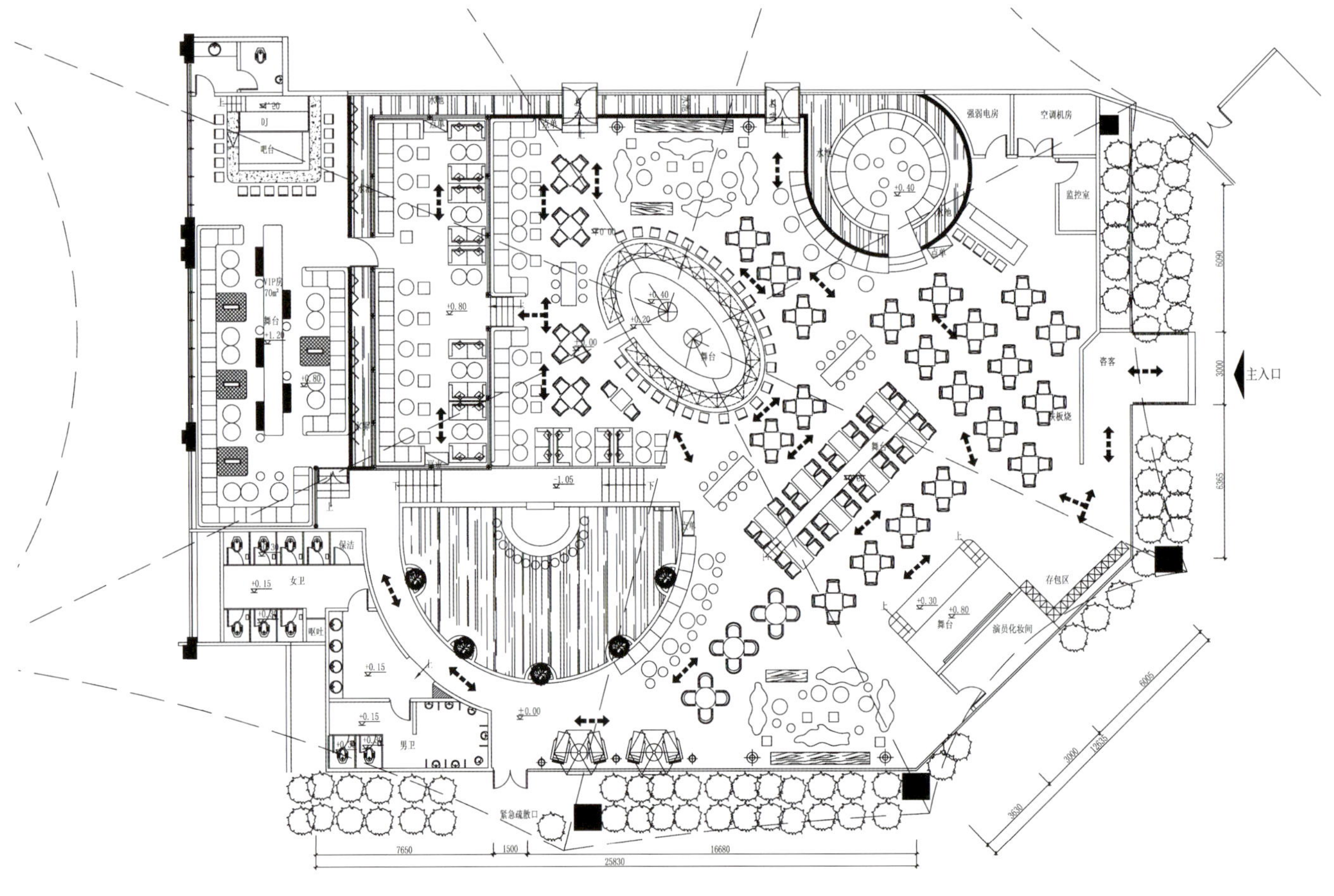

一层平面图

菲芘国际派对空间·台州

PHEBE INTERNATIONAL PARTY SPACE·TAIZHOU

项目名称 _ 菲芘国际派对空间·台州 / **主案设计** _ 吴家煌 / **参与设计** _ 陈武、张春华、代浩 / **项目地点** _ 浙江省台州市 / **项目面积** _2300 平方米 / **投资金额** _3000 万元 / **主要材料** _ 裂纹砂岩涂料、卡斯图、水纹银、斑玛石仿古面、雅士白大理石、灰色实木地板、拉丝黑钛金、亮面钛金、玫瑰金镜面不锈钢

A 项目定位 Design Proposition

集合中外夜店时尚元素以及努力想讨好新时代消费者的娱乐系统，如玛田系列灯光音响、全彩系列激光灯等，无一不努力附和着这股充满活力青春洋溢的 80’s Style。在这完美与新奇的组合中，顾客每次得到的都是完全不同的美好感觉。

B 环境风格 Creativity & Aesthetics

在如此前卫的娱乐氛围里，也不乏新古典欧式风格的装饰，在看似简约的空间里随处可见独特的装饰元素。带给你新奇和震撼，这是艺术的魅力，也是设计师要营造的独特个性。空灵的想象、戏剧性的元素、圆滑的意向装饰和尖端的照明设计都完善了空间表情，营造出独特的氛围，让玩家们对夜晚充满期待。

C 空间布局 Space Planning

设计师利用灯光技术营造明与暗的对比，创造一种刺激，迷幻之感。通过立面浮动领舞台打造多变空间，而纯粹的用色凸显奇异的未来派室内布置，给人一种极致炫目的愉悦感觉。

D 设计选材 Materials & Cost Effectiveness

在包间的设计中，通过钛金、皮革硬包等材质的变化与结合，体现出“品质、奢华、艺术、国际”的设计理念。亮丽剔透的琉璃金与蓝色的光影搭配，运用光的层次，通过透射、反射、折射、吸收等方式共同打造空间。

E 使用效果 Fidelity to Client

消费定位中高档，一经投入运营便以时尚、前卫的设计理念和富丽堂皇的豪华装修而独领风骚。

会员中心
MEMBER CENTER

二层大厅：面积550㎡
BOSS卡+包厢卡：36卡
散　台：6张
二层水吧区：　面积125㎡
水吧座：31座
卡座：2卡
半卡：2卡
二层包房：
Party房：2间
Vip　房：10间
K
J
H
G
F
E
8000
72000

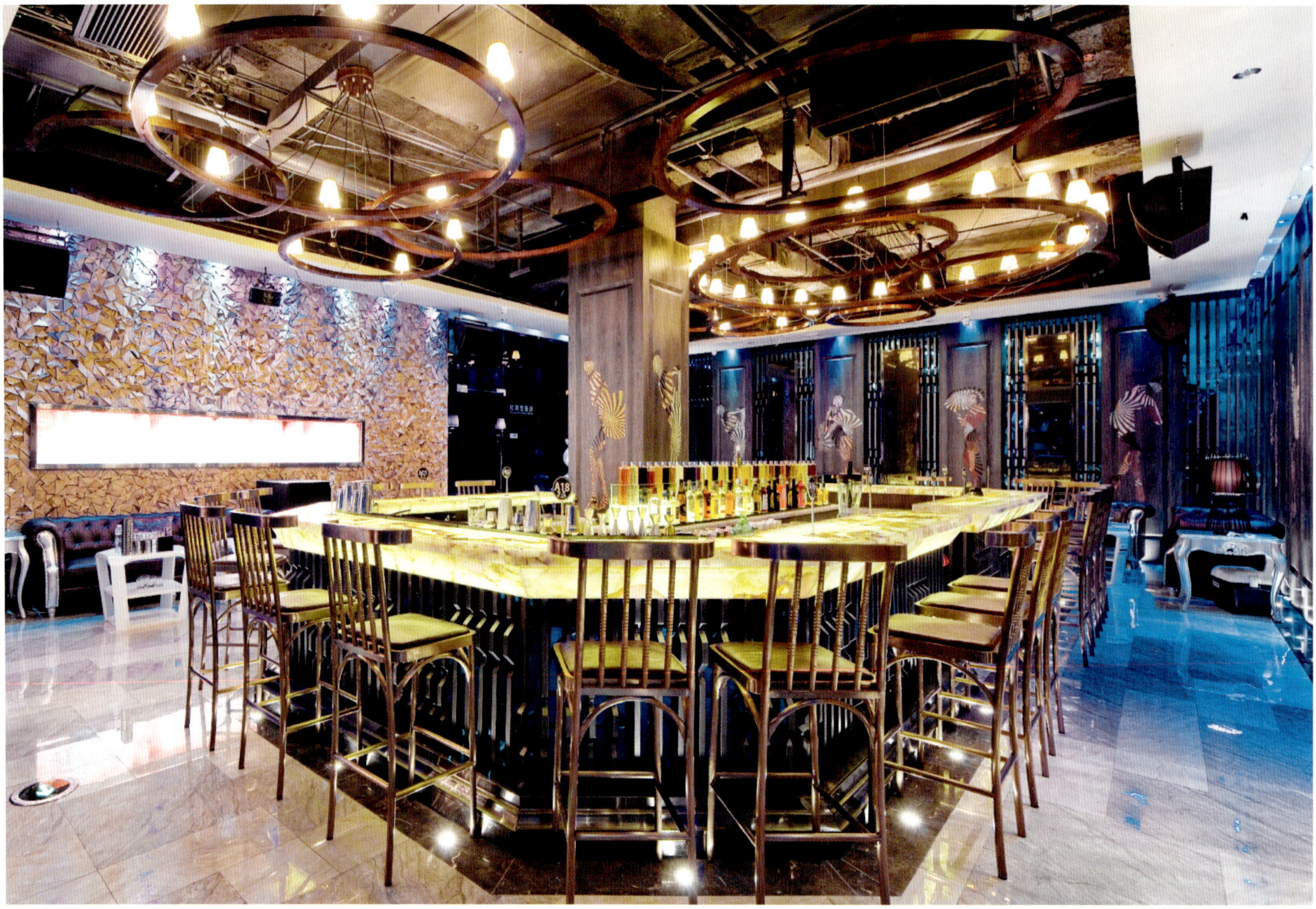

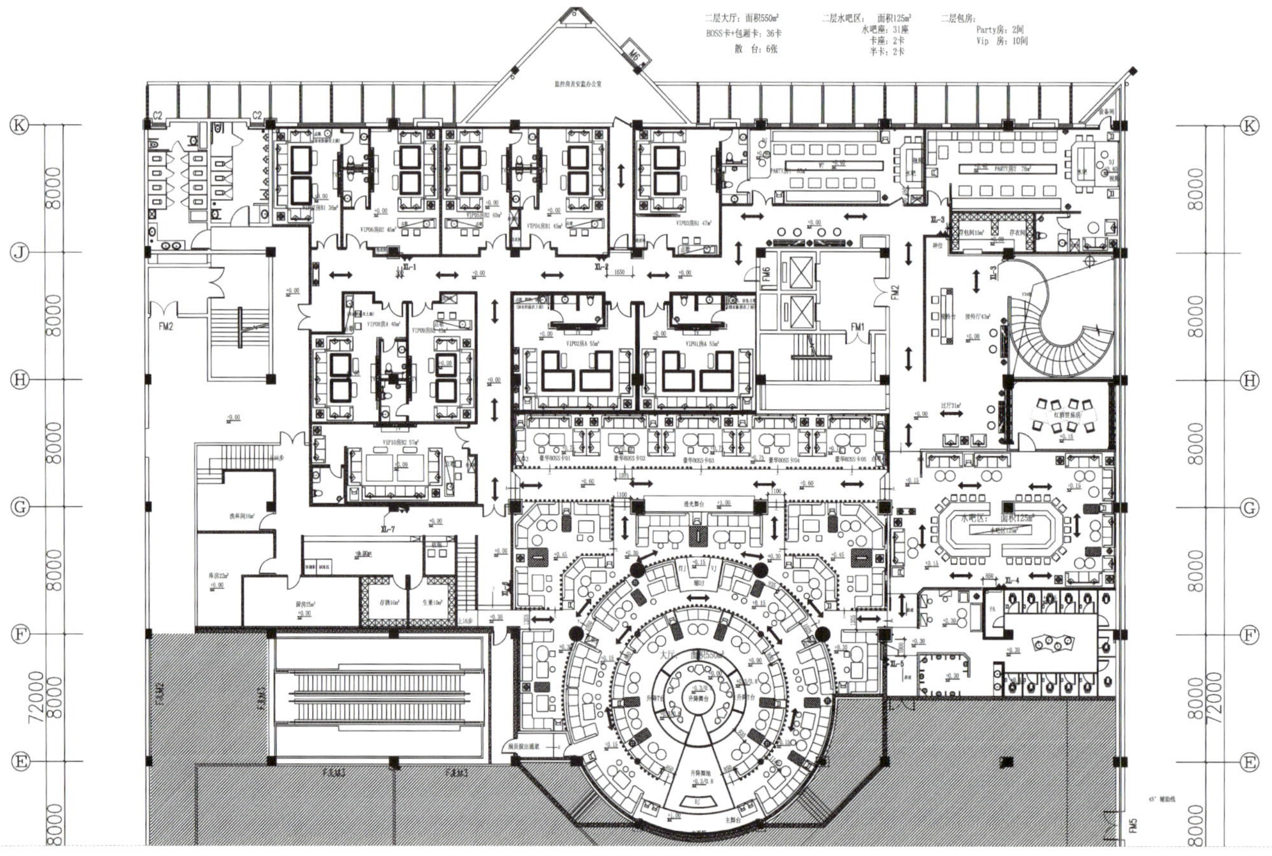

二层平面图

得康会所

DEKANG CLUB

项目名称_得康会所/**主案设计**_黄永才/**参与设计**_王艳玲、王文杰/**项目地点**_广东省广州市/**项目面积**_2000 平方米/**投资金额**_880 万元/**主要材料**_大理石、压纹不锈钢、拉丝不锈钢、黑镜、木饰面板、墙布、涂料

A 项目定位 Design Proposition

Dekang Club 坐落在广州尚佳广场二楼的一个休闲娱乐商业项目，经营面积 2000 平方米，主要消费群体是城市工薪阶层，供之娱乐聚会。

B 环境风格 Creativity & Aesthetics

Dekang Club 接待大堂分别在两处入口以及自助餐厅入口放置了三棵鸦青的枯树，古语云：山水以树始，即说树是一幅山水画的开始，统领着整幅画的创作，也对整个大堂接待空间起到抽象标示的作用。解构的三角形碎片、纵横交错的体块穿插、渗透、叠加、宛如中国画的皴法全用斧劈，笔法苍老，劲利方硬，笔墨诉诸形体体现"山石树木"之意趣。在立面的物料。色彩上采用朴素清逸，立意于唐代青绿山水画，在沉稳的驼色环境下凸显家具配饰胭脂红与鸦青对比，显其尊贵气质。

C 空间布局 Space Planning

Dekang Club 位于尚佳广场二楼，在电梯间到接待大堂平面布局上，人流动线是本案的基本介入点．曲折蜿蜒的人流动线，宛如中国画的深山幽谷白云萦绕，行人游赏、穿行其间。立面上的三角切割面各具姿态，无不增添行人从一层到二层的乐趣与好奇。从接待大堂到自助餐厅到被服务空间动线上由动到静关系。

D 设计选材 Materials & Cost Effectiveness

挑战 / 实现技术：解构中国唐代青绿山水画及现代化技术实现过程。墙体三角面的压纹不锈钢切割面拼装的技术要求，在实施过程中，设计师在拼装上研发了一系列不同角度的五金构件。地面条纹石材也是现场作业的实施难点，无不体现了现场作业的匠心独到之处。

E 使用效果 Fidelity to Client

该项目以独特的差异性项目定位，在计划预算投入运营后效果出众，甚受消费者喜爱的娱乐休闲场所。

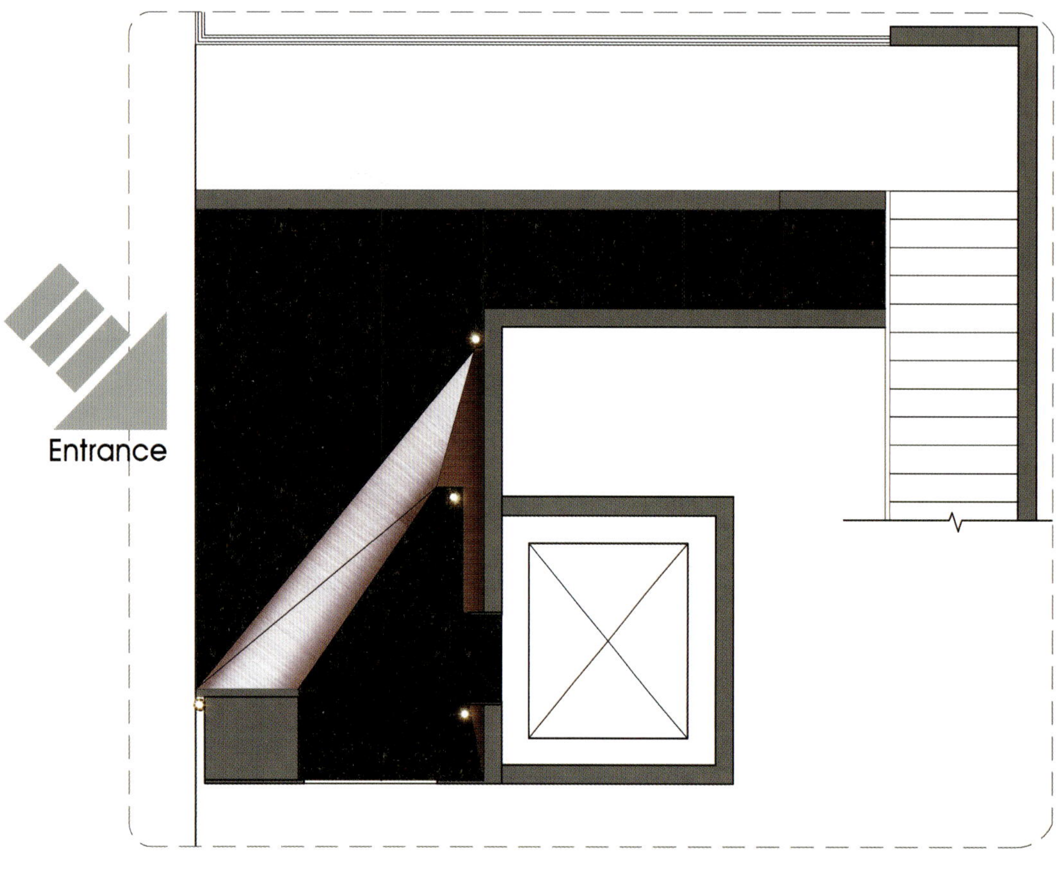

一层平面图

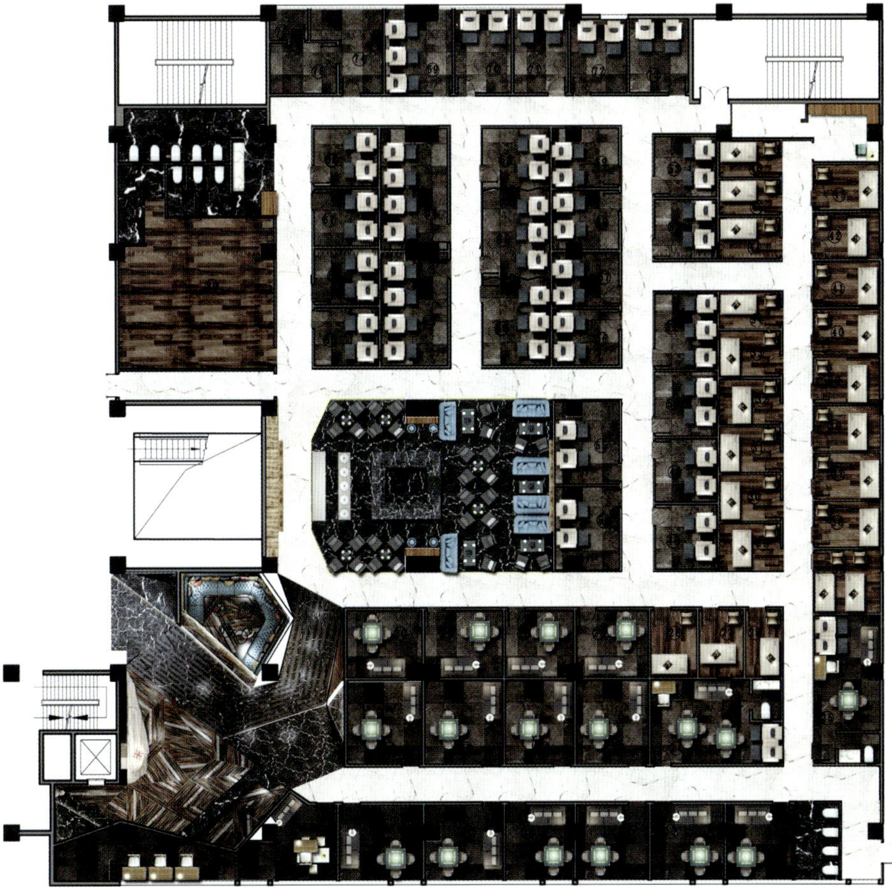

二层平面图

重庆环球5号会所

WORLD NO. 5 CLUB

项目名称 _ 环球 5 号会所 / **主案设计** _ 黄治奇 / **项目地点** _ 广东 深圳市 / **项目面积** _2800 平方米 / **投资金额** _2000 万元 / **主要材料** _ 大理石

A 项目定位 Design Proposition

项目具备超前性。

B 环境风格 Creativity & Aesthetics

环球五号会所采用平面与立体构成，疏与密以及黑白灰色调的把握，恰到好处的贯穿到每个角落，本案中运用凯尔特的手法连接到 2—3 层，则成点睛之笔，让整个空间现代而不失趣味。。

C 空间布局 Space Planning

在建筑空间的设计上，城市组通过科学的手段实现一个人与人、人与建筑互动的空间媒介。

D 设计选材 Materials & Cost Effectiveness

新颖。

E 使用效果 Fidelity to Client

很好。

总统府NO·2
VIP 333

剧 ING 剧漫吧
JU COFFEE

项目名称 _ 剧 ING 剧漫吧 / 主案设计 _ 李战强 / 参与设计 _ 李浩 / 项目地点 _ 河南省郑州市 / 项目面积 _1500 平方米 / 投资金额 _500 万元

A 项目定位 Design Proposition

建立空间情感体验的商业自由空间。

B 环境风格 Creativity & Aesthetics

以“剧”为主题的延伸，使项目具备话题和生命力。

C 空间布局 Space Planning

错层、夹层、挑空、露台、半层、等空间情感体验在功能空间上的运用。

D 设计选材 Materials & Cost Effectiveness

大部分材料采用是旧物的利用，对普通材料的深加工利用，是此次项目尝试对低价普通材料的生命价值的延续体现。

E 使用效果 Fidelity to Client

项目作为《一见不钟情》影视的拍摄地；同时是 CBD 年轻人聚集地。

WALT DISNEY
PICTURES
无烟区

GENERAL PR
OTINGEACH II
SWN WAY

银河世界会所

GALAXY WORLD, XI'AN

项目名称 _ *银河世界会所* / **主案设计** _ *罗卓毅* / **项目地点** _ *陕西省西安市* / **项目面积** _ *2100 平方米* / **投资金额** _ *700 万元* / **主要材料** _ *大理石*

A 项目定位 Design Proposition

本案位于古都西安——这个沉淀千年历史文化的摇篮，历经朝代更替依然繁华的城市。

B 环境风格 Creativity & Aesthetics

即便在当代贵族群体没落，但贵族文化依旧被传承。所谓贵族精神，是在浮华社会里节制物质享乐，以文化艺术修养身心。

C 空间布局 Space Planning

手握权柄，却更勇于担当，坚守心中的荣誉与道德，在金钱、权力甚至生死面前，依旧保持自由独立的灵魂。这便是本案设计师想通过银河世界带给现代都市人的精神意境。

D 设计选材 Materials & Cost Effectiveness

银河世界从视觉、感觉、触觉上完美呈现中国与欧洲这两个分居世界历史文化长河的中心。

E 使用效果 Fidelity to Client

创造出无可比拟的会所新美学，为人们营造贵族精神的文化意境，体验贵族式的休闲生活。

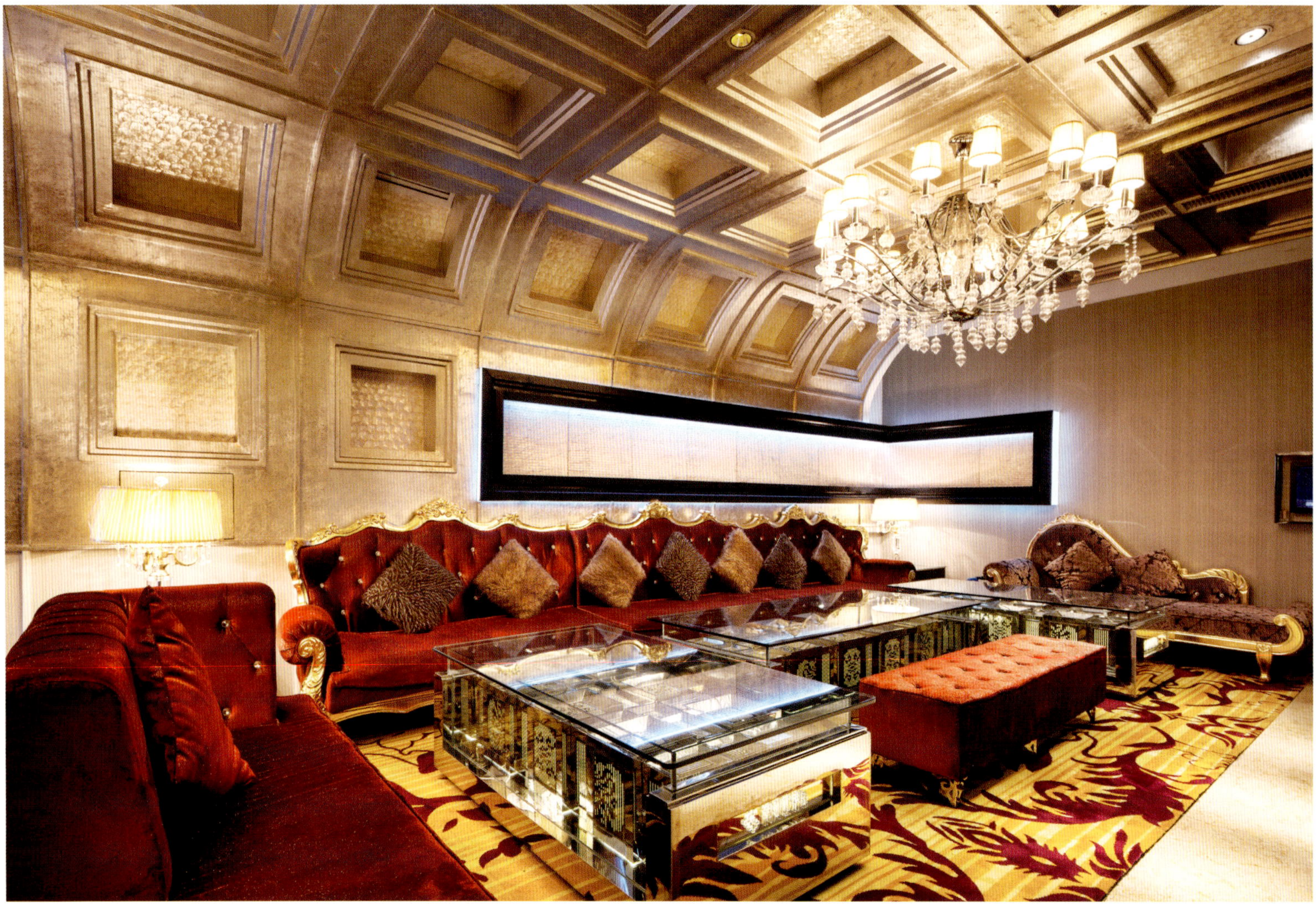

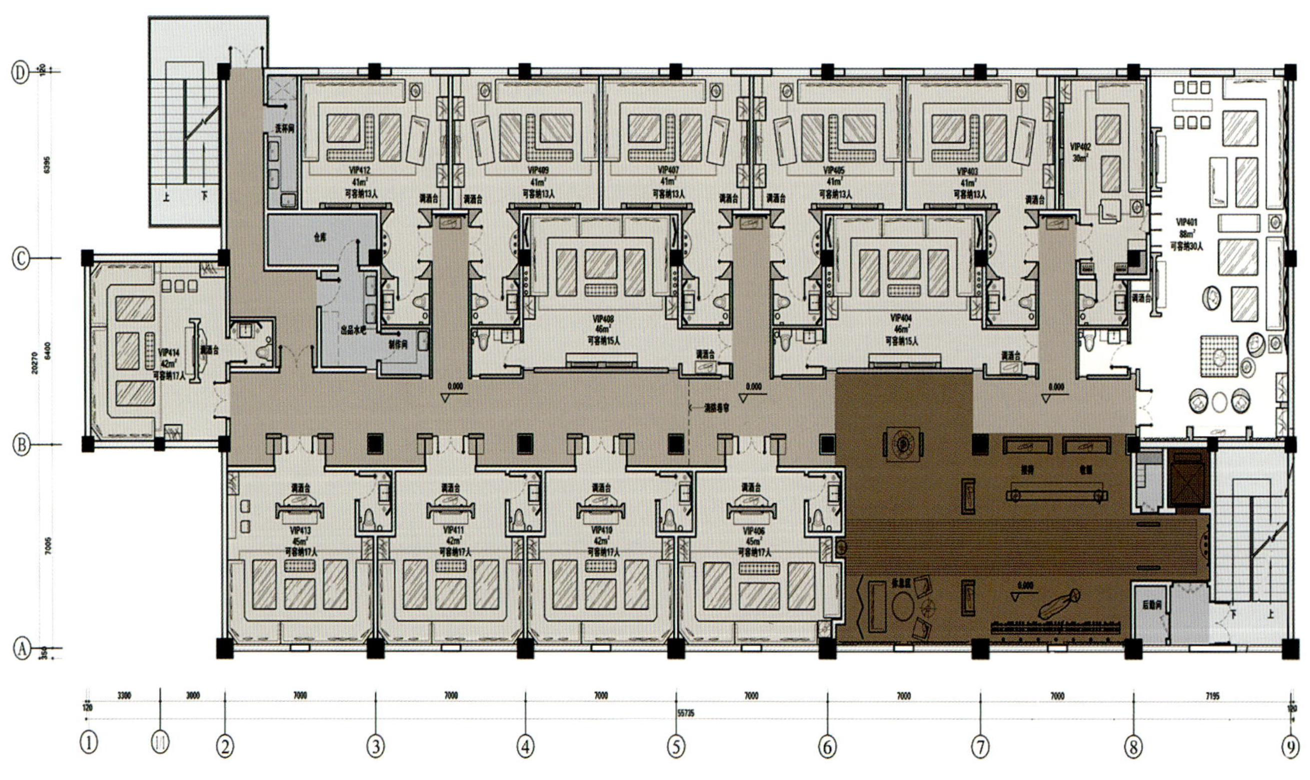

四层平面图

来福士广场雅诗阁酒店尚酒吧

RANG BAR OF ASCOTT HOTEL IN RAFFLES PLAZA

项目名称 _ 来福士广场雅诗阁酒店·尚酒吧 / **主案设计** _ 赵学强 / **参与设计** _ 李涛 / **项目地点** _ 四川省成都市 / **项目面积** _900 平方米 / **投资金额** _900 万元 / **主要材料** _ 不锈钢、亚克力、爱马仕地毯、实木地板、定制琉璃

A 项目定位 Design Proposition

项目位于成都地标性建筑——来福士广场，其建筑本身的设计以山水园林为意境，与成都地貌特征相呼应。大厦内的商场和写字楼，都延续了这个风格。而项目处于大厦的中央位置，是一家五星级酒店公寓的酒廊。酒店公寓的消费人群 70% 是外籍人士，因此确定了本案设计风格：首先是本土文化，其次是国际风格，然后是休闲业态。从这三个角度切入，把成都人当下的现代休闲生活状态以国际人的视角加以诠释。

B 环境风格 Creativity & Aesthetics

设计在保留建筑现代风格基础上，融入国际人士心目中的中国尤其四川的传统文化符号，如龙灯、水纹、琉璃瓦、蜀锦、锦绣等元素，采用现代材料和手法把这些充满地域特色的文化符号运用于空间，通过国际和当代东方的设计语言，打造一个极具中国节庆氛围的龙灯畅游空间的故事场景。

C 空间布局 Space Planning

空间最大的挑战是结构梁和结构柱充斥其中，且是倾斜梁或剪刀梁。采用什么手法让空间既要灵动又有特色，是我们设计思考的核心问题。通过改变柱子的属性，赋予它们新的文化特征：让柱子变成一棵树或者一种装饰，并让天马行空的龙灯穿梭其间，渲染空间氛围，让缺点变成亮点。

D 设计选材 Materials & Cost Effectiveness

材料运用上，基于“在如此奢华的空间里，使用更具性价比的材料”原则，我们选用了不锈钢、琉璃、亚克力、石膏以及马赛克等材料，完成空间的奢华营造，并辅以爱马仕的地毯、实木地板等暖性材质，使空间更加温馨舒适。

E 使用效果 Fidelity to Client

在市场及业界引起强烈反响，成为代表成都休闲娱乐文化的新地标。

6
7
8
1/8
9
2/9
35000
10000
10000
5000
5000
5000
N
9050
2/M
M
3/L
20500
1450
950
L
威士忌区
贮冰室
配电房
过道
舞台区
男卫
女卫
VIP4

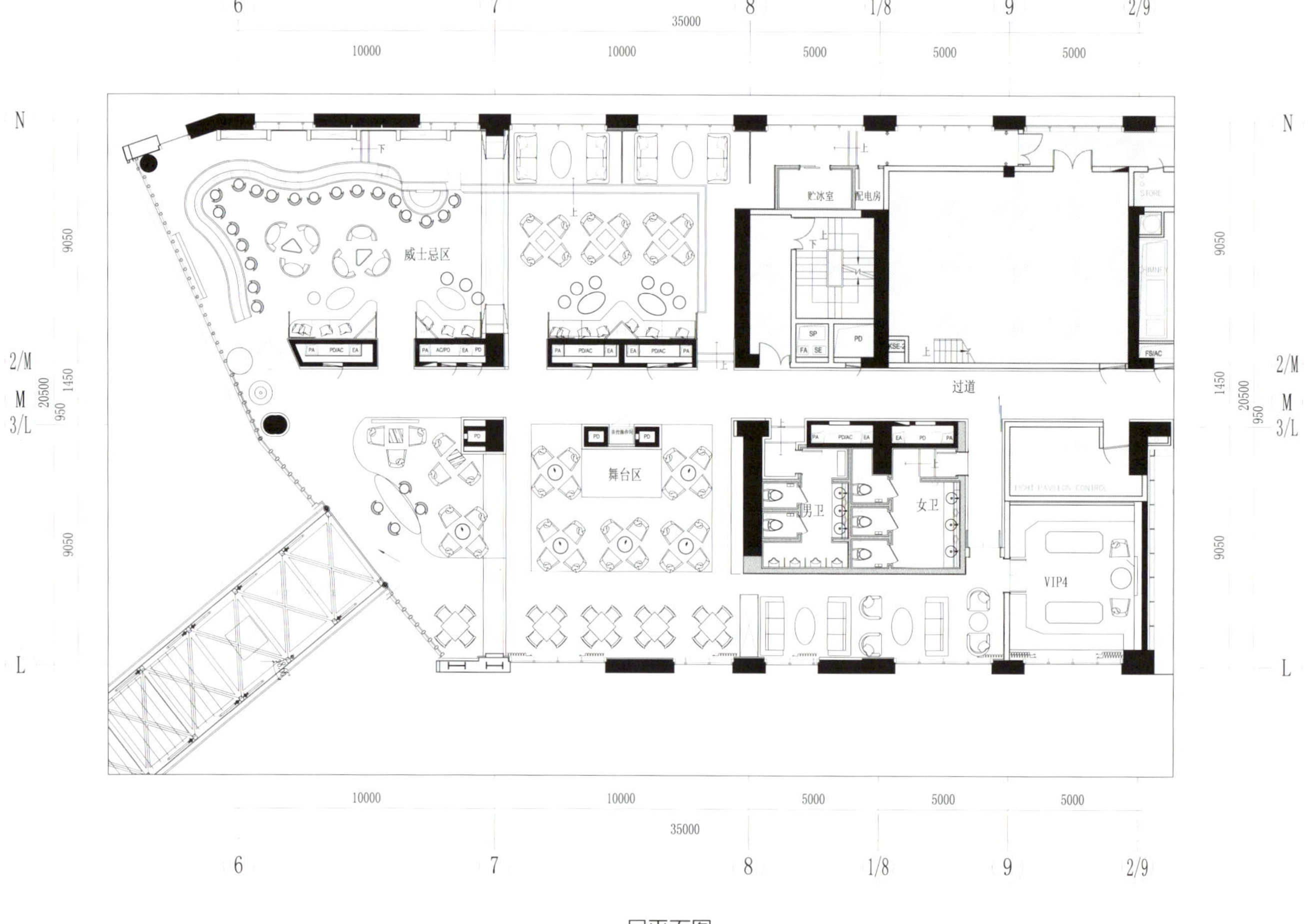

一层平面图

Amazing club

AMAZING CLUB

项目名称 _Amazing club / **主案设计** _ 朱晓鸣 / **项目地点** _ 浙江省杭州市 / **项目面积** _600 平方米 / **投资金额** _400 万元 / **主要材料** _ 回购老木板 、镜面铝板、钢板、红砖、素水泥

A 项目定位 Design Proposition

在各种喧闹、劲爆的慢摇吧大行其道的当下，本案想尝试摆脱业界风格流派的束缚；打破夜店单一风格的怪圈，寻找自我的一条另类小径，犹如波萨诺瓦的音乐，虽然小众混合多元却俨然成了都市新贵的最爱。

B 环境风格 Creativity & Aesthetics

结合当下年轻人多元化的喜好与时尚复古的追逐，在空间的风格导入中并非一味的导入过于主题性的设计手法，采用较为随意混合的设计手法，将工业构成主义及粗犷质朴的美式乡村元素甚至于复古的法式浪漫风情根据空间性质的划分，有所交融又彼此侧重呈现。

C 空间布局 Space Planning

在空间的布局上，不论来访客人是孤身只影的买醉或是三五成群把酒言欢，根据客群人数与情感的不同需求，我们划分了大厅区、表演区、LOUNGE 小厅及唯一的 VIP ROOM。

D 设计选材 Materials & Cost Effectiveness

在材质上新与旧、刚与柔、色彩的亮与暗的矛盾结合，既赋予空间统一的感性共性，又催化了微妙的情绪触动。旨在于刻画一个看似轻盈随性却又曼妙自己的空间情绪体验。

E 使用效果 Fidelity to Client

酒吧世界里盛开的一朵清新小花，环境时尚不失动感，既有安静商务用餐环境，也有热闹的歌手驻唱氛围。

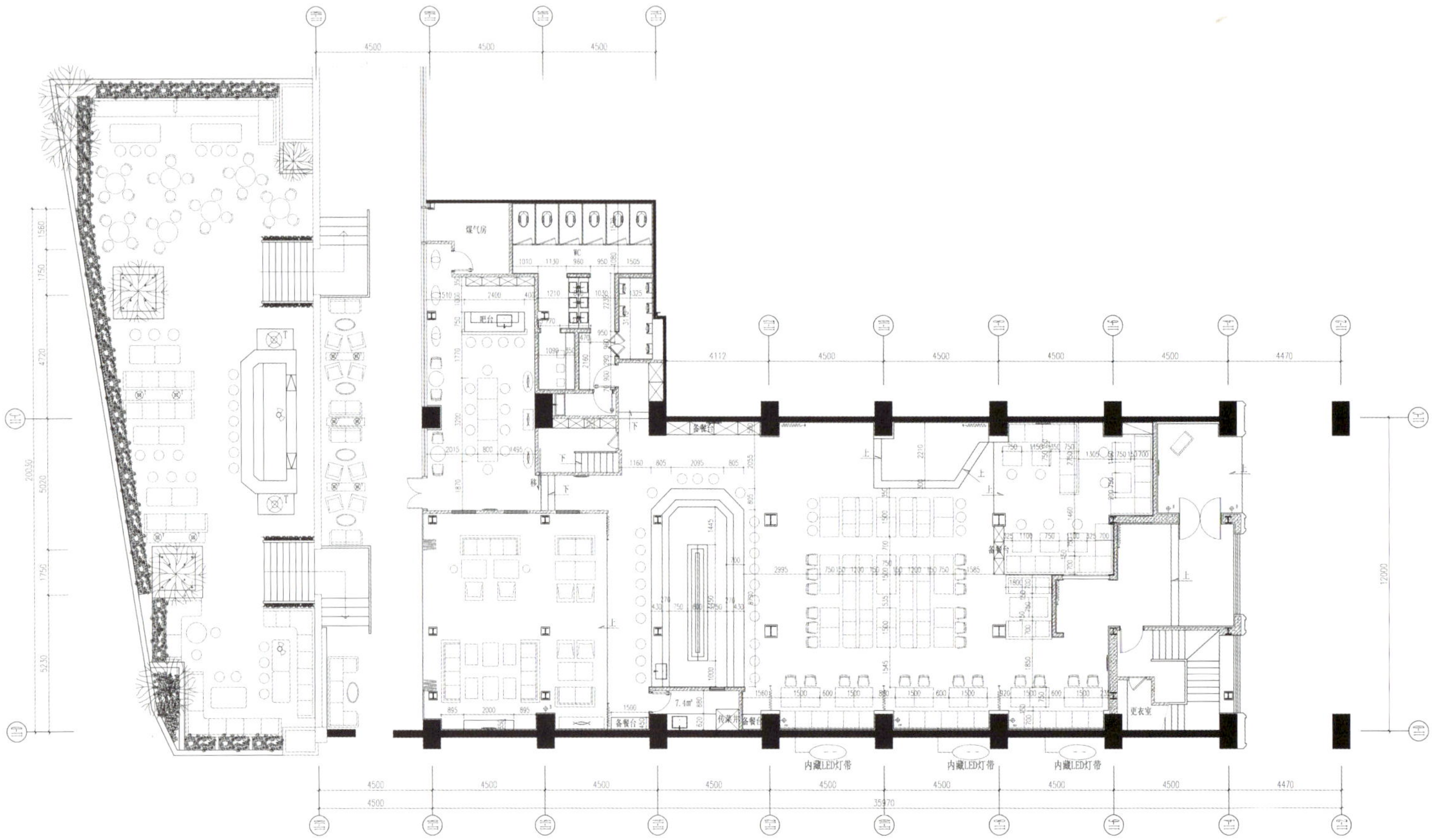

一层平面图

拥抱酒吧
ABRAZO

项目名称 _ *拥抱酒吧* / **主案设计** _ *周蘫如* / **参与设计** _ *张又心* / **项目地点** _ *台湾省台北市* / **项目面积** _ *215 平方米* / **投资金额** _ *130 万元* / **主要材料** _ *铜、仿锈金属、仿旧原木漆*

A 项目定位 Design Proposition

BRAZO 座落于台北市大安区光复南路巷弄内，为企业界人士与演艺界名人共同跨界合资经营，是台北市中心具主题特色的 Lounge Bar,ABRAZO 在西班牙语里特指表示”拥抱“之意，空间 设计以工业风格为主题，京玺国际设计团队透过线条语汇，演绎出崇尚自由的精神，着墨于时尚 的经典当中。

B 环境风格 Creativity & Aesthetics

在入口设计三个转折点，赋予较佳的隔音效果，入门右边的红砖墙面植入视觉艺术，以字母形构成脸部 的五官造型意趣，一旁搭配大型铁件元素为主的复古时钟，融入客制化的家具设计，建立专属价值，呼 应工业风格中自由不受拘束的意象。在包厢的界定上，以仿旧金属网作为中介，让视角得以穿透，区域 之间也获得独立的界定，连贯出独特的空间精神。

C 空间布局 Space Planning

此案的设计上，除了对于风格语汇的创意度、独特性有独到的规划，尤其针对家具、 软件、媒材、色调的质感混和、协调与人文艺术氛围的聚合也非常具创意性，衍生 出一种温暖的氛围，以及融于结构的细节，筑造出让人舒缓身心的公共场所，也映 射了愉快的舒压旨趣。

D 设计选材 Materials & Cost Effectiveness

从灯光、材质、颜色综合营造出整体的氛围，汇入视觉艺术的墙面设计，仿旧金属 网穿梭于全案的界面或吧台，复古砖亦包覆背景立面，同质性的素材与线性质素构 成视觉线索，呼应场域的前后尺度张力，我们强调「设计」非装饰元素的堆栈而已，藉由串联艺术的美学张力，让空间自然流露轻松、温馨的气息。

E 使用效果 Fidelity to Client

开放式空间规划一座中岛长桌，引申为全场域的中轴焦点，界定区域之间的动线，为消费者指引出行动方向，营造出互动、开阔的空间特色，每个区域的安排上，背景以简单的红砖墙的粗犷线条，衬托出家具最迷人的表情，繁衍出覆盖于立面的质感韵味，为空间刻划出饱满的表情，表达了绝佳的魅力与独特性。在灯光景致的安排上，除了间接的光氛之外，也成为 区域界限的介质。

Toilet
Toilet
Toilet
Storage
Kitchen
VIP area
Folding doors
Bar counter
VIP area
Bar Stand
Wire meshes
Kitchen
Dj counter
Railing
Deco
VIP area
office
LOGO
Second entrance
AC
Locker
First entrance
LOGO

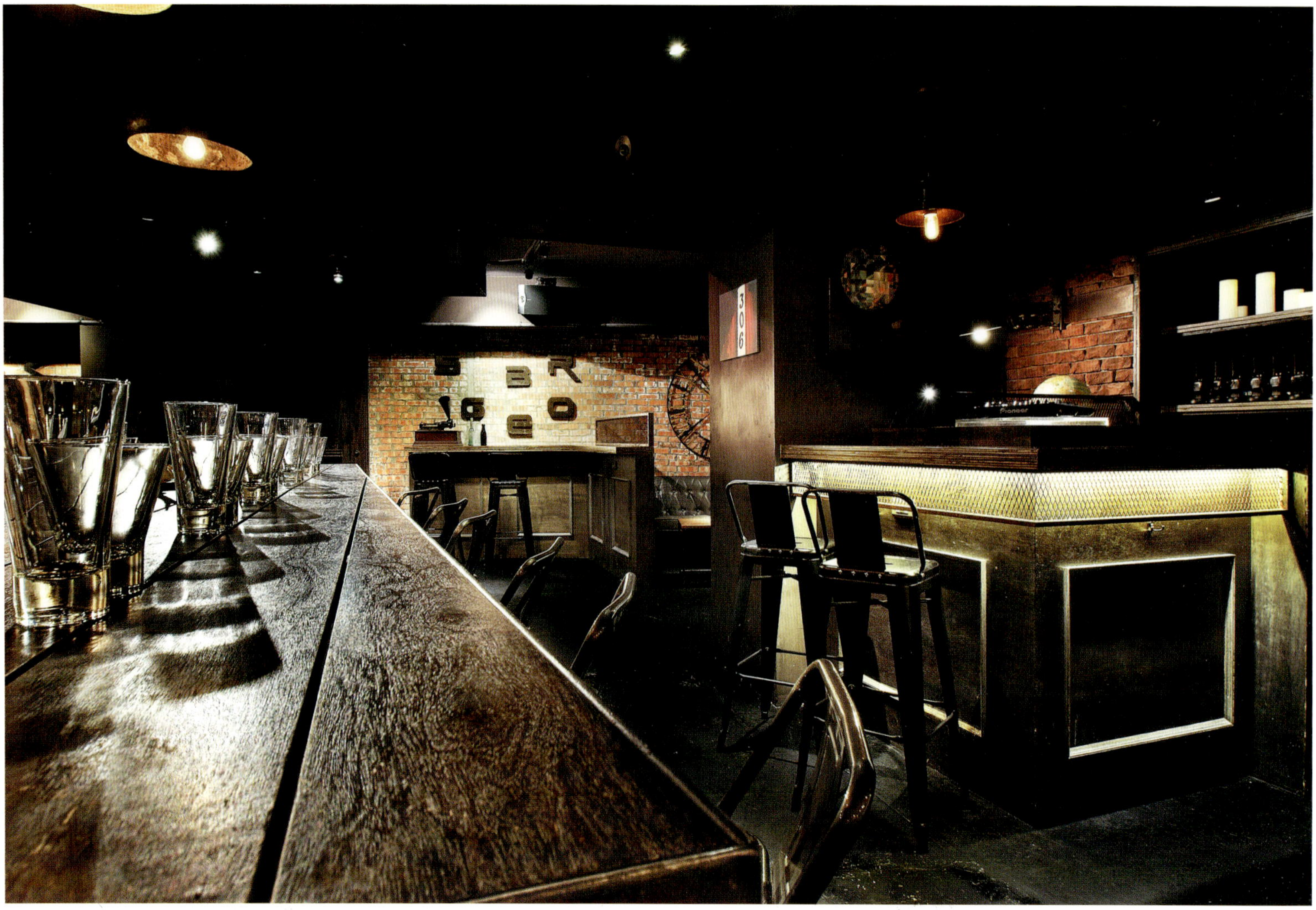

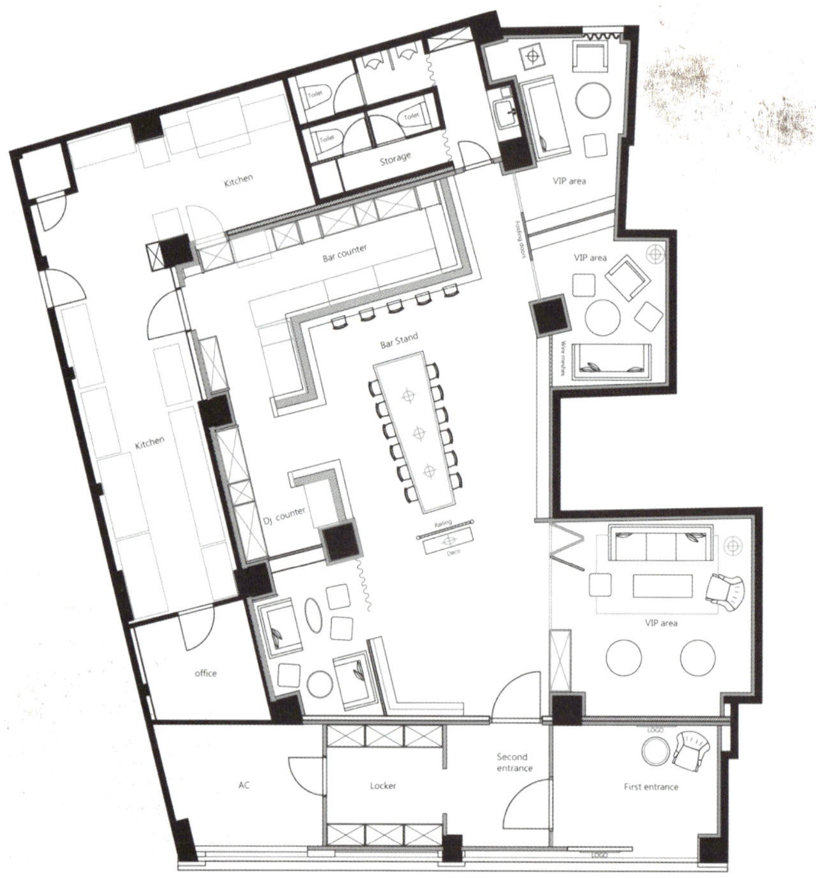

一层平面图

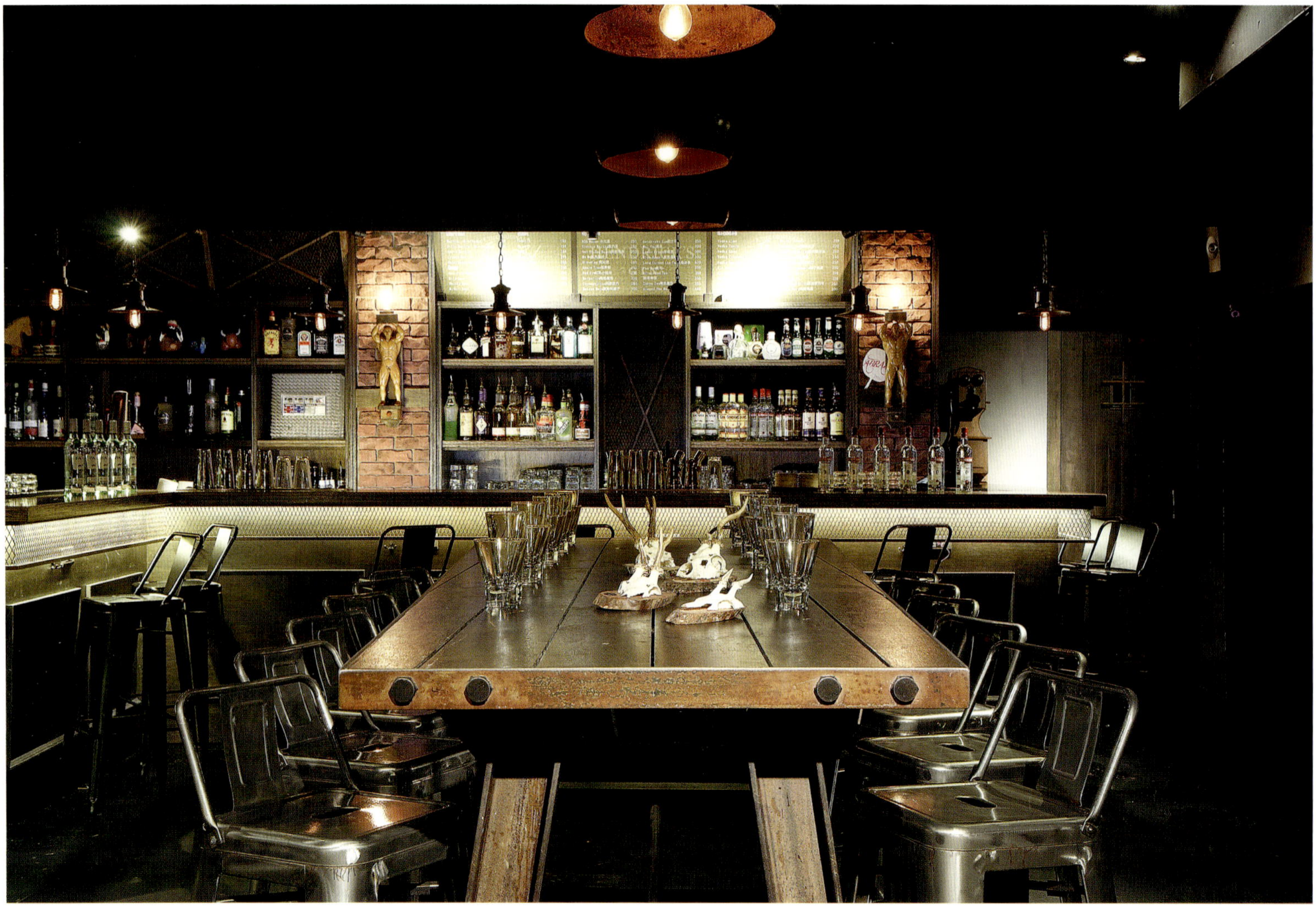

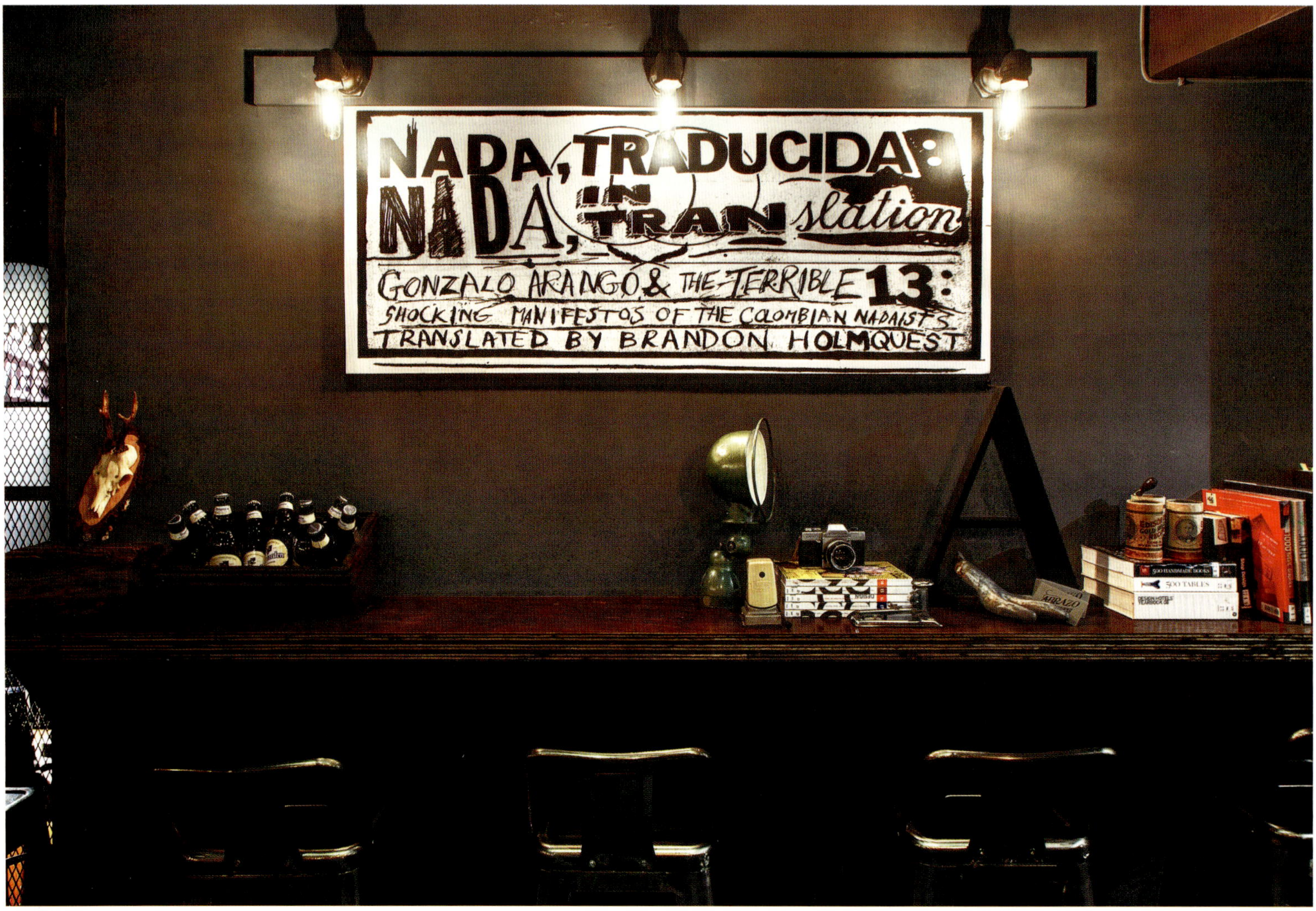
NADA, TRADUCIDA:
NADA, IN TRANslation
GONZALO ARANGO & THE TERRIBLE 13:
SHOCKING MANIFESTOS OF THE COLOMBIAN NADAISTS
TRANSLATED BY BRANDON HOLMQUEST

31

白鹭洲啤酒屋
BAILUZHOU BEER HOUSE

项目名称 _ 白鹭洲啤酒屋 / **主案设计** _ 潘冉 / **参与设计** _ 易红 / **项目地点** _ 江苏省南京市 / **项目面积** _800 平方米 / **投资金额** _400 万元 / **主要材料** _WAC 灯具、科勒洁具

A 项目定位 Design Proposition

一家以经营自酿啤酒为主要经营内容的场所。设计师将带有西方艺术特色的啤酒屋氛围做到与现有的中式建筑形式包容并举、兼收并蓄，真正做到古为今用，洋为中用。

B 环境风格 Creativity & Aesthetics

结合外部观景露台，街区之美、城墙之宏伟、历史之感动尽收心底。传递给体验者拒绝轻浮俗艳的态度。

C 空间布局 Space Planning

酒屋的主入口——吧台、乐队表演区——中心体验区——酿造工艺展示区，这几大块空间序列的层层传递形成啤酒屋一层的中心轴线。二层的轴线由中式屋脊所引导。功能轴线与空间轴线保持走向的统一性，条形布置为主题，周围以散座环绕。

D 设计选材 Materials & Cost Effectiveness

1. 朴素的自然取材以及小众材料的创新利用；2. 用泥胚夹杂稻草的混合墙面，茅草制作出的灯具，树皮拼接而成的吧台等，表达当地文化的艺术特色。

E 使用效果 Fidelity to Client

中西合璧、包容并举、兼收并蓄。

上
配电房
盥洗间
女卫
男卫
啤酒操作间
切配区
炉灶区
面点间
洗碗间
女更衣间
男更衣间
备餐区
吧台2
过道
舞台
小乐队
吧台1
门厅
1500
520

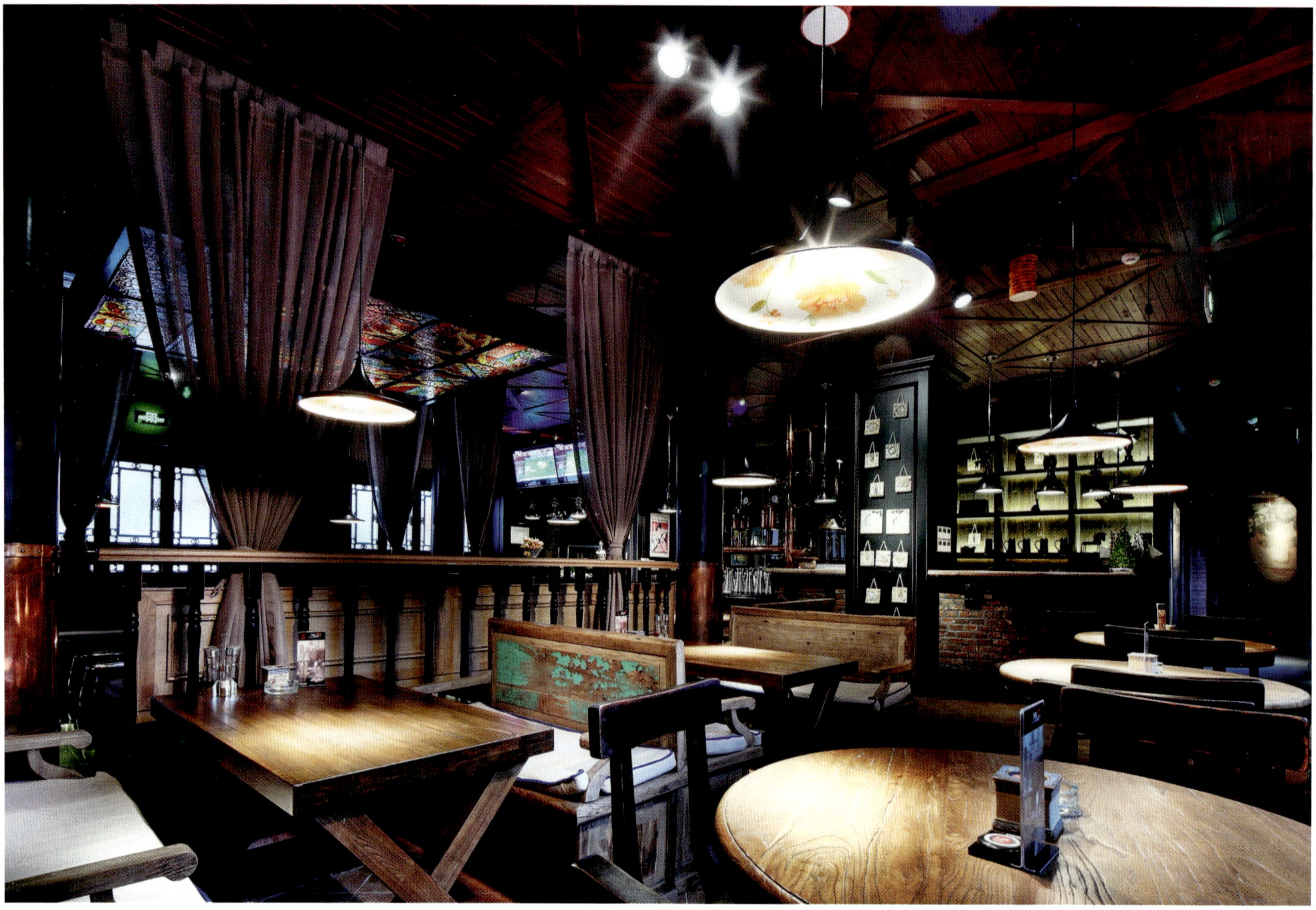

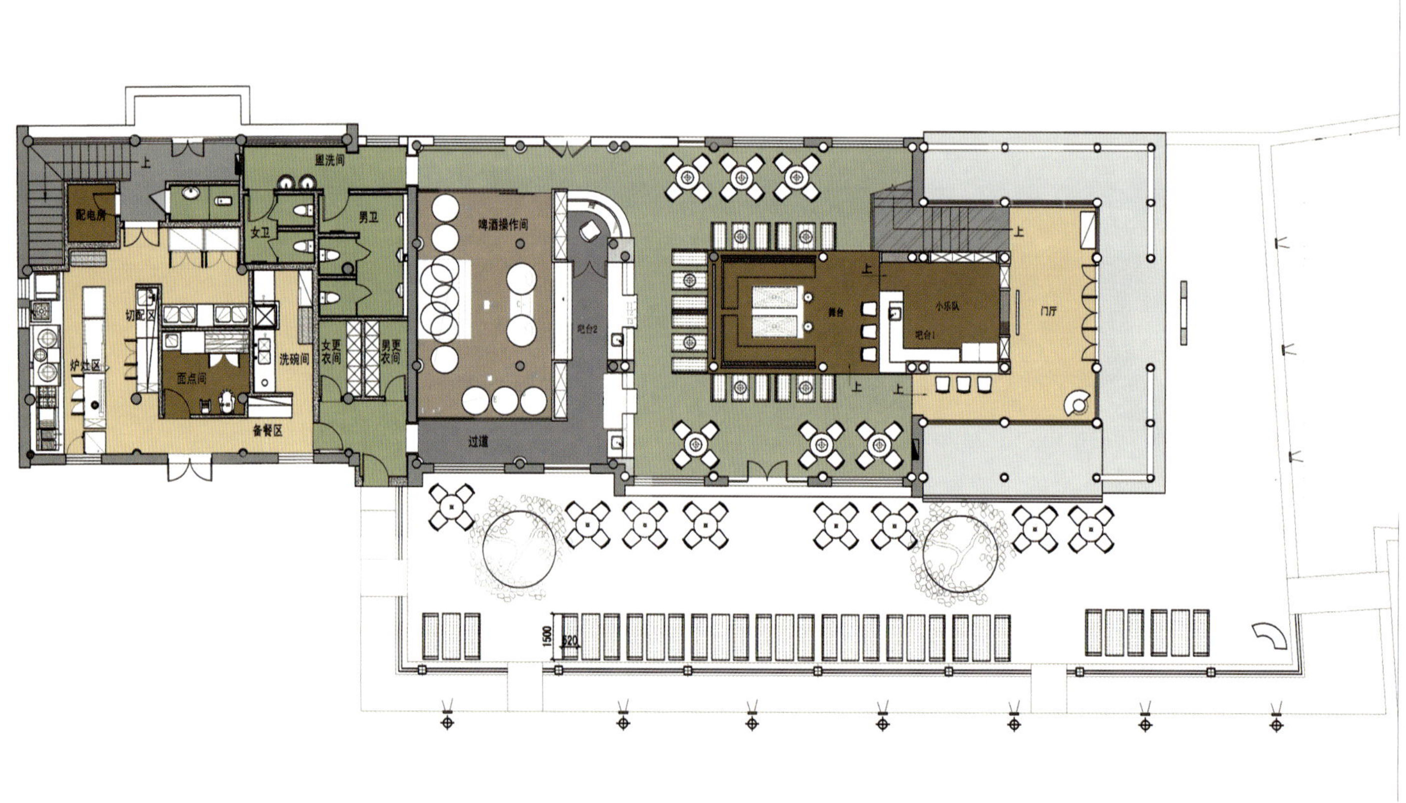

一层平面图

the Seven Year Itch
SUNSHINE STATE 88
000 001
AMERICA
SUNSHINE JAPAN 88
MM 555
JAPAN
TITANIC
SUNSHINE BEIJING
XX 888888
CHINA
MISSOURI
ROUTE 66
666

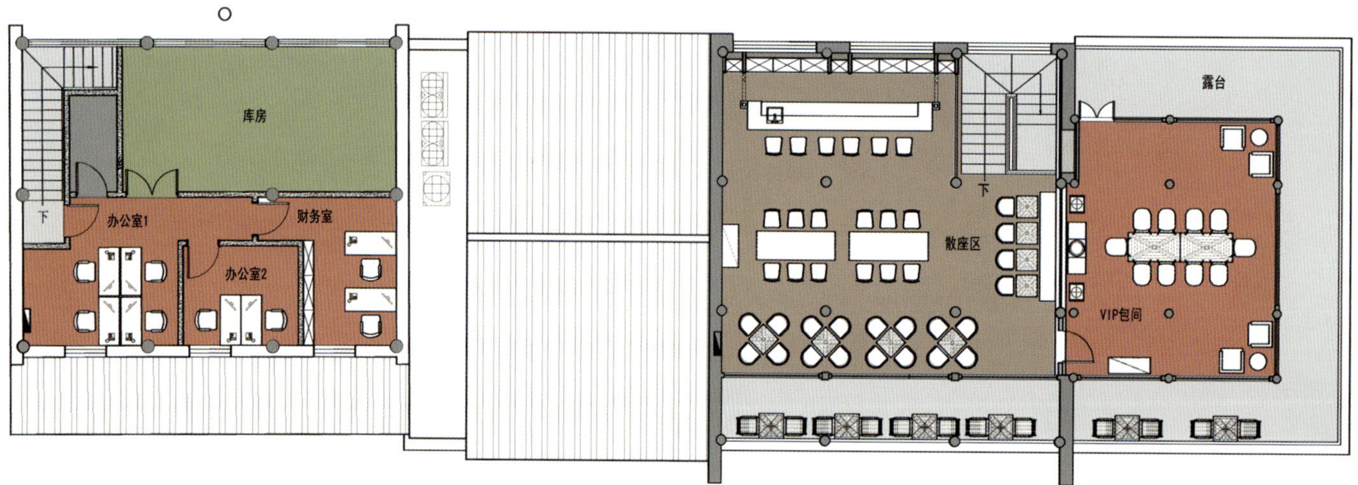

一层平面图

环球 5 号 KTV

WORLD NO. 5 KTV

项目名称 _ *环球 5 号会所* / **主案设计** _ *黄治奇* / **项目地点** _ *广东 深圳市* / **项目面积** _ *2800 平方米*

A 项目定位 Design Proposition

环球五号 KTV，是一家以高端定位为主题的休闲娱乐场所。

B 环境风格 Creativity & Aesthetics

进入大堂，黑白灰组成的平面构成，极具视觉冲击力，从地面一直延伸到服务台，且增加了灯光进行强化。为了不损坏使用率极高的服务台，特采用了钢化玻璃进行包裹，既美观又实用。天花上布满了错落的水晶灯，则不按常规套路出牌的摆放方式当客人进入大堂，则不会那么拘束，放松心情，释放能量。

C 空间布局 Space Planning

在建筑空间的设计上，城市组通过科学的手段实现一个人与人、人与建筑互动的空间媒介。

D 设计选材 Materials & Cost Effectiveness

新颖。

E 使用效果 Fidelity to Client

很好。

Whatever is worth doing is
worth doing well

10 11 12 14 15 16 17 18 21 23 25 26 27 30 31 32 33
93700
300
4400 8100 8300 3900 3900 7700 8100 8300 7900 4250 3850 8500 3850 4050 8300
F
D
C
B
A
5100
3000
17200
8100
1000
通道
大厅
VIP区
4400 8100 5150 3150 7800 300 7700 8100 3150 5150 4050 3850 4250 3850 8500 3850 4050 8300 2800
96500
10 11 12 13 14 16 17 18 21 22 23 24 25 26 27 30 31 32 33 34

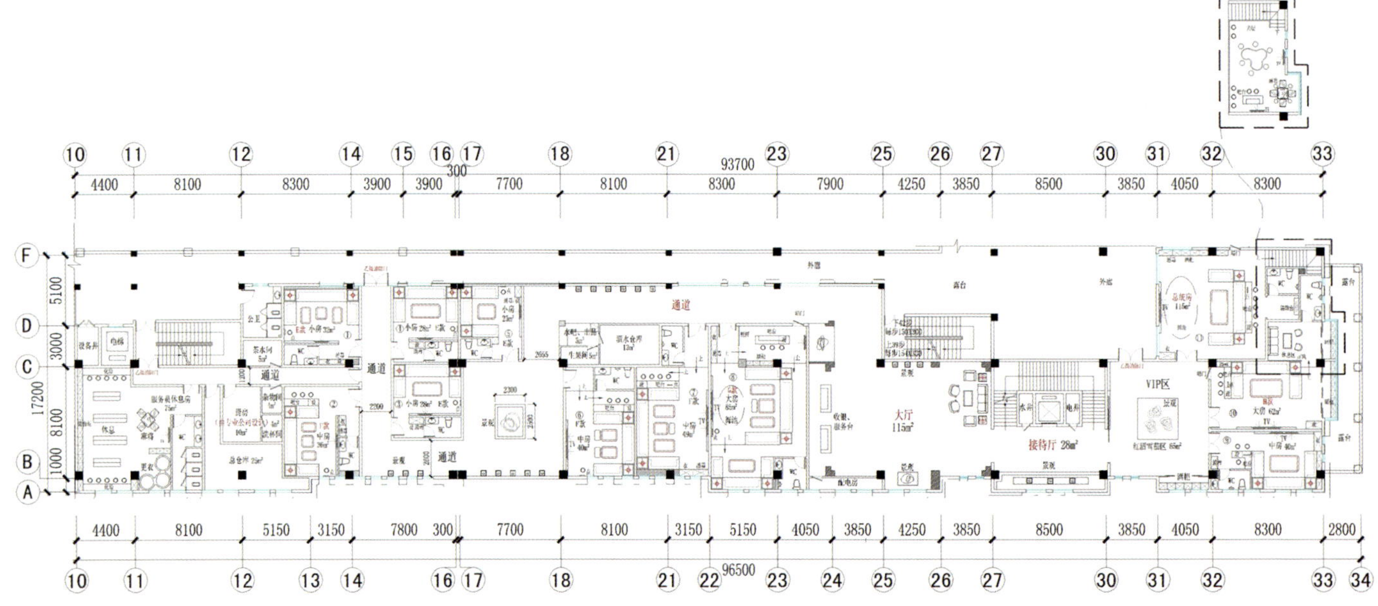

二层平面图

酒吧 club

PARADOX

项目名称 _ *酒吧 club* / **主案设计** _ *张兆勇* / **项目地点** _ *江苏省南京市* / **项目面积** _ *330 平方米* / **投资金额** _ *150 万元* / **主要材料** _ *金属氟碳漆、地坪漆、芒果瓷砖*

A 项目定位 Design Proposition

本案设计走出了在城市中繁琐、杂乱、堆砌、复制的需求，更多地去展示原创、理性和简约之美。在突出张力与线条的同时，更多的是带给人们一种无限的想象空间，合理自然的去挖掘空间中应有的生命载体。在简洁、时尚中融入了自己的风格，遒劲而富于节奏感——Paradox 在这里来等您。

B 环境风格 Creativity & Aesthetics

在进入眼帘的蓝白主色调的大厅里，能否给您带来置身于未来世界的感受？！——考究的钢琴白，深邃的天空蓝……本案主要以白蓝色为主基调，把极简主义与乡村风跨界组合。

C 空间布局 Space Planning

如果说单纯的视觉的冲击会造成审美疲劳，这里创造性的融入了颇具现代感的黑白相间的胶囊茶座，简洁富有张力的镜像黑色几何体，映衬在考究的钢琴烤漆大厅，抹去了传统的珠光宝气， 给人一种无限的遐想空间。本案依据坡屋顶举架结构，设计师又多隔出来一个阁楼空间——影视包房区，由于影视空间本身的限制，设计师做出布局不对称的构图手法——波浪式的屋顶设计，使空间更有层次感。

D 设计选材 Materials & Cost Effectiveness

本案崇尚最合理的空间构成，尊重材料本身的性能。黑蓝白相间最大限度的体现材料自身的质地和色彩的配置效果。伴着多面体的墙壁结构，突出一种简洁的层次美，无需多余的点缀。 我们在美学上推崇自然、结合自然，才能在当今高科技、高节奏的社会生活中，使人们能取得生理和心理的平衡，因此室内多用木料、织物、石材等天然材料，显示材料的纹理，清新淡雅。

E 使用效果 Fidelity to Client

Paradox 意为反论，对比。这层含义不仅体现在它的名字里，同时还显露在它的空间设计中，配上浪漫的星光，嗅着周围绿植的清香，酌一杯清酒在勒勒车上小憩，经常与朋友闲聊打牌，让心在喧嚣的城市回归自然——这就是业主与顾客对本案的最大的评价。

15827
5495
6668
3514
1566
3809
3070
3598
北
球杆架
投影幕布
女卫
男卫
旋转楼梯
洗手池
过道
厨房
水吧收银
吧台
台球
休闲娱乐
卡座区
造型隔断
热带树（假）
户外休闲桌椅
沙发（定制）
餐台（定制）
散台
散座区
VIP卡座区
小型舞台
音控设备
7065
1500
7262

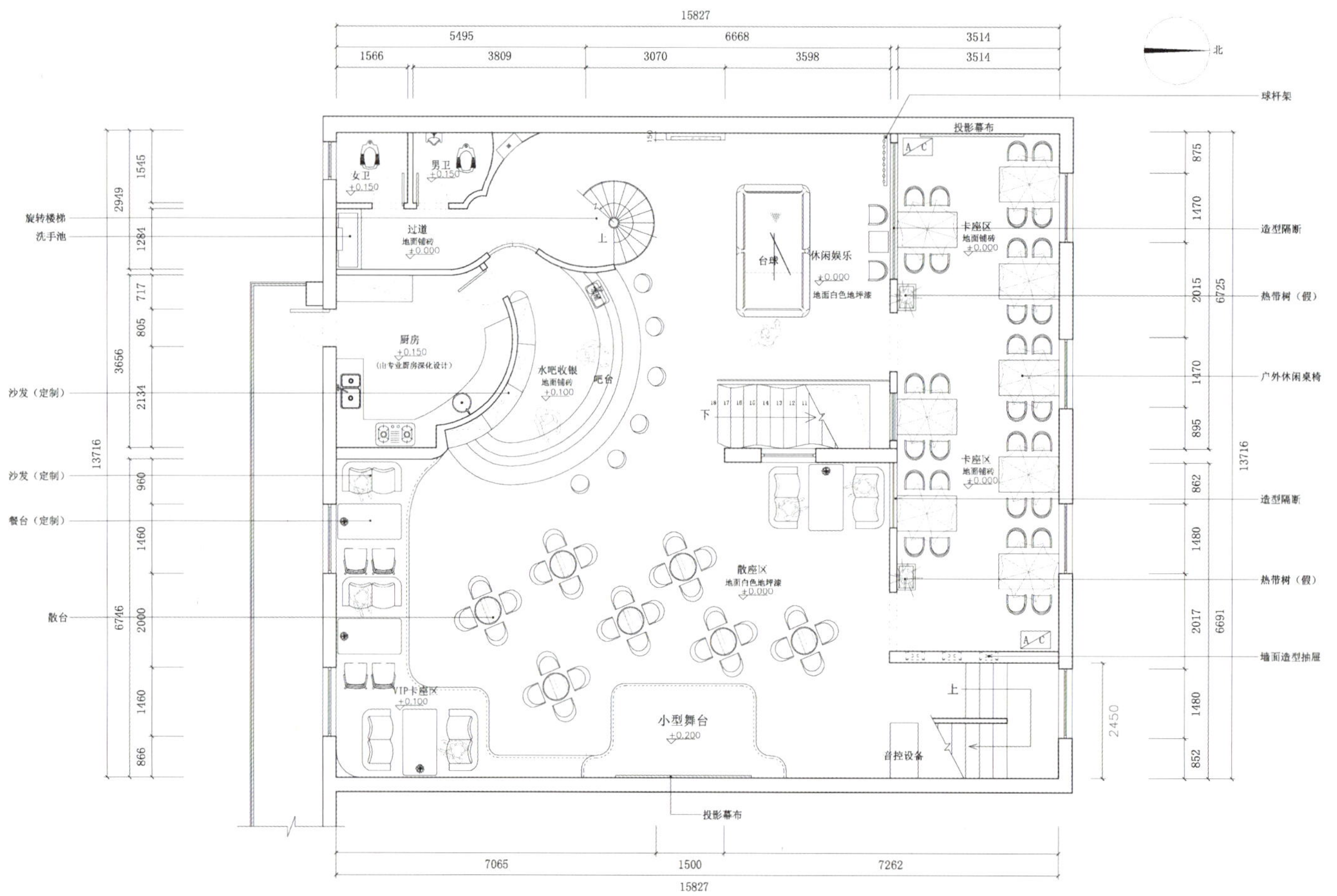

二层平面图

哈尔滨俱乐部
HAERBIN CLUB

项目名称 _哈尔滨俱乐部 / **主案设计** _罗文 / **项目地点** _黑龙江省哈尔滨市 / **项目面积** _2918 平方米 / **投资金额** _5000 万元 / **主要材料** _科勒 /TOTO 洁具 / 松本电器 / 富美家防火板 / 简一大理石

A 项目定位 Design Proposition

这个有着米兰前卫设计的概念酒吧俱乐部，精致，可爱，独特，奢华，而又有品味，走进那里就像走进了一家意大利名品时装店，从音乐到装饰每一部分都是精品，处处是细节，散发着时尚，奢华气息。而这种前卫，奢华，时尚的气息，从踏进俱乐部的第一步开始便一直包围着你，直到依依不舍的离开。

B 环境风格 Creativity & Aesthetics

俱乐部的装修风格可谓创北京夜店装修的先河，设计注重造型、材质、灯光效果的配合，线条、折线的运用将欧式富贵、现代摩登、极度的娱乐效果融合在一起，让人们情不自禁的放纵、享受空间的一切！卡座选用现代感强烈的卡座组合，特点是简单、抽象、明快、现代感强，大厅上方的炫彩顶灯色彩变幻时如浮动的流云，令人叹为观止。灯饰配上具有西方风情的造型，采用反射式灯光照明或局部灯光照明，大厅上方的炫彩顶灯色彩变幻时如浮动的流云，令人叹为观止。传承着西方文化底蕴的灯饰静静泛着影影绰绰的灯光，朦胧、浪漫之感油然而生，让那为尘嚣所困的心灵找到了归宿，使我们忙了一天的疲惫心情一下调动起来。

C 空间布局 Space Planning

发显得迷人，在 DJ 的煽情的呐喊声中，将气氛进一步推向高潮。在 这个媚色的夜晚中形成一片沸腾的快乐酒吧，释放诱人的激情与魅力。

D 设计选材 Materials & Cost Effectiveness

酒吧还设有多间特色包房，更包括了时下最流行的 Hellokitty 主题包房，每间包厢风格不一，引您进入惹人遐想的美丽空间。多功能专业化的娱乐服务及一应俱全的服务系统，让您享受最尊贵的待遇！ 集派对文化、感官冲击、舞蹈艺术三大概念于一身，为您呈现未来娱乐 360° 立体化俱乐部新潮。融合透彻心灵的动感节奏，诠释时下最 IN 的时尚气息！

E 使用效果 Fidelity to Client

俱乐部拥有自己专业的音乐工作室，大部分歌曲都是由专业人员进行创作编排。除此之外，Apple The Artstars，张震岳，乌克兰顶尖组合“怪芭蕾”等都曾表示俱乐部是他在中国表演时最喜欢的俱乐部。炫目的灯光和潮流的音乐散发着夜文化的魅力，更打造出京城夜生活之中完全不同凡响的独特风景。

水井
新风井
电井
机房
1号厅入口
移动LED屏幕
移动LED屏幕
DJ
升降舞台
升降舞台
升降舞台
K15
K13
K14
K11
K10
K9
K12
中空投影线
中空投影线
演艺大厅
舞台
舞台
水吧
K18
K8
K7
K1
K2
K3
K4
K5
K6
往夹层
往夹层
LED屏幕
包间过道
造型摆设
造型摆设
接待前台
前厅过道
1号厅入口
存包室
VIP01
VIP02
VIP03

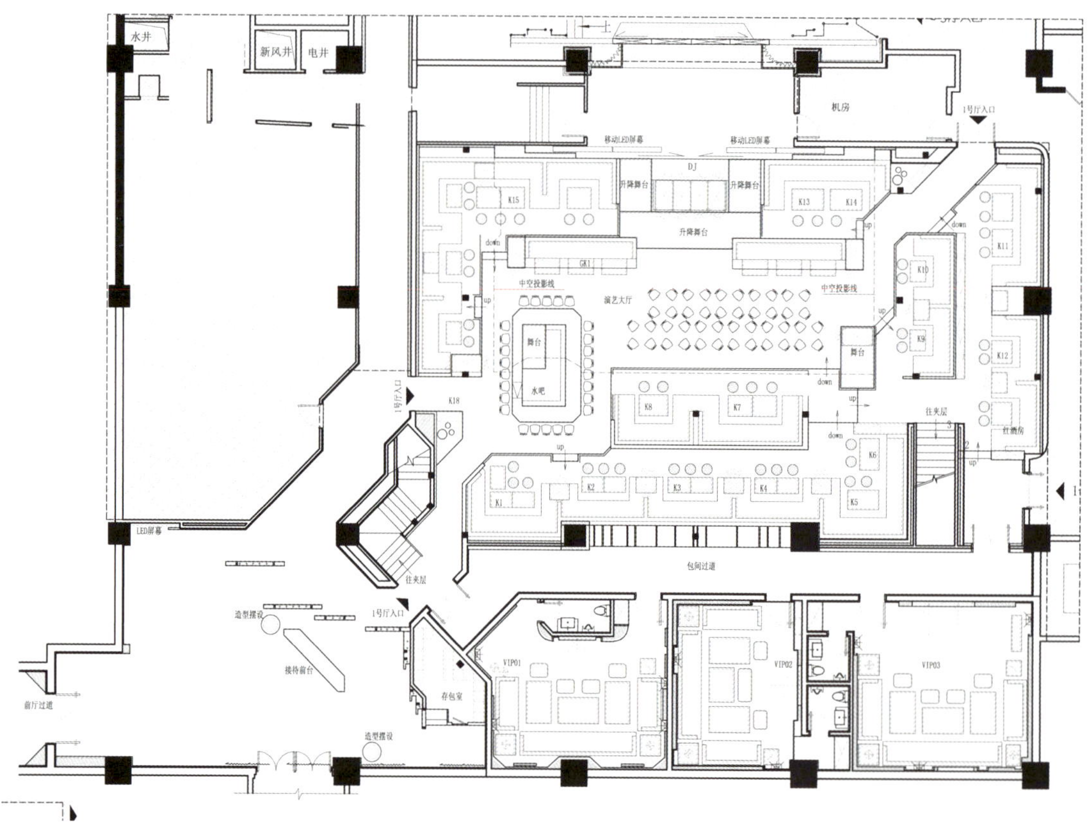

一层平面图

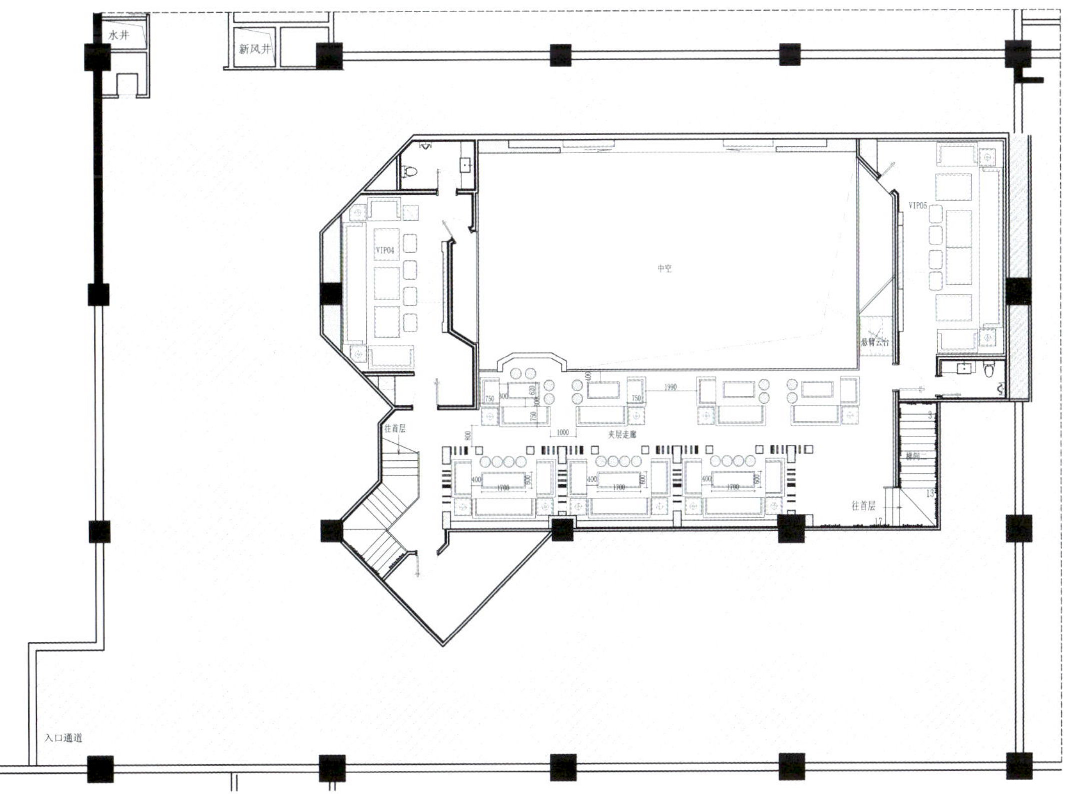

夹层平面图

广州黄埔绅豪会所
GUANGZHOU SUN HOUSE VIP CLUB

项目名称 _ 广州黄埔绅豪会所 / **主案设计** _ 谭哲强 / **项目地点** _ 广东省广州市 / **项目面积** _2500 平方米 / **投资金额** _2000 万元 / **主要材料** _ 合资品牌

A 项目定位 Design Proposition
本案通过设计理念、色彩、灯光的搭配，巧妙地进行声光美学大融合，营造出高雅大气的娱乐氛围。

B 环境风格 Creativity & Aesthetics
风格上新古典与现代时尚元素水乳交融，摈弃浮夸、昂贵的材料堆砌，利用不同的材质组合空间，外表看似坚硬，配以细腻的灯光，形成高贵典雅但又充满力量与活力的空间气氛。

C 空间布局 Space Planning
本案准确地把握整体空间基调，合理应用声、光、美学，融合新古典风格与现代时尚元素，摈弃浮夸、昂贵材料的堆砌，巧妙利用设计手法和色彩、灯光搭配，营造出高档、有品位的娱乐氛围，呈现出奢华大气的空间。空间整体以黑白色为主色调，配以高贵的蓝紫色、淡绿色，高贵典雅的气氛下又不乏轻松亮丽。

D 设计选材 Materials & Cost Effectiveness
多层水晶珠子搭配炫目吊灯，营造一种高贵奢华的氛围；黑白排列组合的地板，时而组成几何形状，时而开出艳丽的花束，配以接待处清新淡雅的绿色给人以轻松活泼感；中式花朵布艺背景墙融合于以法式古典沙发为主调的空间，和谐高雅；极致的黑灰石材，外表看似坚硬，温柔细腻的黄色灯光折射其上，透出典雅的质感。

E 使用效果 Fidelity to Client
风格上新古典与现代时尚元素水乳交融，形成高贵典雅但又充满力量与活力的低调奢华空间气氛。

一层平面图

仙华檀宫皇家会所
XIANHUA SANDALWOOD ROYAL CLUB

项目名称 _ 仙华檀宫皇家会所 / **主案设计** _ 蔡军 / **项目地点** _ 浙江省金华市 / **项目面积** _4000 平方米 / **投资金额** _2000 万元

A 项目定位 Design Proposition

以顶级奢华娱乐会所为基调，偏重商务方向。将极致奢华与沉稳商务的气质相融合。

B 环境风格 Creativity & Aesthetics

项目将黑色，金色，白色，宝蓝色等经典奢华系色彩作为主题。从精美繁复的石材拼花和经典的欧式奢华线条图案元素等细节中点点渗透。体现出空间层次丰富，华丽非凡的整体气质。

C 空间布局 Space Planning

大堂增加炫动舞台空间提升张力，公共走道以柱廊的结构体现宫廷式奢华感。

D 设计选材 Materials & Cost Effectiveness

大面积采用黄玉石材，以黑色银白龙及部分白色石材配合出宫殿感主基调，而镜面蓝色咖色马赛克增加空间炫丽时尚的质感。

E 使用效果 Fidelity to Client

与项目整体的风格定位混为一体，让客户始终体验到华贵炫丽的娱乐氛围。

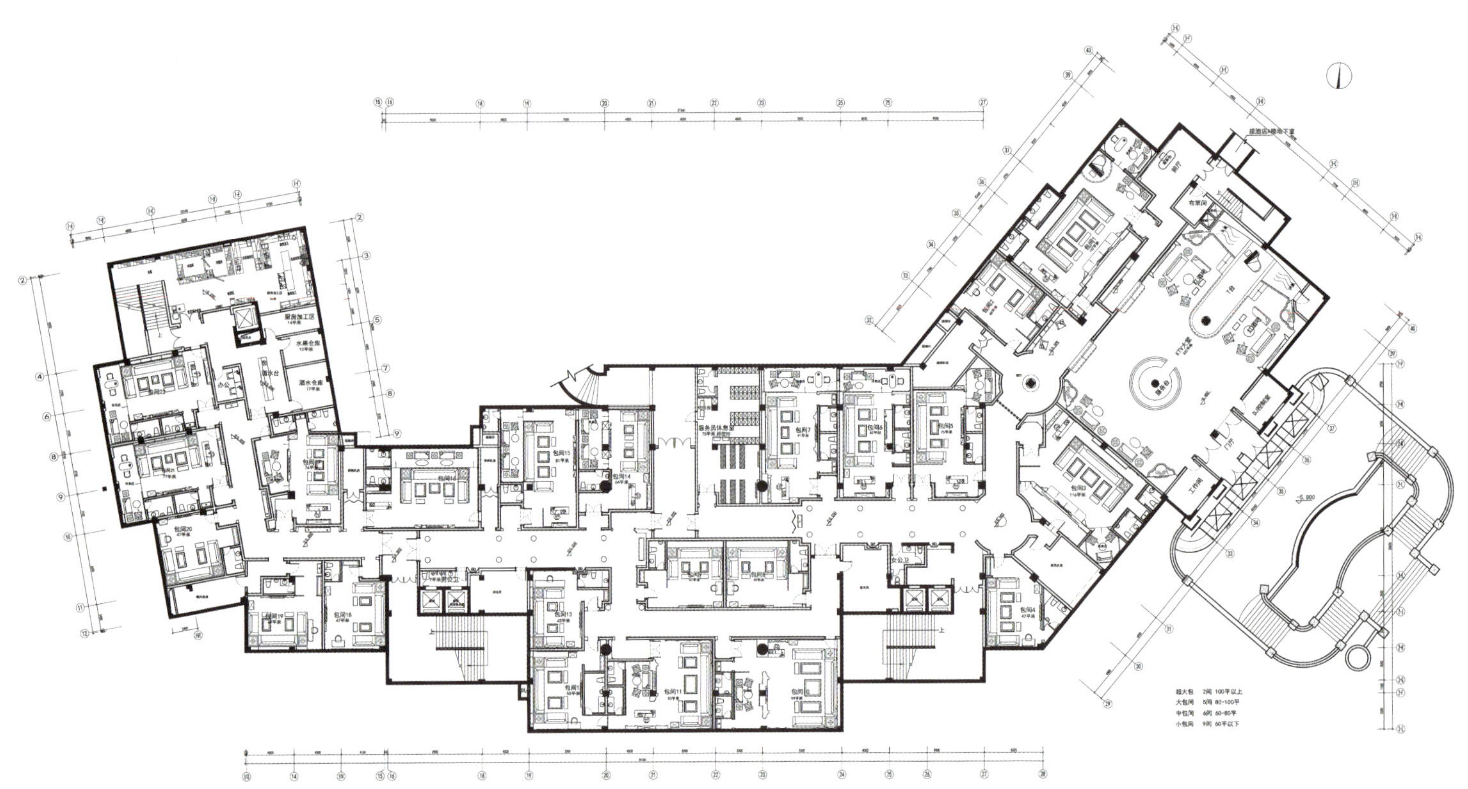

一层平面图

匈牙利TOKAJI 拉茨洛葡萄酒庄园

HUNGARIAN TOKAJI LASZLO PINCESZET

项目名称 _ 匈牙利 TOKAJI 拉茨洛葡萄酒庄园 / **主案设计** _ 孙引 / **参与设计** _ 唐启鹏 / **项目地点** _ 江西省南昌市 / **项目面积** _380 平方米 / **投资金额** _200 万元 / **主要材料** _ 实木线条、仿古砖

A 项目定位 Design Proposition

面对铺天盖地都是金碧辉煌的休闲会所，这些会所除了提供虚荣的奢华，还有什么？我们感受城市生活的快节拍。我们越来越渴望可以在静谧中享受一份专属的慢生活。一本好书，一杯红酒，一首悠扬的音乐，足够让我们给自己的心松松绑。打造一个真正能让人在里面放松，品酒、享受生活的休闲空间。

B 环境风格 Creativity & Aesthetics

入口十米挑高，一个圆形放红酒的装饰柜，从一楼到三楼，尽显空间的张力，使人产生敬畏心，心里怀揣期待！

C 空间布局 Space Planning

在功能分布上，一楼巧用木格栅分割成若干个不同的半私密空间，给空间增添了浪漫的气息，品酒的人与环境相容，情趣相伴，给人诗意般的空间体验，这种私密性与互动性本身就是这个空间的亮点。三楼设置了 3 个包厢，每个包厢都以一款红酒命名，并把该款红酒的历史文化全部融入于空间。

D 设计选材 Materials & Cost Effectiveness

整体空间以暗色系为主色调，在低调奢华中打造优雅空间氛围，地面铺设以复古砖和地板为主要材料，与墙面的文化石装饰互相呼应，在雅致间传递出一种复古感。高贵的家具、古朴华丽的灯饰与一件件精致摆件完美搭配在一起，让踏入酒庄的每一位宾客感受到一份来自红酒的文化与韵味。

E 使用效果 Fidelity to Client

作品在投入使用后，得到匈牙利北部地区州长高度评价。

László
Pincészet
拉莢洛
LASZLO

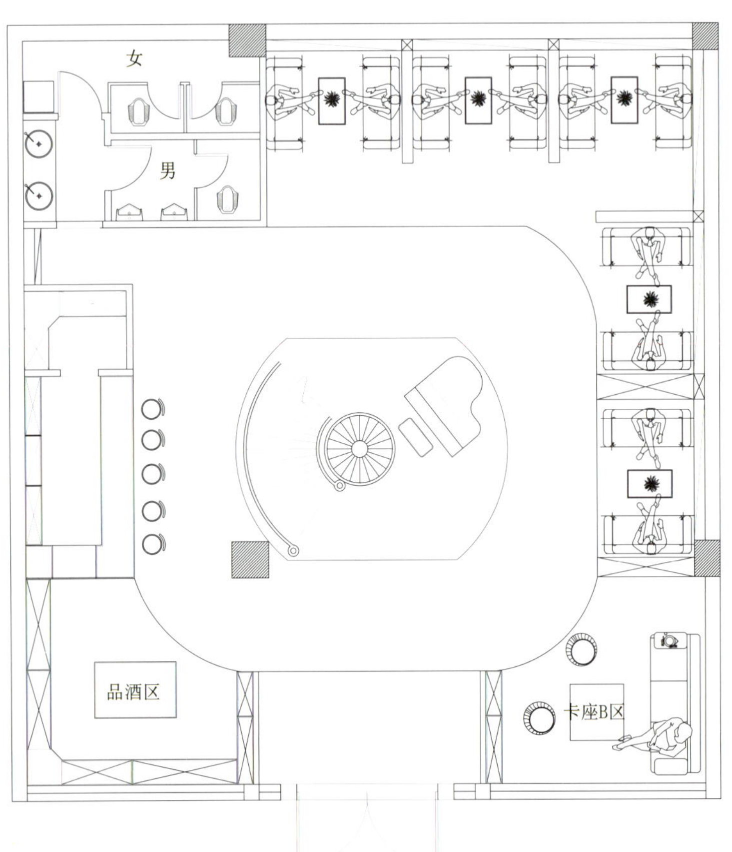

一层平面图

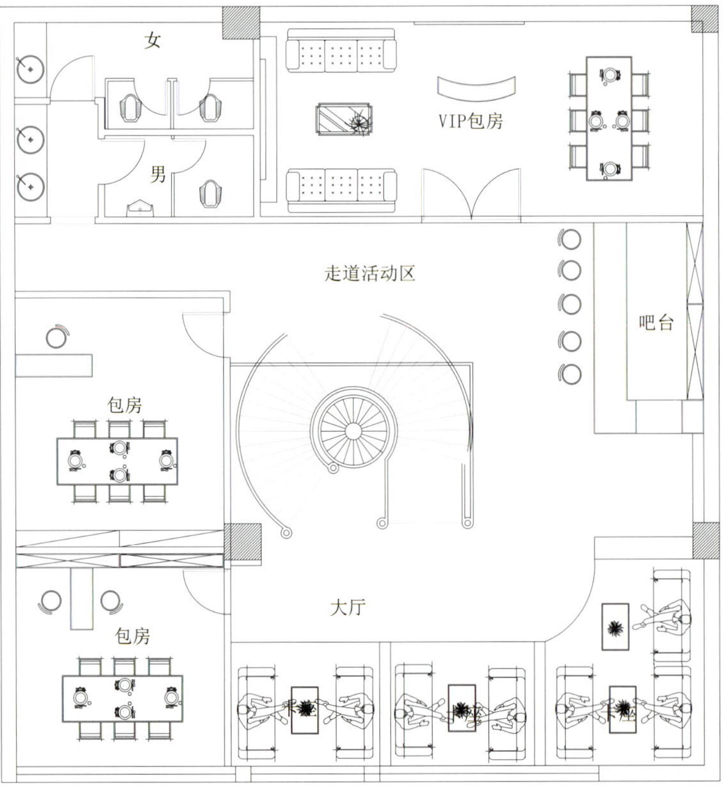

二层平面图

昆山皇家公馆
KUNSHAN ROYAL RESIDENCE

项目名称 _ 昆山皇家公馆 / **主案设计** _ 郑加兴 / **参与设计** _ 郭骏、陈碧帆、卢文义 / **项目地点** _ 江苏省苏州市 / **项目面积** _15000 平方米 / **投资金额** _5000 万元 / **主要材料** _ 杭州金喜鹊家具

A 项目定位 Design Proposition

昆山是中国百强县之首，其消费能力非常之大。本案具有超五星级的装潢和总统级的包房设备、立志打造成为全中国乃至亚洲第一的顶级超豪华俱乐部。

B 环境风格 Creativity & Aesthetics

整个装饰风格为极尽奢华的欧式。匠心独具的豪华包厢超过 120 个间，凝聚尊贵浪漫风韵，呈现出品位卓然的超级豪华商务休闲娱乐享受。

C 空间布局 Space Planning

本案规模很大，为营造更为奢华大气的视觉冲击和感受，入口便是一个极大的大堂，极其高的楼层，巨大的水晶灯令人炫目。在冗长的包厢与包厢之间的走廊上，亦有过厅来承接转换，不会有疲劳之感。

D 设计选材 Materials & Cost Effectiveness

本案室内装饰讲究、豪华，到处给人铺张的印象，大堂内的大理石，非常高的天花板及极高的悬吊豪华水晶灯，集华丽、贵气、时尚的独有特色，以迎合来自世界不同国家、不同行业的尊贵客户。

E 使用效果 Fidelity to Client

投入营运后包厢爆满，客户口碑极佳。

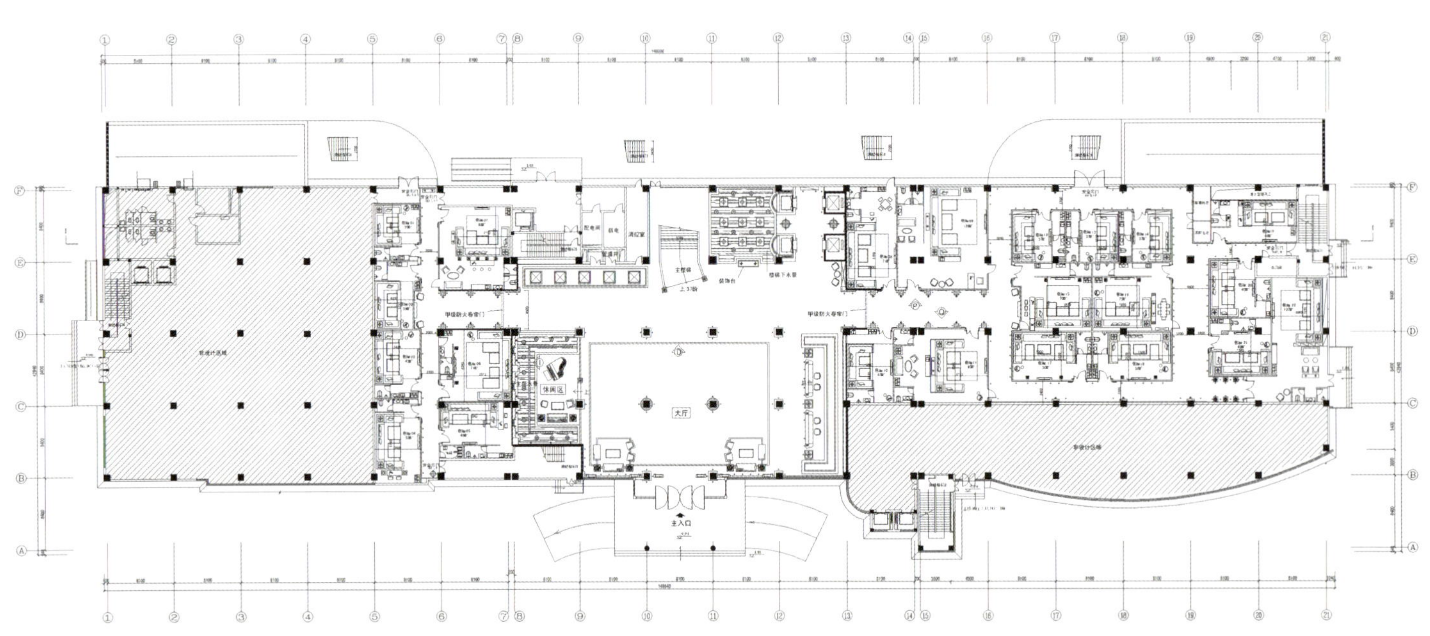

一层平面图